环球101次极限大探险

探索之旅编委会　编著

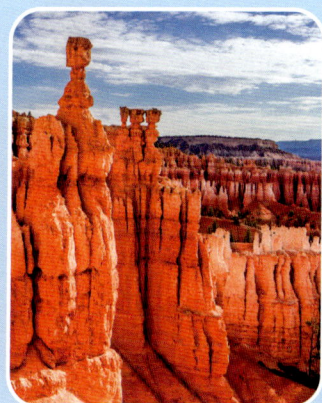

清华大学出版社
北京

内 容 简 介

探险，不仅可以寻找世上美丽瑰奇的景色，还能寻找到一个更加完美的自我。本书精选了世界上101处最典型的探险胜地，有峡谷、有沙漠、有雨林、有高山、有海岛、有冰川……在这些地方，你可以徒步穿越，可以高空滑翔，可以进入洞穴探险，可以攀登那些雄峰大山。这些地方不仅有惊险刺激的秘境地，也有美丽如画的风光，是探险旅游的好去处。

如果你准备好了，就出发吧！别让自己的人生过于平淡，别让此生留下万千遗憾！

图书在版编目（CIP）数据

环球101次极限大探险 / 探索之旅编委会编著 .-- 北京：清华大学出版社，2015

ISBN 978-7-302-40582-5

Ⅰ.①环… Ⅱ.①探… Ⅲ.①探险－世界－普及读物 Ⅳ.① N81-49

中国版本图书馆 CIP 数据核字（2015）第 144731 号

责任编辑：田在儒
封面设计：红十月
责任校对：刘 静
责任印制：杨 艳

出版发行：清华大学出版社
   网 址：http://www.tup.com.cn, http://www.wqbook.com
   地 址：北京清华大学学研大厦 A 座   邮 编：100084
   社 总 机：010-62770175   邮 购：010-62786544
   投稿与读者服务：010-62776969, c-service@tup.tsinghua.edu.cn
   质量反馈：010-62772015, zhiliang@tup.tsinghua.edu.cn
印 装 者：小森印刷（北京）有限公司
经 销：全国新华书店
开 本：210mm×285mm 印 张：27 字 数：694 千字
版 次：2015 年 12 月第 1 版 印 次：2015 年 12 月第 1 次印刷
印 数：1~1500
定 价：198.00 元

产品编号：061205-01

寄　语

人类从诞生的那一刻起，就开始了征服大自然的旅程。那些巍峨连绵的山岭，幽暗神秘的峡谷，深不见底的湖泊，磅礴奔涌的江河，辽阔无边的沙漠，被暗礁恶崖环绕的岛屿，都成了我们探索发现、了解改造的目标。从充满神话色彩的周穆王、跋山涉水的徐霞客，到西方航海先驱哥伦布、麦哲伦，为荣誉而拼搏的极地探索者阿蒙森、斯科特，再到当今世界上的无数探险家、旅游者，人类了解世界的脚步从来没有停止过。

上天没有给我们飞翔的翅膀，没有给我们锋利的爪牙，也没有给我们御寒的皮毛；但它给了人类最宝贵的智慧，给了人类勇气和坚韧，给了人类探索的欲望和前进的梦想。有了这些，我们"可上九天揽月，可下九洋捉鳖"，可以在茂密的雨林中追逐猛虎，可以在寒冷的高山上采摘雪莲，可以在大洋深海之中与鲨鱼同游，还可以在茫茫草原之上与大象共舞。

从珠穆朗玛峰到南极洲，从长江到亚马孙雨林，无数探险者倒在了追逐梦想的旅途之中。人类是这么脆弱，严寒酷暑、毒蛇猛兽、险滩急流、高原缺氧，似乎任何一种危险都能剥夺人类的生命。可人类又是这么的坚强，登上了世界上最高的山峰，爬上了世界上最险的悬崖，穿越过世界上最大的沙漠，成功地到达了南极、北极，这就是人类的伟大，如果不尝试一下，永远不知道自己的身体中蕴含着多大的潜能。

人们常说"生如夏花"，的确，与脚下存在了几十亿年的地球相比，百年人生转瞬而逝，在那些高山深渊面前，我们不过和流水落花一样，都是过眼云烟。人生怎样才有意义，千百年来众说纷纭。有人追逐享乐安逸，在灯红酒绿之中挥霍着自己的生命；有人喜欢读书，伴着古卷青灯度过青春年华；有人为了欲望不断拼搏，在权力、金钱的取得中获得无尽的快感……不知何时，人类离大自然越来越遥远。

当你被满街的汽油味熏得头昏脑涨时，当你为城市的喧嚣苦恼不堪时，当你被厚厚的文件压得喘不过气时，你是否想过，世界本来不是这样的，你的生活也可以完全不同！来一次极限旅行吧，放下所有的烦恼，去看看玻璃窗外的世界，让清风碧水洗尽眼里、心里所有的尘埃。

当很多年以后，我们老了，记忆开始模糊，总有些难忘的画面会永远印在脑海之中。也许是高山上的一声呐喊，也许是密林之中的一阵心跳，也许是沙漠里的一缕夕阳，也许是冰山旁的一片彩霞，也许……你躺在靠椅上，自豪地向儿孙们讲述着自己年轻时的种种探险经历，你自豪地说："我曾追逐过麦哲伦的脚步，我曾在南北极仰望过绚烂的极光，我曾亲眼见过海底最美丽的珊瑚，我曾在地球另一面的峡谷中度过一个难忘的晚上……"。也许没人对你的故事感兴趣，你只好独自哀叹自己错过了太多的事物，浪费了最好的年华……

探险，不仅可以寻找世上美丽瑰奇的景色，还能寻找到一个更加完美的自我。本书精选了世界上101处最典型的探险胜地，有峡谷、有沙漠、有雨林、有高山、有海岛、有冰川……在这些地方，你可以徒步穿越，可以高空滑翔，可以进入洞穴探险，还可以攀登那些雄峰大山。

北极

北美洲

冰川湾国家公园

加拿大森林公园

科罗拉多大峡谷

百慕大群岛

太平洋

巴哈马群岛

亚马孙雨林

马努热带雨林

南美洲

火地岛

北冰洋

欧洲

亚洲

大兴安岭

罗布泊

珠穆朗玛峰　　雅鲁藏布大峡谷

太平洋

非洲

乞力马扎罗山

婆罗洲雨林

大洋洲

布莱德河峡谷

豪爵群岛

南极洲

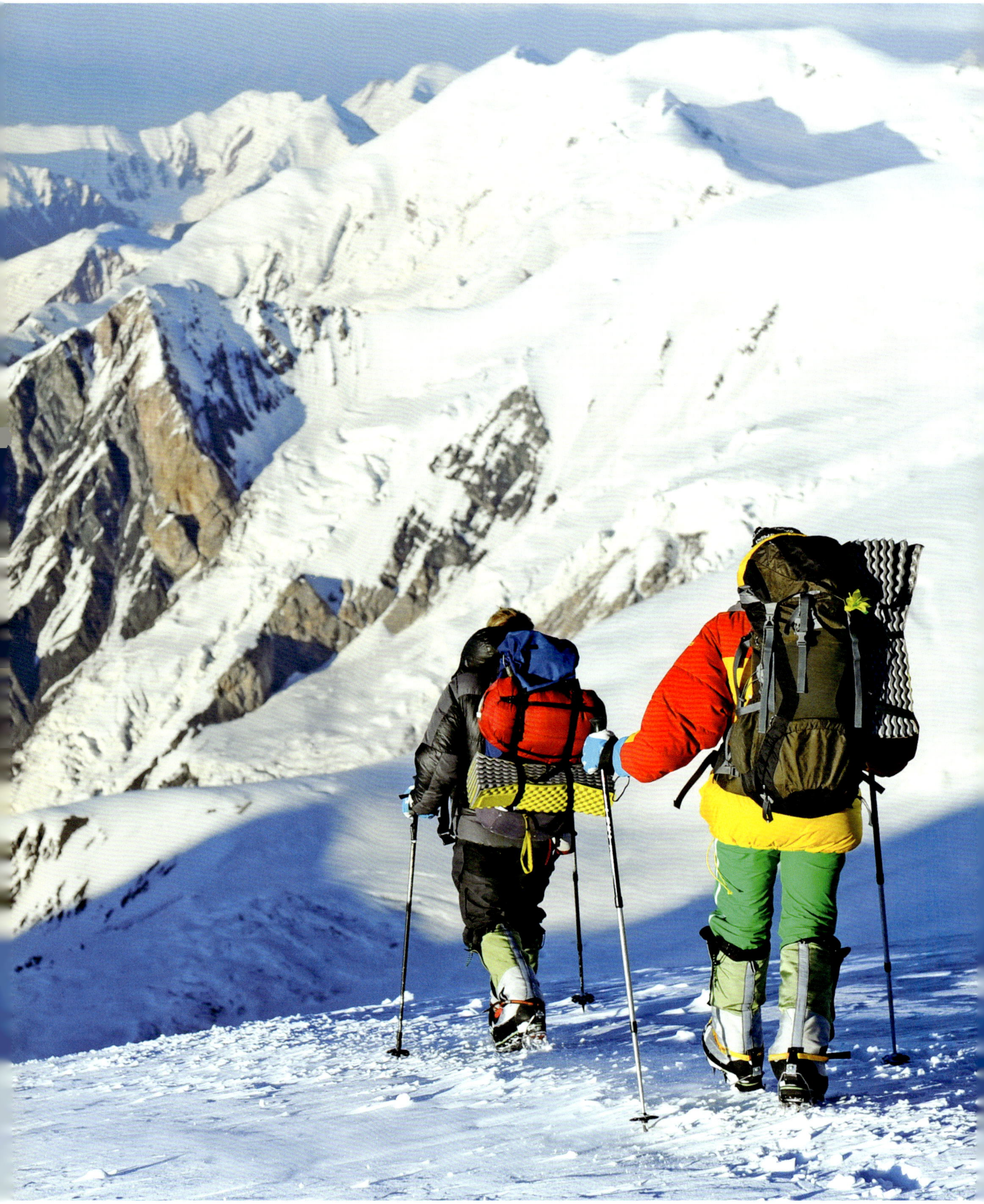

第一章

绿色秘境 🌲

第二章

大地之巅 🏔

第三章

岛屿探奇

第四章

峡谷览胜

第五章

荒漠禁区

第六章

冰与水的世界

第七章

神秘洞穴

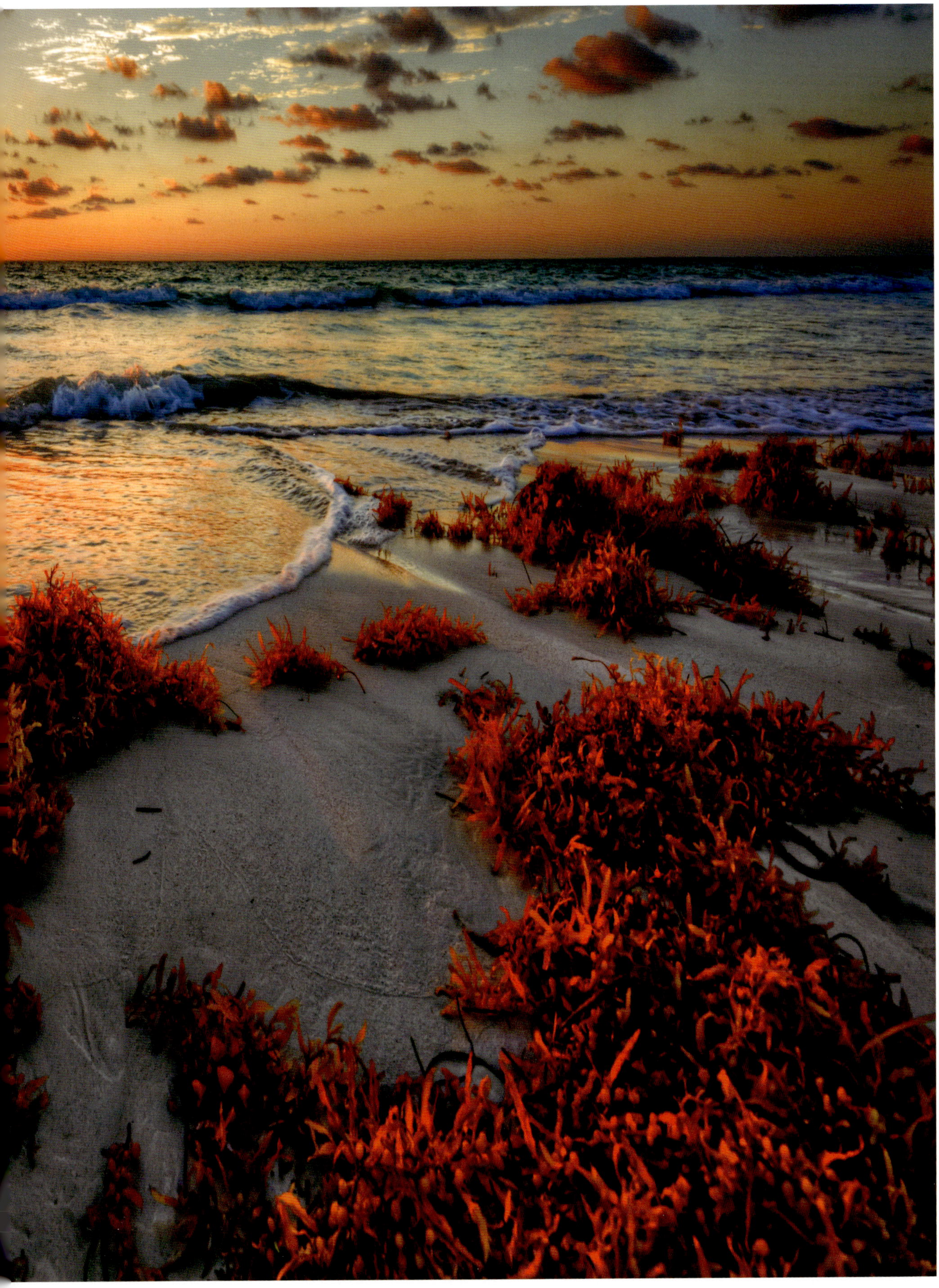

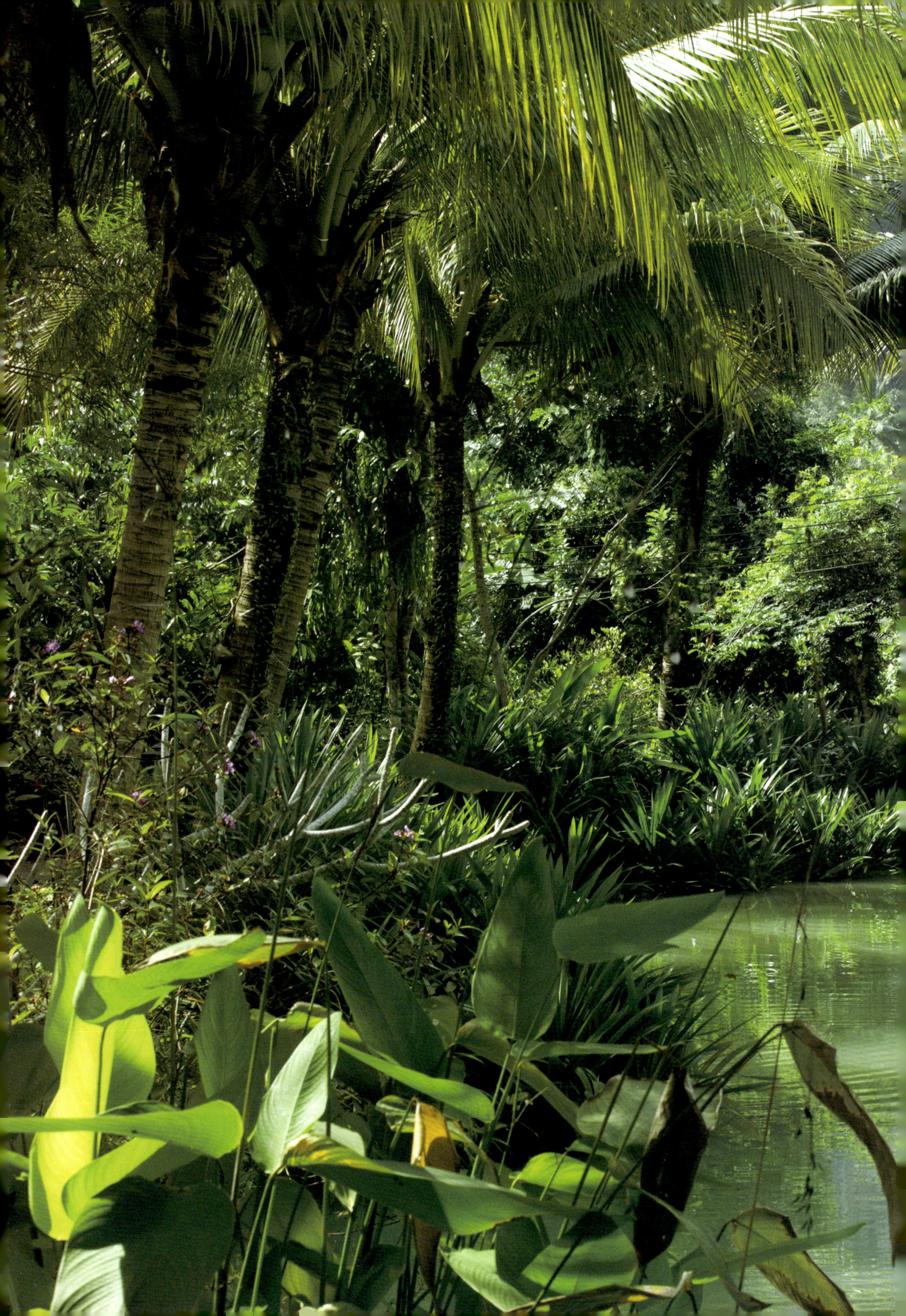

第一章
绿色秘境

　　森林是树木的海洋，是生物的天堂。由于纬度、地形、树木种类的差异，世界上各处的森林各不相同，有长满浓密阔叶树木的热带雨林，有巨杉、松柏参天的寒带针叶林，有沼泽遍布的沙滩红树林，也有幽暗神秘的山地黑森林。进入丛林探险，是一种难得的体验，在那里能看到各种植物、动物，获得丰富的自然知识；能呼吸到最具活力的氧气，感受大自然最原始的气息；能帮人洗净城市中所有的喧嚣，重新找回迷失在钢筋水泥之中的自己。

亚马孙雨林是全球最大的雨林，河流径流量大，流域面积广。图为游人划船在宽阔的水面上穿行，欣赏着沿岸这片神秘的"生命海洋"。

01 亚马孙雨林

神秘的生命海洋

有人认为这里是地狱，有人却把它当成心中最美的天堂；只有最勇敢的人，才能体会到亚马孙雨林那种动人心魄的美！

地理位置：南美洲，主要在巴西境内

探险指数：★★★★★

探险内容：原始雨林

危险因素：猛兽毒蛇、食人鱼、杀人蜂

Tips

热带雨林蚊虫很多，注意防范。进入雨林深处，最好全身围护严密。另外还要带一些硫黄等驱蛇物品。

为了防止美洲虎、鳄鱼等大型动物袭击，最好结伴而行，并带好防身器械。

雨林中河水、湖水看似清澈，但不可轻易饮用。常用的药物应配备齐全，最好队伍中有擅长急救的医生。

亚马孙河从安第斯山脉的高峰间奔流而下，在南美大陆上蜿蜒盘旋，滋养了亚马孙雨林。整个亚马孙雨林有 700 多平方千米，相当于全世界森林面积的五分之一。广袤的雨林密切地影响着全球的气候，被誉为"地球之肺"。然而，人们对这片和自身息息相关的"地球之肺"又有多少了解呢？

从空中俯瞰，亚马孙雨林仿佛一片绿色的海洋，覆盖着绿色植物的山丘、洼地如同起伏的波浪。飞机从绿林之上滑过，如同飘浮在茫茫大海中的一叶小舟，坐在飞机上，你能深刻地感受到那种浩瀚的绿浪迎面而来的震撼。其实人们对这片雨林的了解并不比大海多多少。很多人都能轻易地探索出亚马孙雨林中生活着世界上种类最多的生物，数百万种昆虫、鱼类、鸟类、哺乳动物等。然而，这仅仅是人类所能了解到的物种而已，在那些根本无人到达过的密林深处，又藏着什么，只怕探险家、生物学家们也不能给出明确的答案。那些常年被密林覆盖的雨林中心，并不比几千米深的大海更容易探索，相反，这里充满更多的危险，更多的谜团。

一直以来，到亚马孙雨林中探险，都是很多游人的梦想，但大多数人都只是坐着游船从亚马孙河顺流而上，或是在其他的大河旁边伴着旅行团从一个城市走向另一个城市。真正的亚马孙雨林是何种样子，了解的人并不多。当你深入亚马孙雨林中时，你会发现，原来所有关于它的形容都不能完全道出此地的壮美、

俯瞰亚马孙雨林一角，雨林宛如地毯，亚马孙河宛如长龙，气势十分壮观。

神奇，以及这里充满的重重刺激和凶险。雨林之中水连着树，树连着水，水树连天，树密如织，巨蟒毒蛇蜿蜒其间，猿猴熊豹依树而眠，苍鹰秃鹫盘旋天上，

豺狼鳄鱼潜伏水边。

别致的茅草屋是专门为丛林徒步探险者提供休憩的场所。

在这里可以看到各种热带植物：香桃木展着柔枝，月桂树刚刚冒出嫩芽，棕榈、金合欢努力地争夺着阳光，黄檀木、巴西果及橡胶树一群连着一群。这些植物茂密挺拔，遮天蔽日，即使是白天，在浓密的丛林之中也难得一窥蓝天白云。有些巨大的树木，不知在这里生长了几百年，仿佛顶天的巨柱一般，抬头都望不见它们的树冠，树干几个人合抱都抱不过来。雨林不同的地区也呈现出不同的景象。有的地方长满茂密的低矮灌木，人只能弓着腰在其间穿行，这里虬枝乱伸，枝叶之上生活着不同的昆虫，有些靠近河、湖的地方，树叶上布满吸血的蚂蟥，若是不小心将皮肤裸露在外，就会被叮出一个个大包，有些寄生虫还会吸附在皮肤之上。树林下，厚厚的树叶和藤蔓植物将地表覆盖得严严实实，那些存在崖坑、水沼的地方，被它们装饰成完美的陷阱，数十年来不知有多少探险家葬身在这些泥沼之中。林中更有些巨大的谷地，积满了二氧化碳或其他有毒气体，可这些地方的植物与别处的毫无区别，只有那些还未被植物吞没的动物白骨告诉人们，这里是死亡的陷阱。若是不慎进入这些地方，几乎没有人能逃脱死亡的厄运。

除了这些陷阱，雨林中那些危险的动物是更加令人防不胜防的杀手。美洲狮、美洲虎、巨蟒、鳄鱼、花豹……在茂密的雨林中面对它们，若没有防身的武器，人类几乎没逃生的可能。然而，这些庞然大物还不是最危险的，那些只有小拇指指甲大的杀人蜂，可能瞬间就会要人的性命；那些看起来十分美丽可爱的箭蛙一次能分泌出毒死几十个人的毒液；有些亚马孙雨林中的蚊子能让人患严重的痢疾，不及时救治会很快痛苦地死去；那些无处不在的毒蛇能伪装成枯枝、花朵，人若是不小心踩到了它们，死亡也就不远了；河流中的食人鱼、丛林边缘地带生活的食人蚁更是让无数人对这片充满神秘的雨林望而却步。

此外，据说亚马孙雨林中还有未被文明社会发现的原始部落存在。关于亚马孙雨林中存在食人部落的传闻经常出现在文学作品中，这种说法并非毫无根据，很多探险家都声称曾在雨林中见过原始人类的活动痕迹，甚至有人还声称在雨林中发现了与世隔绝的印第安人部落，以及印加古城等。

亚马孙雨林可以说是世界上最神秘、最陌生，也是最危险的一片土地，但在这里你能看到前所未有的美，能得到最刺激的探险感受。古人云："世之奇伟、瑰怪、非常之观，常在于险远，而人之所罕至焉……"如果寻找最瑰丽的景观，并喜欢探险，来亚马孙吧，这里的雨林永远不会让你失望。

刚果雨林位于非洲中部的刚果盆地。雨林中坚如巨刃的热带阔叶林郁郁葱葱、绵延千里，由于降雨量集中，河道蜿蜒曲折，湖泊众多。图为雨林一角，当地人划着小舟顺流而下。

02 刚果雨林
探险家的乐园

在刚果雨林中，美总是和危险相伴，它们属于那些勇敢的人，坚强的人，能在种种危险面前屹立不倒的人……

地理位置： 非洲中部，刚果盆地中

探险指数： ★★★★★

探险内容： 热带雨林

危险因素： 猛兽巨蟒、杀人蜂、疟疾

Tips

在刚果民主共和国旅行时，证件一定要齐全，此地经常发生游客被扣押事件，如发生危险，及时与大使馆联系。

刚果雨林地区传染病发生率较高，游人应注意个人卫生并最好携带相应药品。

在刚果（金）公开场合是不准男女亲吻的，外来人员也应遵守这个习俗，否则会引起不必要的麻烦。

刚果雨林的美没有人会质疑。这里乔木穿云，遮天蔽日，灌木丛生，奇花异草数不胜数；这里有幽深的峡谷，宽广的河流，湖泊池沼，高山峰峦。巨大的芭蕉、挺拔的椰树、繁茂的棕榈、美丽的紫藤将这里装扮得如同一个梦幻般的世界。

这里是非洲动物们的伊甸园，当晨曦透过浓浓的树叶照到林中时，各种鸟儿已经在开始高歌了。小巧玲珑的太阳鸟叫声清脆，五彩缤纷的羽毛在阳光下散发着梦幻般的光芒，当它们挥着翅膀，在空中停驻时，如同一只只披着霞光的美丽精灵；黄弯嘴犀鸟、黑盔犀鸟如同盛装的"贵妇"一样在密林中啄食着各种昆虫；长达 1 米多的双角犀鸟叼着捕获的蛇、蛙，哺育叽叽喳喳的雏鸟；尖嘴的秃鹳如同毛发尚未落尽的秃顶老人，成群地盘旋在雨林上空，看到食物便俯冲而下，它们收起翅膀，立在最高的乔木树冠上，仿佛也被这美丽的景色所吸引。矫健的花豹、庞大的非洲象、威武的大猩猩、聪明的黑猩猩还有那些五颜六色的蝴蝶，所有的动物都牵动着人们的目光，让人们在这生命的乐园中找到令自己沉醉的美景。

雨林中有宽广的河流，乘船沿着这些河流穿行在绿色的伊甸园中，可以观赏两岸的各种动物，欣赏大河上壮美的晚霞、日落，可以在灿烂的星空下，倾听兽啼鸟鸣，倾听茂密的林木低声吟唱，潺潺河水奏响狂野之乐。那些倚靠雨林设立的国家公园中更是充满了震撼人心的美，它们有的高山深谷相勾连，有的河水满溢，湖泊片片，有的雨林、草原、沙漠相互交合，在这里可以感受到大自然最伟大的创造力，感悟到非洲最原始的野性所在。

雨林之中有多个大瀑布，这是刚果地区最美丽的地方，非洲的野性、粗犷之美在此得到了最完美的诠释。

雨季来临时，丰水期是游览瀑布的最佳时期。大独特的地质结构，在流水侵蚀作用下形成的地貌景观。

瀑布还未见面，先闻其声，震耳欲聋的水落声早已将瀑布的壮美铺饰得淋漓尽致。游人看到瀑布后无不被它的气势所震撼。巨大的水流从密林中激射而出，跌下高高的崖谷，如万马奔腾，狂风怒号，奔雷坠地，让人冷气倒吸，心悸不已。瀑布旁边的矮山上，草树葱茏，水雾缭绕，恍如云间仙境，见者无不感慨"动"与"静"竟能如此接近，如此和谐。

然而，只有最具胆识的冒险家才有欣赏到这些美景的机会。在非洲，在刚果雨林中，美总是和危险相伴，它们属于那些勇敢的人，坚强的人，能在种种危险面前屹立不倒的人。那些密密的雨林似乎没有尽头，树干丫枝横生，树叶大如碗碟，好似光怪陆离的迷宫；四处乱伸的虬枝、坚硬如巨刃的热带阔叶会轻易地划破人类的皮肤；嗜血的蚊蝇、蚂蟥时刻准备着贴在探险者的皮肤上饱餐一顿。那些隐藏在枝叶间的巨蟒、潜伏在浅水中的鳄鱼以及巡逻在自己领地中的豹子随时会将侵入者变成自己的食物。即使那些和人类亲近的黑猩猩、大猩猩，也不会欢迎外来的探险者，它们会警惕地监视着人们，如果激怒了它们，会发现这些

雨林深处的一片泥沼中，象群互相嬉戏。

更加聪明的动物，远比巨蟒、花豹难以对付。

真正深入雨林之后，人们会发现，在这里每走一步都充满了艰辛，每前进一步都充满了危险。致命的毒蛇、带着各种病菌的蚊子，一不小心就会陷入沼泽；充满低谷的毒气，每一步都足以致命，让人惊恐不已。若不是有野外生存经验，在这里坚持三五天都是奇迹。树上挂着的鲜艳野果，地上长出的五彩蘑菇，水坑中的发光小鱼……几乎都美得如梦一样，但很多时候，它们都是致命的毒药，就连那些从高处泻下的流水中都有可能含有大量致命的病菌、毒素，若是不小心喝了它，它们会让你痛苦不堪，不及时救治甚至会危及生命。

除了这些，更危险的是人，刚果地区多年战乱，很多部落躲到了雨林之中，有些部落十分友好，会把探险家们当成远道而来的朋友看待。有些则会将外人当成入侵者，或是害怕泄露自己部落的踪迹而扣留，甚至杀害外来人。传说，雨林深处还有原始食人部落，他们野蛮的习俗让人不寒而栗。

这便是刚果雨林，它是地狱也是天堂，是死亡深渊，也是世外桃源。

神农架原始森林中奇山幽谷、茂林翠柏、风景秀美，更因"野人"的传闻而闻名遐迩。

神农架原始森林

03 野人的传说

那些奇形怪状的岩石，被苔藓和蕨类植物深深地覆盖，如同一本本封尘已久等待人们细细阅读的古书，不知道里面记载着哪些传奇与神话……

地理位置： 中国湖北省

探险指数： ★★★

探险内容： 原始森林、洞穴

危险因素： 密林深涧、"野人"

Tips

神农架旅游山路较远，道路崎岖，容易晕车的乘客应备好晕车药。除户外常用药品外，蛇毒血清是必备，游人也可以带点雄黄。

神农架山上山下，早晚温差较大，且气候变化无常，游客注意带好保暖衣物。

景区内森林茂密，严禁野外用火，禁止吸烟。

当地老百姓出售自制防蛇、防蚂蟥用的山袜，是个不错的探险装备，游人可以自行购买。

神农架有奇山幽谷，有茂林修竹，有清溪白石，有古松怪柏……它的主峰被誉为"华中第一峰"，因"野人"的传闻而扬名天下。古老的冷杉、岩柏、桫椤、珙桐遮天蔽日；金丝猴、苏门羚、华南虎、金钱豹，跳于枝头，穿游林间；白鹳、大鸨、金雕，盘旋高空，戢羽枝头；白熊、白蛇等奇异的动物时现踪迹，大鲵等珍贵的水生动物伏于清溪。这里是野生动植物的"天堂"，是探险旅游的天堂。

神农架是一处用"美"写成的连篇画卷，是一处用"奇"谱就的延绵乐章。景区中到处都是苍茫的绿色，让人从眼睛到心灵都焕然一新。那些奇形怪状的岩石，被苔藓和蕨类植物深深地覆盖，如同一本本封尘已久等待人们细细阅读的古书，不知道里面记载着哪些传奇与神话。美丽的大九湖在"抬头见高山，地无三尺平"的神农架地区显得更为夺目，澄净的湖水，绿得耀眼的湖边植物，像一块巨大的宝石，镶嵌在山间。春天来时，湖畔山坡的杜鹃花漫山遍野，将美丽的神农架染成了粉红色，清风吹来，香气袭人。高大挺拔的杉树、绵延起伏的野草，还有草地间不知名的野花五颜六色，蜻蜓盘旋，蝴蝶翩翩，美景入目，使人沉醉。

高高的箭竹林，幽静异常，时而有林鸟忽起，时而有蛰虫轻吟，引起一阵躁动，却是"蝉噪林愈竟，鸟鸣山更幽"。竹林中，溪水潺潺而出，清澈无比，不由得使人忘情吟道："肃肃凉风生，加我林壑清。

云雾燎绕，悬崖峭壁，真是野生动物的乐园。

寻烟入涧户，卷雾出山楹……"

香溪源头奇峰竞秀，林海深处云游雾绕，林间奇花异草竞相开放，山中溪沟纵横伴随着草木的芬芳。每年三月，河畔桃花盛开，落英飞入水中，将整个河谷都熏得芳香一片。若至清晨、夕暮，登上峰顶，远

因为野人的传说，让这里变得更加神秘。

眺四方，整片山峰都被云雾萦绕，缥缈迷离，时隐时现，如梦如幻。

在神农架，可以沿着铺设完好的道路，沿着各个开发好的景点，悠闲地欣赏各种美景；也可以深入那些原始森林探险，这里有传说中的"野人"，崎岖的林间小路，纵横盘旋的沟谷，神秘的洞穴给探险游客增加种种乐趣。

神农架野人的传闻现在几乎已经被世人熟知，关于野人传闻的来源有很多，最早可追溯到民国时期的一个离奇传说。1915年，神农架边缘地带的房县，有个猎人进山打猎，被一个女野人抓获，女野人将其囚禁在自己生活的山洞中，猎人和女野人一起生活了十几年，并生下了一个浑身长满红毛的孩子。后来，这个猎人逃回了家，将神农架中存在野人的事传了出去，在当时引起了一场不小的轰动。

1976年，一辆吉普车沿房县与神农架交界的公路蜿蜒行驶。当吉普车经过海拔1700米的椿树垭时，司机突然发现前方道路上有一个奇怪的动物正伛偻着身子迎面走来。它像人，又比普通人大很多，身上长满了长毛，动作十分敏捷，而且还很害怕灯光。车上的人都声称，他们见到了传说中的野人。

此后关于野人的传说越来越多，科研机构也专门组织了人员进入神农架的原始森林中搜寻，但一直未能找到确凿的证据来证明野人真实存在。很多人认为，以前看到的野人和听到的传闻大多不可信。但面对神农架那些茂密的原始森林，那些神秘的洞窟，没人能够说得清里面到底藏着什么，也许野人真的就在那里。

即使不去寻找野人，神农架那些森林本身就是探险、穿越的佳境。许多自然倒伏的树木常年被埋在落叶腐化后所形成的泥土里，上面都附着天然的苔藓，给人一种沧桑神秘的感觉。这里面有神农架最危险的陷阱，无数深深的天坑。它们被植物、枯枝覆盖，如果一不小心掉下去，那真是"叫天天不应，喊地地不灵"。其次，各种野兽、野猪、熊、狼、蛇等也都是严重的安全威胁。神农架中生活着很多奇怪的动物，白蛇、白色蜥蜴、白熊等，在视觉上就给人一种极大的震撼，让人恐惧不已。

神农架虽不像亚马孙雨林、刚果雨林那样处处充满死亡的威胁，但也不是毫无挑战的探险地，正是这样，它十分适合那些喜欢寻找刺激，没有太多野外生存经验的探险者们。如果厌倦了整天沿着精致的石板道观看景点，不妨来神农架的原始森林中寻找一下刺激，从这里开始探险之旅！

秋高气爽，乌云与水连成一片，美丽无比。

04 德国黑森林

从童话中走来

广袤的森林覆覆在施瓦本山脉的山丘之上，如同一条条黑色的巨龙，盘旋在阿尔卑斯的雪峰之下。

地理位置： 德国西南部的巴登—符藤堡州
探险指数： ★★★
探险内容： 原始森林
危险因素： 山势陡峭、森林浓密

Tips

黑森林所处地区是德国钟表业最发达的地区，当地的钟表享誉全球，除了价格昂贵的名表，当地为了迎接旅游者也生产很多旅游主题的纪念装饰表，价格适当，是最好的旅游纪念品。

黑森林地区旅游业虽然很发达，但游人在林地中探险时务必注意安全，那些长满青苔的悬崖、落满树叶的泥沼，是十分危险的。

黑森林里有许多非常完善的和带有标志的徒步旅行道路，但由于所处区域十分广大，游人最好携带地图，并保持通信设施畅通。

黑森林中的温泉十分有名，黑森林温泉之路是一条连接黑森林地区所有温泉疗养地的环形线路，喜欢泡温泉的游人不妨选择这条路线进行自己的探索之旅。

在 德国西南部的巴登 - 符滕堡州，施瓦本山脉连绵起伏，这是阿尔卑斯山的前缘，也是德国最吸引人的山地。施瓦本山脉虽然没有阿尔卑斯山脉那样雄伟壮丽，但这些中等高度的山峰也有它们独特的魅力。这就是巍巍群山和生命的结合，创造出了一片童话般的森林——黑森林。

黑森林位于欧洲的腹地，这里有四通八达的高速公路、铁路和航空与之相连，从德国各地和周边国家来此都非常方便。深林、幽谷、温泉、溶洞、林间小镇、童话故事，让这里成为一处旅游、探险的胜地。黑森林里处处是景，根据不同区域的特点，这里有十几条精品旅游线路，每条线路突出一个主题，通过遍布山区的公路网，游客可根据自己的需求到达任何一处景点。

这片广袤的森林压覆在施瓦本山脉的山丘之上，如同一条条黑色的巨龙，盘旋在德国南部，盘旋在阿尔卑斯的雪峰之下。之所以称为"黑森林"是因为其中长满了茂密的杉树、松树、柏树，肥沃的土地、充沛的水源，让它们生机勃勃，呈现出极深的绿色，远远望去，整个山林都泛着黝黑的光泽。但是，这不是

俯瞰黑森林，宛如黑色巨龙压覆在施瓦本山脉的山丘之上，山顶上的城堡若隐若现。

令人厌恶、让人精神紧张的暗黑，而是透着油绿和亮色的黑，看上去凝重、舒适，让人感到和谐、踏实。来自各个方向的水汽在这里汇集，不仅给这里的树木、其他动植物提供了充足的水分，还使它成为巨大的水源涵养地，森林中除了山川、峡谷还有很多美丽的湖泊，同时这里也是多瑙河与内卡河的发源地，从这里流出去的水滋润了欧洲的大片土地，将生机带到了千里之外。

这里的山虽然无法与著名的勃朗峰、马特峰等比高，但却都独具另一番风情，有的低矮平缓，被生活在山区的人开辟为果园、公园；有的山势陡峭，如黑色屏障般高高耸立；有的也覆盖着白雪，在黑色的山林间显得十分圣洁、亮丽。在黑森林的中部，一道峡谷将高山与森林横劈为南北两段，这就是风景如画的金齐希峡谷。峡谷中清澈的河流如丝带般流过，它时而平缓，时而激荡，在平地中像明镜、像宝石、像一朵朵盛开在黑色森林间的蓝色花朵，在狭窄的地方，成为激流，狂吼着冲击两侧壁立的岩石，从激流上开辟的小路上走过时，游人无不战战兢兢，如履薄冰。那些清澈的湖水，永远带着高山的冰凉，坐在湖边，看着水中的蓝天白云、青松巨杉，嗅着弥漫原野的花香，听着淙淙的流水声、叽叽喳喳的鸟鸣声，似乎一下子就坠入了童话世界。

《格林童话》中的很多故事就发生在这片巨大、神秘的黑森林中，走在那些林木幽深的小径上，密密匝匝的树木和枝叶遮天蔽日，挡住了强烈的光线，投下浓荫，人仿佛被笼罩在一片黑色之中。鼻子里都是树木的芳香，耳中都是清脆的鸟鸣。一阵风吹过，松枝摇曳发出低沉的沙沙声，仿佛古老的大树在对着你低低讲述发生在这林子里的古老的童话传说。你不知道前面有什么，是美丽的白雪公主、好客的七个小矮人，还是拥有黑魔法的老巫婆或是被诅咒的神秘宫殿。怀着好奇的心情，走在幽静的森林中，偶尔一阵草动、一声鸟啼，惊得人心扑扑直跳，你不知道那些巨大的树木遮挡着什么秘密，你不知道

茂密的树林，这里曾是冰雪融水的出口处，充满着野性的味道。

那些在山谷间逶迤盘桓的小路要将你带到何方。螳螂落在衣襟上，你会好奇地想它是否要告诉自己关于破解魔法的秘密；听到水池中的蛙鸣，你会想是否青蛙王子在这里等着他的公主；看到那些看林人的小木屋，你会想里面会不会有一条通向魔法世界的秘密隧道……

直到看到了那些隐藏在林间的小镇，心中还在想这是不是从魔法世界中走出来的镇子。的确，这里的小镇都美得像童话。红色的屋顶，白色的墙壁，绿色的百叶窗里垂下长长的绿色藤蔓，路边的雕塑、路灯都透着种种魔幻的气息，那些以童话人物为原型的雕塑，活灵活现，若在别处也没什么，偏偏在这黑森林中的小镇上，让人觉得她们就是真实存在的，也许她们一直就在这里等着命运中的那个人前来解开被石化的魔法。

一年四季，黑森林都是人们旅游度假的好去处。春天，林间鲜花盛开；夏日，树木遮天蔽日；秋季，满山色彩烂漫；冬日，白雪覆盖群山。无论何时，来到这里，都会以为到了世外桃源，任何烦恼和忧愁一到这里便会烟消云散。

稀疏的小岛上苍翠欲滴的植被数不胜数，湖面平静，宛如盛开的百合花。

婆罗洲雨林

05 赤道上的绿色奇迹

神秘的传闻、深邃的历史文化、丰富的动植物，在这里创造出了一片最迷人的冒险胜地。

地理位置：马来群岛中部

探险指数：★★★★★

探险内容：热带雨林、火山景观

危险因素：毒蛇、猛兽

Tips

婆罗洲地区有很多信仰伊斯兰教的地方，游人前去时应了解当地的习俗和宗教信仰，以免发生误会。

婆罗洲地区局部有排华现象，游人前去最好结伴出游，并与当地政府机构、领事馆等保持联络，夜晚不可到处乱跑，以免发生危险。

婆罗洲的雨林中蚊虫众多，进入前自备驱蚊花露水，消毒、止泻药物。

进入火山附近的峡谷、深洞时尤其要查探其中是否含有有毒气体，最好随身携带便携氧气瓶。

这里有世界上最长的蛇，世界上最大的飞蛾，世界上最小的松鼠，世界上最小的兰花……这里的一切都那么奇异，在这里你能充分感觉到造化的神奇，世界的丰富多彩。

婆罗洲也称加里曼丹岛，它是世界第三大岛，婆罗洲许多地方都被原始森林覆盖着，世界上除了南美洲亚马孙河流域的热带雨林外，就要数婆罗洲的热带森林最大了。该岛位于赤道上，气候炎热，这里热带动植物应有尽有，如巨猿、长臂猿、象、犀牛，以及各种爬行动物和昆虫。

该岛上有很多美丽的动植物。大王花能开出世界上最大的花；婆罗洲象是该岛上特有的动物，也是当地人最好的动物朋友；色彩绚丽的犀鸟可以做出各种表情；婆罗洲黑猩猩在浓密的雨林间爬来爬去；滑稽可笑的长鼻猴在枝头跳跃，尽情地展露着它们十分突出的长鼻子以及被太阳晒得黝黑的皮肤。

雨林中地势起伏，有很多覆盖着厚厚丛林的高山，这些山中充满了各种神奇的传说。有人认为那里面有消失的远古城市，城市中存在着无数的文物宝藏；有人说日军侵略时期曾经在那些茂密的雨林中建立了碉堡，失败时他们在那里埋藏了大量的黄金，直到现在，那些黄金还沉睡在某个未被人发现的地方；还有人说那里面有古代王国的圣殿，圣殿里的佛像上都镶嵌着价值连城的宝石；也有人说雨林中有巨大的钻石山谷，山谷中铺满了晶莹夺目的钻石，每一颗都能让人一辈子衣食无忧……

茂密而苍翠的树木充满着原始的味道。

繁茂的雨林上空，长绳吊桥径直通往密林深处蘑菇状的小厅。

早期婆罗洲受印度文化影响，很多地方出土过5世纪末的梵文碑文及一些不同时期的佛像，另外也发现了11世纪时爪哇式的佛像与印度教的神像。在那些繁茂的热带雨林中，的确存在很多神庙、城市的遗迹，也许正因如此，这片雨林中才有了无数关于宝藏的传说。几十年来，无数探险家来到这里，他们深入密密的丛林之中，寻找珍稀的动植物，寻找遗失的古迹，寻找隐藏在密林深处的原始部落。

在深山中存在很多巨大的山洞，山洞中怪石林立，恍如隐藏在雨林中的世外桃源。有些居住在山中的人便把他们的屋子建在高大的山洞之中，形成一个个洞中村。如今很多居住在山洞中的人已经了解了外面的世界，甚至会讲几句简单的英语。探访这些古老的原住民也是极其快乐的冒险。穿过茂密的丛林，沿着崎岖的山间小路，到达那些被时间遗忘的山洞村落，体验这些淳朴的原住民悠闲又惬意的生活。

但这片雨林也存在种种危险，巨大的蟒蛇、灵敏的丛林猎手花豹、各种色彩鲜艳的毒虫以及暗藏在绿色之中的沟谷、冒着浓烟的火山……尤其是在一些火山附近，有毒的气体从岩石缝中渗透出来，积聚在山下的沟谷中，成为一片死亡的禁地，然而，这还不是最可怕的，因为人们还能从这些地方死亡的植物和动物白骨上得到警示。那些背风、气流不同的短谷才是这里最可怕的杀手，里面积满了二氧化碳，茂密的植物覆盖了一切土地，从外面看不到一点异常，一旦不慎进入，很难全身返回。

在婆罗洲的中部地区，有个危险的地方，那里的雨林被人们称为黑暗的森林。森林里面住着一个令人生畏的土著族，这就是专门猎取人头的达亚克族人。达亚克族人在原始森林里过着自给自足的生活。他们不愿与外界人多接触，更不允许外界人进入他们的住地。这个神奇的部落为这片森林增加了更多神奇色彩，使这里成为最具挑战性的探险胜地之一。

大兴安岭原始森林云雾在山间弥漫，茂密的针叶林忽隐忽现蔚为壮观。

大兴安岭原始森林

06 北国林海

无数种植物在这里茂密地生长着，从一片山岭延伸到另一片山岭，五颜六色的树叶，将这片莽莽林海装扮得壮丽异常。

地理位置： 中国东北部

探险指数： ★ ★ ★ ★

探险内容： 原始森林

危险因素： 山势陡峭、森林浓密

Tips

大森林里严防烟火，游人切不可违反规定野外吸烟，尤其是那些在景区宿营的游客，不可随意明火，以免引发火灾。

森林深处可能存在野狼、黑熊等危险动物，没有经验的探险者不可深入险境。

大兴安岭那些厚厚的雪将这里装扮成了一处处仙境，密林深处很可能隐藏危险的陷阱，大雪之下的洞穴、深坑都极其危险，冬季探险的游人应注意，最好结团出行以免发生危险。

森林中有很多鲜艳的蘑菇，这些蘑菇常常含有剧毒，谨慎食用。

大兴安岭是中国最寒冷的地区，冬季平均气温 -28℃，有时甚至达到令人恐怖的零下四五十度，一年中将近一半时间这里都被厚厚的积雪覆盖。"大兴安岭"来自满语，"兴安"即"极寒"的意思。平和的地形和丰富的水资源，让这里成为天然的林海，大兴安岭被浓密的森林覆盖着，松树、柏树、杉树、白杨、桦树……无数种植物在这里茂密地生长着，从一片山岭延伸到另一片山岭，五颜六色的树叶，将这片莽莽林海装扮得壮丽异常。

严寒的气候和无垠的原始森林阻挡了人类前进的步伐，这里不像中国的其他地方那样被城市和村庄占据，大兴安岭保持了完好的自然形态，虽然经历过滥砍乱伐、火灾的侵袭，它依然可以称得上是人迹罕至的秘境。正因为这样，这里成为动物的天堂，狍子、鹿在山冈上跑来跑去，黑熊、野狼在密林深处守卫着自己的领地，紫貂、山兔、松鼠窜来窜去，巨大的犴和麋鹿悠闲地游荡在森林和草原相交的地带。世界上最威猛的老虎——东北虎们也在山岭间繁衍生息，延续着山林间最高贵的基因。

"无边林海莽苍苍，拔地松桦千万章"，著名史学家翦伯赞用诗句描述了大兴安岭的壮丽景色。这里山清水秀、人杰地灵；林草葱茂、溪流密布；神秘莫

流水潺潺，小鹿似乎陶醉在这秋景之中。

测、气象万千。以其林海苍茫、碧水蓝天、雪岭冰峰、溢彩流翠的自然品质令人怦然心动，更以其特有的雪岭冰峰、严寒雾松的冬季风韵令人魂牵梦萦……

大兴安岭不仅处处都是美景，而且处处都蕴含着

大兴安岭密林中，积雪在夕阳余晖下酝酿出浓浓的暖意。

丰富的宝藏，除了那些享誉全国的珍贵林木，人参、貂皮、鹿茸等，山林中还有丰富的矿产资源。老金沟，全长14千米，是额木尔河的一条支流，以盛产黄金而闻名于世。胭脂沟，从发现至今已有100多年的历史，这里的沙土已被筛淘过几十遍，至今仍可以淘到黄金，可见这里黄金储量之丰富。就连山中那些泉水都因为含有丰富的矿物质而成为珍贵的宝藏，如北饮泉，在泉口就可见有二氧化碳气泡冒出，状若沸腾，其泉水可作天然矿泉水饮用。

大兴安岭一年四季景色不同，但时时都有动人心魄的美。春天的大兴安岭，满山红杜鹃花，山岭沟壑，处处生机，谷谷飘香。夏日的大兴安岭，林莽茂密，青翠欲滴，融化的冰雪在森林中四散满溢，形成一道道小溪，一汪汪水泊，兽鸣鸟啼，处处都飘荡着生命的乐章。秋日大兴安岭，层林尽染，极目远眺，天高

云淡，"五花山"的美景伴着丰收的喜悦，收获着满山遍野串如珍珠的越橘、都柿、榛子、稠李子、山丁子以和各种名贵的中草药材。冬天更有诗意，万顷林海一片银装素裹，四季常青的美人松映衬着皎洁晶莹的冰雪世界，让你顿感一种大自然的伟大。

这片生机勃勃又充满神秘气息的林海，也是探险者们心中的乐园。拨开林莽攀上一座又一座山谷，一次又一次体验山外有山的乐趣；沿着那些割裂山体的峡谷前行，寻找那些未被人类发现的美景、秘境；在原始森林中搜寻巨犴们的足迹，寻找早期被护林人遗弃的小屋；倾听林间潺潺流水，观看天上绚丽极光……经验丰富的探险者还可以深入那些树木参天的原始大森林中，欣赏大兴安岭最原始、最真实的一面，寻找那些古代挖参人的足迹，看看那些黝黑的森林深处是否生活着会跑的人参娃……

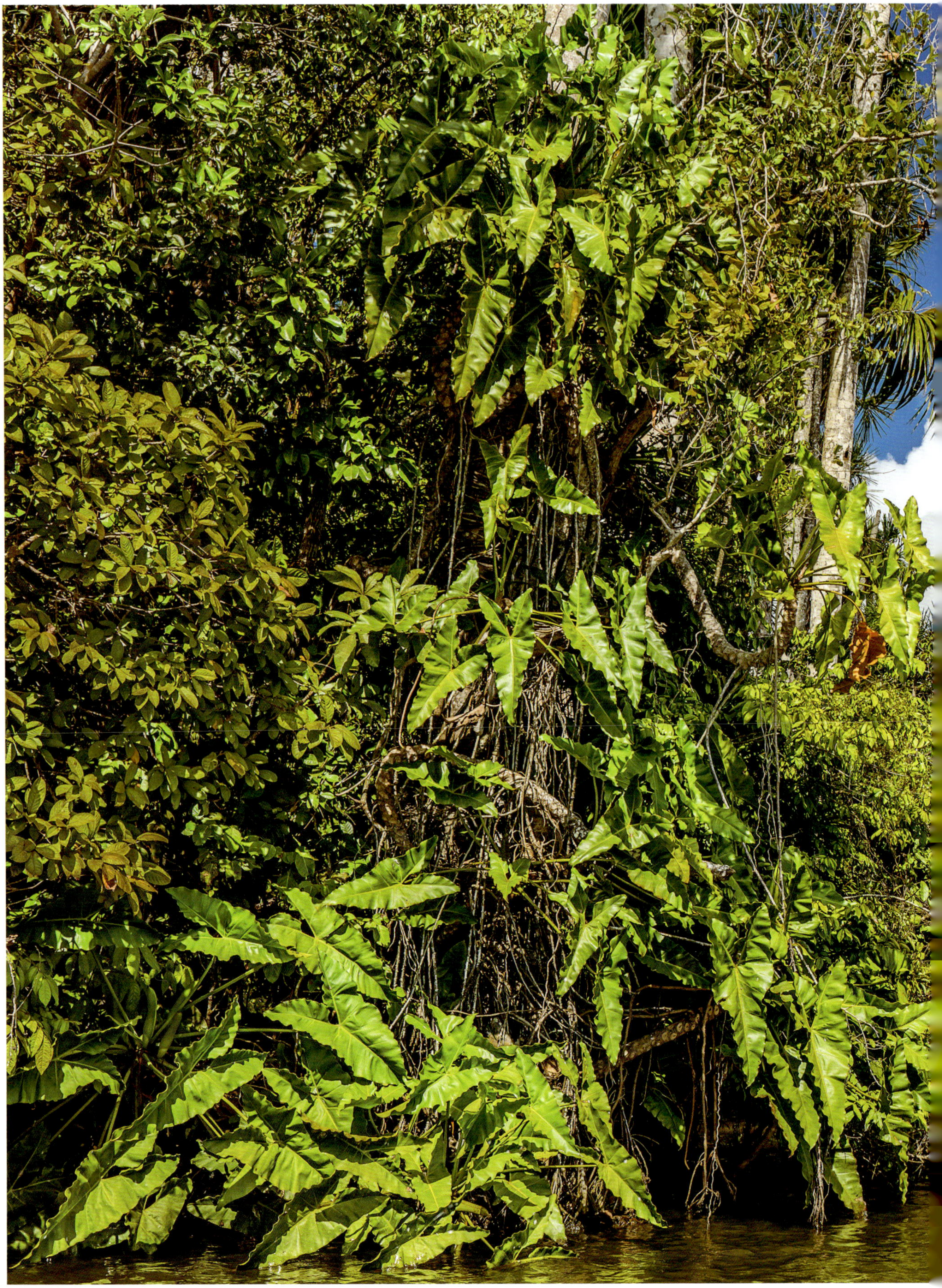

密林深处的水源清澈，在蓝天白云下，整个雨林壮观而神秘。

马努热带雨林

安第斯山下的秘境

07

无数的危险横在前进的道路上，只有那些最勇敢、最有经验的探险者才能在这里生存下去，才能穿越茂密的原始雨林安然返回。

地理位置： 南美秘鲁

探险指数： ★★★★

探险内容： 热带雨林、安第斯高山

危险因素： 山势陡峭、猛兽毒蛇

Tips

游人打算去马努地区旅游可以乘飞机直接飞往博卡马努,进入雨林的核心区域。也可以从陆路在库斯科出发,穿越长满兰花的丛林。

遇到美洲豹、巨蟒等切不可惊慌,对方没有进攻意向切不可主动招惹它们,游人请提前雇请丛林探险向导。

马努热带雨林的河流中生活着恐怖的食人鱼,能在一分钟之内将跌入水中的动物啃成白骨,更可怕的是那些鱼还能跃出水面,游人在乘船探险时务必不要随意将身体探入水中,也不要暴露在河水之上。

在那些美丽的 U 形湖边时,观景之前一定要密切注意水下是否隐藏着鳄鱼,因为这些地方常常是鳄鱼的领地。

"文明正在逼近!"这是马努地区的热带雨林拼命地呐喊。各种各样的破坏、砍伐和猎杀正在将这片世界上生物最丰富的热带雨林推向绝路,也许不久的将来,我们就再也无法看到这里的各种美景了。

这片面临着巨大威胁的雨林是地球上生物多样性最丰富的地方,茂密的热带雨林是美洲虎和巨蟒的天下,它们在参天巨树中穿行,躲在灌木丛中、

河畔湖边,静静地等待着猎物的到来。貘、美洲豹、眼镜熊、豹猫等也在丛林中游荡、捕食。吼猴、绢毛猴、僧帽猴、猩猩在巨大的树冠上爬来爬去,到处寻找着甘甜的果实。金刚鹦鹉、翠鸟、犀鸟则一边展示着美丽的羽毛,一边演奏着动听的丛林音乐。

这里最美的生物是那些蝴蝶,据统计整个马努生物保护区中蝴蝶的数量多达 1200 多种,每到雨后,它们便在湖畔河边的草丛中翻飞不止,这些蝴蝶小的如指甲盖,大的一扇翅膀便能盖住手掌,粉红的、杏黄的、黑亮的、闪着彩色光芒的、纯白无瑕的……各种蝴蝶一起纷飞,如同落花纷纷,却比那些落花更加生动,更加迷人。林间的瀑布也是它们经常聚集的场地,这里水雾纷飞,彩虹连连,美丽的蝴蝶们围绕着瀑布翩翩起舞,仿佛在与彩虹比谁更漂亮一样,散发出一道道迷人的梦幻光芒。

高大的安第斯山脉,群峰连绵,巍峨高耸,雨林之上是草地,草地之上是针叶林地,再向上是苔藓荒原,一座山峰观尽四季风采,处处是奇,处处是美。山溪沿着沟谷奔流而下,撞开岩石,劈开群峰,汇入马努雨林的河流中。群山之中有很多壮丽的瀑布,它

们有的极为广阔，绿树顽石夹在绿树中间，形成一处处神秘的"水帘洞"；有的飞流高悬数百米，远远望去，如一条白练自天际长垂而下。

雨林间的河流回环屈曲，乘着小船沿河而下，四周一片郁郁葱葱，只在河上可见条状的蓝天。碧绿的河水中，有时水草茂盛，有时藤蔓横生，巨大的河鱼在水中游动泛起层层涟漪。想到巨鳄、大蟒、食人鱼的传闻，让人不禁遍体生寒，紧紧地贴着船壁，唯恐失足坠入河中。透过舷窗，可以看到巨大的凯门鳄在河边的沙滩上懒洋洋地晒着太阳；大水獭在浅滩边追逐着游鱼，那看似笨重的身体竟然灵巧异常；美丽的金刚鹦鹉在河边树冠上忽起忽落，展示着漂亮的身姿。

在马努生物保护区中还有精致铺设的小径，沿着这些小路人们可以来到不同的丛林——竹林、棕榈林、榕树林、淡水沼泽、旱地沼泽等，不同的地形中存在着不同的景观，生活着不同的动物。美丽的马努生物保护区，简直可以称得上是天设的丛林展览馆。

冒险家们对这片和安第斯山的高峰连成一片的热带雨林情有独钟，其最早的驱动力是印加黄金城。西方人为了追求财富来到这片美丽的土地上时，就听到

了关于黄金城的传说：茂密的马努雨林中存在着一个完全用黄金打造的城市，在这座城市中道路、房屋都铺满了纯金，人们身上戴满了金灿灿的首饰……这个传说让到处寻找宝藏的探险家们激动不已，几百年里有无数想找到黄金城的探险者沿着河流进入浓密的雨林深处，但一直没有人成功，很多人死在了原始雨林中，再也没有出来。

现在，很少有人再为寻找传说中的黄金城而进入马努地区的雨林了，但每年都有一些探险者、科学家为了探索这片森林中的秘密，为了发现更多的动植物而深入丛林内部。这是个极其危险的活动，雨林中几乎没有修好的道路，人们只能沿着那些生活着食人鱼的河流溯流而上，在落满巨型蚊子的河汊间探寻道路。然后，离开船只进入更加危险，更加未知的茫茫绿海中探索。美洲豹、巨蟒、鳄鱼、毒蛇、毒蜂、不愿被世人了解的印第安原始部落……无数的危险横在前进的道路上，只有那些最勇敢、最有经验的探险者才能在这里生存下去，才能穿越茂密的原始雨林安然返回。

落日余晖下，夕阳铺水，瑟瑟的水面一片金黄。

壁崖宛如新月，潭水从石缝间溢出，一泻而下，形成了独特的自然景观

考艾国家公园

08 泰式山水图卷

考艾国家公园的河流掩映在高树修草之中，跌流处溅玉跳珠，平缓处明镜映彩，绿水白波，秀美异常。

地理位置：泰国

探险指数：★★★

探险内容：热带雨林、神秘洞穴

危险因素：眼镜蛇

Tips

雨林区环境潮湿，蚊虫肆虐，游人到此应自备驱蚊香、花露水等。

泰国人信佛，参观寺庙时不可大声喧哗，不可随意拍照。

从曼谷到公园入口处有很多载客摩托车，十分不安全，游客不可贪图方便，以免上当受骗。

进入考艾公园中探险，要按照园区内指示路标前行，切不可随心所欲，谨防偶遇孟加拉虎、豹子、巨蟒等野生动物。

泰国东北部呵叻府境内，高山连绵，密林蔽空，山谷幽深绝人迹，清泉泠泠鸟兽集，是一片名副其实的动物乐土，世外桃源。著名的考艾国家公园就位于此处，考艾国家公园中大大小小群山遍布，因此也被当地华人称为"大山国家公园"，园中最高的翘峰海拔 1350 多米，崖壁陡峭，怪石嶙峋。源自山区的泉水沿山谷而下，汇聚成小溪、河流，那空那育河、章打堪河、莫绿溪等都以此为源头，这些河流掩映在高树修草之中，跌流处溅玉跳珠，平缓处明镜映彩，绿水白波，秀美异常。

从高处流下的河溪在连绵山谷中形成多处瀑布，它们有的气势雄伟，飞流激射，在阳光下，灿烂夺目；有的溪流潺潺，如丝如带，从绿荫中飘荡而下，给山林增添了无数秀气。其中最大的当属素越瀑布，它的水流从几十米的巨崖泻下，冲击着崖底的山石，水花破碎，四处飞溅，巨大的轰鸣声远远传开，恍如雷鸣。瀑底潭边的植物，被水雾清洗得干干净净，叶缘挂着排排水珠，如同一串串镶嵌在绿叶边上的珍珠，煞是美妙。瀑布周围的密林中，生活着各种鸟类、猴子。每至清晨傍晚，它们便来此潭边饮水，对着潭水整理毛发，构造出一幅甜美的画卷。功矫瀑布也是较大的瀑布之一，该瀑布四周绿林蔽日，野花入云，集山水之胜形。更有情趣的是瀑布附近的喃打空河上横着一道长长的竹索桥，游人可以从桥上通过，行走时桥身微颤，影子在流动的河水中晃来晃去，仿佛山川河流也跟着人的步子相互晃动了。

这里的密林深处还是当地的避暑胜地，每逢酷暑季节，曼谷、呵叻、北榄坡等城市的居民便蜂拥而至，很多外国旅人也千里迢迢赶来。同时这里也是动物的家园，是亚洲大陆最大、保存最完好的雨林之一，超过 200 种鸟类在园内的森林中安家，包括泰国最大的犀鸟群，此外还有大象、长臂猿、断臂猿、孟加拉虎等。

公园多处都设有动物观赏塔，登上观赏塔，便可远观丛林中各种珍稀动物，大象在高高的草丛中漫

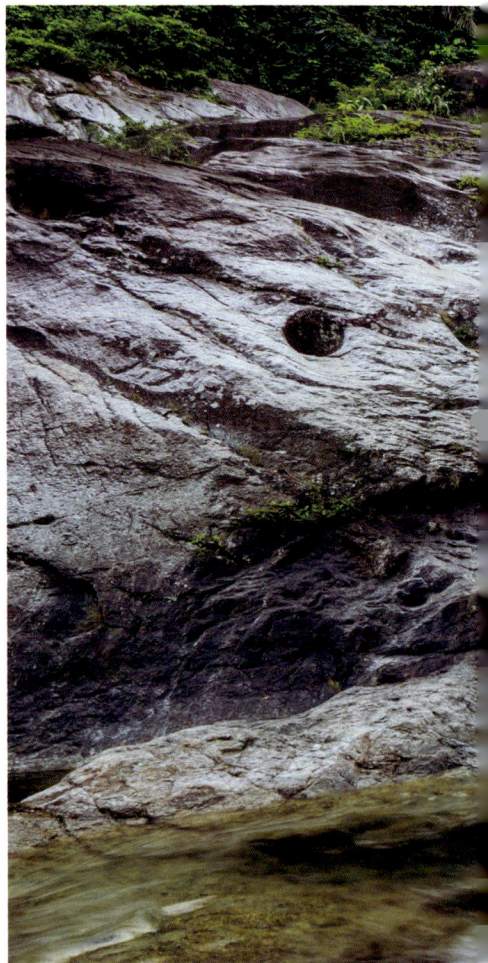

步，用鼻子悠闲地卷食树枝；老虎在山谷中闲逛，巡视着自己的领地；长颈鹿伸长高大的身子从河中饮水；猴子们则在枝间跳来跳去，追逐受惊的小鸟……公园内住宿餐饮设施齐全，游客可以选择居住现代化旅馆，也可以在划定的营地露宿；可以在别致的小餐馆品尝当地特色餐饮，也可以在便捷餐厅食用套餐。园中山麓处有昭婆考艾庙，即山神庙，这是游人上山的起点，很多人在庙中进行祈祷，以便收获好运、永保平安。

除了常规的旅游，游人也可以离开那些正规的道路，沿着泥巴路进入保存最完好、人迹最罕至的山林中探险。在徒步的过程中，可以尽情地呼吸自然的氧气，抚摩那些彰显着岁月沧桑的老树皮，听一听它们唱着什么样的歌，在对人们讲述什么样的故事。你可以近距离地接近那些覆盖着植被的山峰，很多地方

有没人到过的洞穴，它们藏在植物茂密的枝叶之下，没人知道里面有什么，也许是大群的蝙蝠，也许是隐居的猿猴家族，也许是老鹰的巢穴，或许里面立着古人在此雕刻的佛像，藏着不知道是谁埋藏的黄金宝藏……总之，这些人迹罕至的山峰、山洞能极大地满足探险者的好奇心，即使里面仅仅是有以前的探险家留下的一些篝火余烬，一些写在岩壁上的文字、图画，都足以让人激动不已。

泰国石灰石地貌十分广泛，考艾公园内也是如此，很多山峰、巨石奇形怪状，充满了种种神奇的传说，那些石灰岩溶洞更是充满了瑰奇的景色，这里有彩色的石钟乳、成群的石笋，洞中小径相连，往往一个小小的洞口内部就藏着一个巨大的地下世界。进入考艾公园探险吧，在欣赏美景之余，也许你还能发现一个从未被打开过的自然奇观的大门！

沟壑纵横的岩石中，一道溪水顺流而下，如泣如诉。

公园里的温泉在山间蒸腾，茂密的松林与鲜红的熔岩地貌构成奇特的自然景观。

黄石国家公园

09 修复心灵的天堂

美国人说，这是地球上最独一无二的神奇乐园。

地理位置： 美国中西部怀俄明州的西北角

探险指数： ★★★

探险内容： 原始森林、雪山

危险因素： 山势陡峭、山火燃烧

黄石公园之于美国，就如长城之于中国。长城是中国的标志，黄石公园是美国的标志。只不过，长城体现的是人类的伟大，而黄石公园则体现的是自然的神奇。

文明的概念在这里变得极度模糊。每个到这里来的人，都会同那些印第安土著一样，为这片喷着蒸汽和硫黄的热土惊愕不已。在这里，没有人会刻意改变它们原有的样子，大自然就靠着自己舔舐着大火肆虐后的伤口。

黄石国家公园，简称黄石公园，坐落于美国中西部怀俄明州的西北角，地处于北落基山和中落基山之间的熔岩高原上，面积达 8900 多平方千米。它最初建于 1872 年，是世界上第一座国家公园。

黄石公园的气候属于温带大陆性气候，四季分明。由于所处地势较高，平均海拔在 2400 米左右，所以夏季的平均气温在 25℃左右。黄石公园昼夜温差较大，夜间会很凉爽，在有些高海拔地区温度甚至还会下降到 0℃以下。

这片古老的土地，本是土著居民印第安人的圣地，后来因美国探险家路易斯与克拉克的发掘，最后成为世界上最早的国家公园。6000 万年以来，这里发生过多次的火山喷发，所以才有了现在海拔 2000 多米的熔岩高原。期间伴有 3 次冰川运动，于是在这

流水潺潺，山下的野牛似乎也陶醉在这片美丽的景色之中。

块古老的土地上，留下了瀑布、湖泊、山谷，还有温泉群和喷泉群。

这里的迷人景色要归功于大自然，是它用水、冰、火、风不厌其烦地把这里的每一个角落都精雕细琢。你可以在这里找到你想要的一切。这里的山，起起伏伏，山与山之间，有大峡谷。道路曲折坎坷，岩石怪异嶙峋。这里的水，有瀑布、河流、湖泊般

黄石河水喷泻而出，形成小瀑布，无比的壮观。

的庞然大物，还有泉水、小溪、池塘般的小巧玲珑。这里还有绝对野生的动物，水禽、麋鹿、黑熊、骆驼、大角羊，应有尽有。据说，黄石公园是美国最大的野生动物庇护所。

黄石河，是美国境内唯一没有水坝的河流，河水汹涌而出，切断了山脉，创造了神奇的黄石大峡谷。峡谷两壁的风化火山岩光怪陆离，在阳光的照耀下闪着彩虹般的光芒。峡谷被黄石河及其众多支流深深切入，形成了大大小小的瀑布，极为壮观。被阻流下的黄石河水，便在山谷中形成黄石湖泊，湖色会随着湖底的喷泉而不断地变化，就像童话里的神泉一样变幻莫测。湖岸较远处，是一排雪山，在变幻的湖色映衬下，更显宁静。

在这片广袤而又神奇的土地上，90%的土地都被森林覆盖。美洲云杉和银杉秀丽挺拔，苍翠多姿，令人瞩目。曾经的一场大火，席卷了三分之一的公园，不少森林被大火摧毁。20多年前谁会想到，扭叶松的生命力是如此的顽强，它们不仅生存了下来，而且逐年扩大自己的领地。至今公园的85%都覆盖着森林，绝大部分都是扭叶松。在黄石公园这片"沸腾的炼狱"中，扭叶松用绿色证明了"野火烧不尽，春风吹又生"的顽强生命力。

的确，山火有可能会伤害森林，但它却是黄石公园整体生命力的体现。它将沉积在公园内的废物摧毁，将妨碍植物生长的害虫驱散，将动物容易感染的有害细菌杀灭，将柔弱地毫无竞争力的植物淘汰，让适者生存。大火将岩石烧裂，让更多的植物能够在此扎根。燃烧的灰烬，又为那些留下来的植物提供丰富的营养。大火烧毁了旧的东西，却让新生命更加繁荣。可以说，没有山火，扭叶松的势力也不会那么强大。人生也一样，不经历风雨，怎能见彩虹？

夕阳西下时，借着落日西沉的霞光，山峰的顶端被阳光染成了一片玫瑰红色，秀丽的山峦和碧蓝的天空倒映在澄澈的湖里，置身其间，宛若在做一场不真实的梦。

俯瞰绵延的热带雨林区，河流蜿蜒而流。

科比特国家公园

老虎之家

10

探险者可以沿着那些人迹罕至的小路寻找犀牛的踪影，也可以拨开丛丛榛莽，搜寻孟加拉虎的足迹，还可以在密林深处搜索被荒弃的废庙遗址，寻找沉眠在浓荫之下的佛像……

地理位置： 印度

探险指数： ★★★

探险内容： 热带雨林

危险因素： 雨林 老虎

Tips

游客应严格遵守保护区的规章制度，如不投食、不吸烟等，如果违反将面临罚款等惩罚。

避免穿过于鲜艳的衣服，以防动物受到刺激，给游人带来麻烦。

进入丛林应时刻注意安全，毕竟孟加拉虎有凶残的野性，科比特国家公园内孟加拉虎咬死大象的事情时有报道。

在穿越雨林前最好在公园相关部门做好备案，以免被当成偷猎者，一旦发生危险，也可以迅速得到救援。

电影《双虎奇缘》中人与老虎的奇特经历，感动了不知多少观众。美丽的热带雨林、残破的寺庙、古朴的村庄、美丽的丛林精灵——孟加拉虎，一起随着它进入了人们的视野。很多人通过看这部电影才知道，这种美丽的"大猫"，并非天生是杀人的凶手，当人们的伐木机、马达声打破雨林的宁静时，它们才不得不进行反抗。这种强壮的丛林之王，在拥有枪支的人类面前是如此的脆弱，在牢笼之中，皮鞭之下，它们不得不收起自己的王者气息，低声下气地做马戏团宠物，拼命地与同类搏斗，只为一顿饱餐。雍容华贵的毛皮变为人类贪婪的坐垫，它们统治的丛林被无情地砍伐、焚烧……

幸好，现在人们已经意识到了保护动物的重要性，南亚、东南亚存在着很多专门保护老虎的国家公园，而其中最有名的当属印度的科比特国家公园。公园中山丘纵横，雨林浓密，一年四季都是郁郁葱葱，景色十分美丽。更重要的是，在520多平方千米的园中生活着100多头野生的孟加拉虎。

"科比特"之名源自著名的野生动物保护者，他曾经是猎杀过许多老虎的知名猎手。随着对老虎的了解逐渐深入，老虎的悲惨境遇促使他放下猎枪，他将自己的亲身经历写成文章发表，并拍摄了一些早期野生虎的纪录影片及照片，致力于唤醒人们的意识，完

善国家公园的法律条文，更好地保护野生动物——几乎与《双虎奇缘》的剧情相同。为了纪念他的卓越贡献，国家公园内设有科比特纪念馆和博物馆，馆中存放了不少他捕获的老虎标本。

科比特国家公园中茂密的雨林为动物的生存提供了栖息之地。清幽恬静的环境带有浓浓的非洲森林情调，空气中到处弥漫着原始的气息，公园大部分地区完全保持原生态，没有一丝人为的痕迹。很多游客为了一览孟加拉虎丛林王者风姿，每年专程来到此处"探虎穴，拍虎子"。园区提供两种参观方式：一种是乘

饥肠辘辘的猛虎张牙裂齿，向人类发出了警告。

茂密的雨林深处，一辆吉普车驶来，掩映在丛林中。

坐吉普车，这样虽然安全方便，但终有雾里看花之感；另一种是骑乘训练好的大象，在雨林中漫步，这种做法充满乐趣，但需要专门的驯象员协助，且不如乘车安全。游人可以根据自己的爱好选择观光方式。

科比特国家公园附近还有很多古老的村落，在这里你能体会到最纯正的印度风情，品尝到最正点的印度美食。村落中有民族舞蹈表演，游人可以观摩一下，热情的印度姑娘火辣的舞蹈绝对比电视剧中更加吸引人，更具异国风情。

无数探险者们将目光锁定在了科比特国家公园中，这里茂密的雨林、宽广的河流，纵横连绵的山丘，丰富的野生动植物都是探险家心中完美的组成部分。探险者可以沿着那些人迹罕至的小路寻找犀牛的踪影，也可以拨开丛丛榛莽，搜寻孟加拉虎的足迹，还可以在密林深处搜索被荒弃的废庙遗址，寻找沉眠在浓荫之下的佛像……

虽然在这片美丽的公园中探险相对于广袤无人的亚马孙雨林、刚果雨林等安全得多，但也存在着很多威胁探险者安全的因素。首先就是那些探险者专门搜寻的动物们，脾气暴躁的犀牛，对入侵者十分厌恶的老虎，神出鬼没的巨蟒，最狡猾的猎手——花豹……对单个的探险者来说，惹怒了它们简直就是和死神对抗，所以在这里游人最好结队探险。即使这样，要穿越这片莽荒的密林还是困难重重，那些自然生长了数十年的热带树木，根枝勾连形成一道道天然路障，在这无边的绿海之中，单是那种潮湿闷热的氛围就让很多人难以忍受，更别说那些成团的蚊子、恐怖的吸血虫了。

然而，你一旦战胜了这些路途中的困难，就会发现这个公园、这片雨林真正的美，那些隐藏在密林深处的美丽和壮观，远远是同开着吉普车、骑着大象在导游的带领下参观而不能相比的。那风吹草动而引起的心灵震撼；那遇到林间瀑布所带来的充实和快乐；那看见美丽动物时的欣喜，都远远超过普通的旅游观光，如果你真的想了解这个公园，欣赏最具代表性的印度雨林景观，不妨来此进行一次丛林穿越吧，它绝对不会让你感到失望！

加拿大森林公园美丽的雪山，碧绿的湖水，好一派恬静而美丽的风光。

加拿大森林公园

11 最好的攀岩地

这里没有任何喧闹，汽车声、索道运行的声音、游人喧闹的声音，在此都听不见了，入耳的只有阵阵鸟鸣，声声兽吼，风穿密林鸣鸣作响，时间在这一刻似乎都凝滞了。

地理位置： 加拿大阿尔伯塔省

探险指数： ★★★

探险内容： 原始针叶林

危险因素： 高山险道、棕熊

Tips

这里温泉酒店价格不菲，但生意异常火暴，游人如果想体会到身浸温泉，眼望雪山之美，最好提前预订该酒店。若时间紧俏，宿于林中小屋也别有一番风情。

到加拿大森林公园可以选择多种交通方式，比较常见的是从温哥华机场坐巴士、火车前往，但它们都耗时太久，可能花费 10 余个小时。最方便、最省钱的方式则是先坐飞机到卡尔加里，然后换乘旅游巴士抵达班夫镇，整个路程只需花费两小时左右。

这里陡峭的悬崖绝壁是攀岩者们最好的选择，有些地方遗留下来的水会在半山腰处结成光滑的薄冰，进行攀岩的探险家们应提前熟悉相关地形！

加拿大森林公园中的棕熊若发起怒来，可能是这个世界上最难缠的对手，进入森林探险的游人最好不要主动接近，更不可随意激怒它们。

在加拿大塞尔客克山和落基山上，掩映于积雪、冰河和澄澈的湖沼之间是全世界最壮丽的国家公园——加拿大国家森林公园，因为坐落于班夫小镇，人们常称其为班夫国家公园。该公园虽然还没有一百年的历史，可是七亿五千万年前，大自然已开始在这里进行创作——从那时起，海洋便把沉淀物积聚在地壳上。落基山是一本活的地质学课本，记载着七千万年来岩石上升的经过，大冰河时代的情形，以及几千万年来冰河肆无忌惮的碾磨痕迹。

到过加拿大国家森林公园旅游的人，都将其称为"加拿大的九寨沟"。作为加拿大第一个国家公园，这里拥有太多的美，洁白的冰川、澄净的冰山湖泊、嫩绿的高山草原、浓密的针叶林……这是无数野生动物的家园，棕熊、美洲黑熊、鹿、驼鹿、山地狮、美洲豹……这里有温泉旅店、汽车旅馆、精致的林中野营地、方便上山的悬空索道，峰顶还有可以一览园区景色的楼阁和观望台。

美丽的山峰，远远望去如同头戴白纱的妙龄少女，冰雪遮面，云烟缭绕，轻风起时，翩翩若舞，倩盼生姿。澄净湛蓝的冰川湖泊则如少女项下的珍珠，连缀成美

晴空万里、水平如镜、加拿大森林公园河畔的针叶林郁郁葱葱，像是一道天然屏障。

丽的项链，在阳光下反射出五颜六色的光芒。风平浪静时，它们又像一面面镜子，将雪峰的倩影照得真真切切。那苍翠的针叶林，看来就是少女美丽的绿裙子，从上到下颜色不断变深，从低矮的针叶松柏，到高大的云杉、紫杉，再到白桦、白杨，广阔的山甸草地，各处都是绿，却又处处绿得不同，浓的近紫，浅的泛黄，亮的如同刚刚被雨洗过，暗的仿佛陈旧的绿毯。

威武的白头海雕，时而盘旋高空，时而俯冲而下，时而戢羽立于苍岩之间；机巧的云雀在林间跃来跃去，唱着一首高原山林的歌；那些白眉山雀，样子仿佛垂暮的老人，歌声却又像小孩子一样清澈响亮；河流和湖泊附近，野鸭成群，鹭鸶对对，每年夏天它们便来此避暑，冬天又成群飞向南方，去躲避北方的严冷。矫健的美洲豹是登山攀岩的好手，它们在崎岖的山路上奔跑也如履平地，能灵巧地将奔逃的山羊扑倒。看起来慵懒的棕熊却是这山间的王者，即使山地狮、美洲豹见了它们也要退避三舍。它们巨大有力的爪子足以将任何猎物的头骨击得粉碎，它们奔跑起来时，让

泛舟在这碧绿的湖水里，茂密的针叶林和远处的雪山，美丽无比。

人不得不惊叹，这庞然大物竟然如此敏捷。

美丽的路易斯湖风光如画，晨起迷雾笼罩，入晚彩霞辉映，月下星光点点，时时都散发着一种迷离、朦胧，又绚烂夺目的美。冰洁的湖水嵌在绿林与山崖间，以闪亮的维多利亚冰河为背景，清晨反映冰山，乍现彩虹，稍纵即逝；傍晚在彩霞的渲染下呈现五色的光芒、将整个湖区都装扮成一片梦幻世界。不远处有塔卡考瀑布，这是北美第三高瀑，挟冰河的融水，从山崖直泻 400 余米，飞流激荡，响若惊雷。 周围那些被冰川侵蚀的大峡谷，宽广雄伟，站在其边举目远眺，顿觉天高地广，神清气爽。这里也是探险家们最热衷的地方，他们从高高的悬崖上攀爬，去寻找这伟大的国家公园中最难捕捉的景象；苍鹰划过崖间、晚霞浸透冰川、山羊跳跃于险峻的悬崖上、清澈的冰川水从百丈悬崖间跌下……

游人可以步行上山，也可以乘坐索道便捷地到达峰顶观景台。在观景台之上，隔着云层俯瞰万物，山林、湖泊若隐若现，游人仿佛身在天宫。玩累了可以进入温泉旅馆，泡着温暖的泉水，身上的疲劳一下子便消失得无影无踪，能感到的只有舒服和惬意。也可以到冰川、峡谷、深林、溶洞中去探险觅奇，在这里可以攀岩、滑雪、穿越人迹罕至的茂密针叶林，甚至可以进入高山搜寻溶洞、温泉……

若是喜欢幽静，可以到林间野营地过夜，这里没有任何喧闹，汽车声、索道运行的声音、游人喧闹的声音，在此都听不见了，入耳的只有阵阵鸟鸣，声声兽吼，风穿密林呜呜作响，时间仿佛在这一刻凝滞了。

千丈瀑布倾泻而下，在丹翠雨林的掩映中，以动制静，凸显静态美。

昆士兰丹翠雨林

穿越鳄鱼的领地

12

在丹翠雨林中寻找未被鳄鱼占据的湖泊，途中的那种期望、那种好奇、那种担忧都让这探险之旅充满了无限的乐趣。

地理位置： 澳大利亚昆士兰

探险指数： ★★★

探险内容： 热带雨林

危险因素： 毒虫、鳄鱼

Tips

丹翠雨林中的莫斯曼峡谷是探险旅游的胜地，雨林景色古朴、安静，有条件的游客不妨尝试着进行一次峡谷穿越。游人可以乘当地旅游班车前往，也可以自驾游。

雨林的溪流湖泊虽很美丽，但生活在湖中的鳄鱼是极其凶残的捕食者，游人应提高警惕，且带好通信设备，保证在遇到危险情况时可以迅速呼救。

只要不是产卵期或被人激怒，鳄鱼很少主动攻击人类。如果鳄鱼过分靠近，可以用随身携带的木棍按住它的前颌，如果不幸与鳄鱼发生冲突，可以蒙蔽它们的眼睛，这是它们身上的软肋。

提到澳大利亚，人们就会想到绚丽多彩的大堡礁，殊不知道，就在大堡礁附近的昆士兰州海岸上，有一处美丽的热带雨林——丹翠雨林。它是地球上最远古的热带雨林之一，是蓝翠鸟、袋鼠、鹤鸵的天堂。丹翠雨林和当地的土著文化、蝴蝶谷、绿岛游等景区连为一体，每年都吸引大量游客来此观光。

还在飞机上，凯恩斯的美景就映入了眼帘，深绿色的雨林和湛蓝的海洋相互交织，沿海的公路上，无数车辆往来穿梭，这都是来观看大堡礁和丹翠雨林的游人。这两处著名的景观在这里相生相依，海洋蒸发的淡水滋润着广阔的雨林，让它与内陆的沙漠迥然不同，而从雨林中流出的小溪、河流，带来了丰富的有机物，这也是大堡礁地区物种繁多，生态复杂的重要因素。

一场雨过后，雨林中空气极为清新。行走在淙淙流水之边的小路上，四周一片静谧，美丽的蓝翠鸟在林间啄食，树懒则挂在树上一动不动，一阵轻风带来一阵清凉，正是"空山新雨后，天气晚来秋"。小溪流入林间湖泊，绘成了各种不同景色。这些湖泊有的十分宽广，远望波光淼淼，近看荇草幽幽，呈现出翡翠般的淡绿色，和翠绿的阔叶林相映成趣；有的幽深碧蓝，水波不动，两岸高大的树木穿云蔽日，人行湖岸，

冷风习习；有的湖泊水很浅，白色的沙滩透过明亮的湖水清晰可见，湖底彩色的贝壳一堆堆散落。

湖畔的野兰花，每到天气变暖时，便肆意地开放，引来无数彩蝶在它们周围翩翩起舞。远处传来哗哗水声，循声而去，一条瀑布从绿树巨岩间泻下，周边美丽的植物将此装扮得清新典雅，仿佛书中记载的花果山水帘洞。忽闻一阵号角声响起，这是当地土著库古

鹤鸵也叫食火鸟，是澳大利亚的国鸟。

雨林中的小瀑布美丽而迷人。

尤兰吉人对大自然的赞美，对雨林生物的祝福。这些好客的主人会欢迎来自世界各地的探险旅游者，他们拿出当地的特产水果，热情地邀请游人品尝，若是碰到他们正载歌载舞地欢庆，还能加入一起享受最快乐、最放松的时光。

到这里的游客，可沿着林间小路穿行，看鸟，看树懒，看猴子，听小溪吟唱，嗅林木芳香。也可以夜宿林中小屋，听风吹林涛、夜鸟啼鸣，看粼粼湖水倒映着月影，飘荡不止……林中有很多精致的吊桥，搭在峡谷、河流之上，走在晃动不止的吊桥之上，古木葱茏，掩映天日，流水清澈倒映绿荫，高树上垂下的长藤耷拉在吊桥周围唾手可得。触摸着这些老树的手臂，脚下的桥晃晃悠悠，手中的藤斑斑驳驳，仿佛听见了一阵来自远古的歌，诉说着森林的秘密，森林的美……

这片美丽的雨林还是探险者们的乐园，来到澳大利亚的探险者们一般都不会错过到丹翠雨林中近距离看鳄鱼、探索那些沙地湖泊、沿着崎岖山路进入幽深峡谷的机会。和其他探险区域不同的是，这里处处都是浪漫的气息，即使在那些鳄鱼遍布的湖边，你也能看到一幅幅被浪漫气息弥漫的画面。青绿的树叶上沾满水珠，在阳光下璀璨夺目，水珠滴落，画出美丽的水痕，如同少女轻柔的眼泪。那些不知名的花朵茂盛地开在树下，淡淡的蓝、淡淡的白、淡淡的粉，在青翠的树木间凸显说不出的恬静、淡雅。

慵懒的鳄鱼，从水中爬上来，晒着太阳，懒洋洋地看着到此寻觅美景的游人。你看着那一汪清澈的湖水，想去触摸一下清凉的水波，又唯恐躺在池边的鳄鱼，这种只能远观而不可亵玩的感觉，让你对那些湖泊更是神驰向往。于是继续前行，只想在这里找到一个没有鳄鱼，只有清水白沙的湖，途中的那种期望、那种好奇、那种担忧都让这发现之旅充满了无限的乐趣。

进入雨林深处，在林荫里漫步，与大自然保持一样的呼吸，舒缓、绵长。森林里的雾气还没有完全散尽，迷迷蒙蒙，让人有置身于梦幻之中的感觉。在森林里蜿蜒前行，阳光从缝隙里透射过来，在地上留下一个个光斑，仿佛给栈道渲染了一朵朵白色的花。迈着悠闲的步调，耳旁不时有清脆的鸟鸣，清风吹来，树影晃动，地上的光斑也晃动起来，似乎在追逐树影。

牵着恋人的手，在丹翠雨林中来一次浪漫的探险，那美好的记忆一定让你将它永远珍藏，永不褪色！

蒙特维多云雾森林上空浓雾漂浮不定，林木若隐若现，给人一种神秘感。

13

蒙特维多云雾森林

岁月沧桑的花园

这里是世界上最美的花园，在这里你能看到各种高大的树木，它们生长了几百年，树干上长满了斑驳的苔藓，这是岁月在它们身上留下的最美丽的印记。

地理位置： 哥斯达黎加

探险指数： ★★★★

探险内容： 热带森林

危险因素： 深谷、毒蛇

Tips

去蒙特维多云雾森林旅游，时间不同感受也必定不一样，旱季气温相对更加适合，游人在密林中不会感到湿冷；雨季森林中湿度增加，云雾更多，更具神秘感，山中水流也更多，瀑布、小溪更加美丽。

在山下有很多马场，蜿蜒崎岖的道路湿滑，尤其在新雨过后，骑马漫行是个不错的选择。

在蒙特维多雨林中进行探险，尤其要注意雨林中最毒的蝮蛇，会让人在极短的时间窒息而亡。当地人专门为探险准备的厚长袜对防止被毒蛇和其他毒物咬伤十分有效。

景区内有很多临空搭建的观光木道，位于峡谷森林的上方，这是观赏云雾、森林美景的最佳方位。

哥斯达黎加的蒙特维多云雾森林可能是世界上最适宜丛林穿越探险的地方了，那些平缓的长满热带植物的山谷、流淌着充沛溪水的幽涧、铺着厚厚落叶的林间小径、森林间大片裸露的石滩都是十分理想的探险旅游景点，也许你会说这些其他的森林也有，但这些景色一旦被潮湿的空气所包围，弥散在幽谷山涧缭绕的云雾立刻会戛然而止。即使那些铺设整齐的山间石板道，位于浓雾中时，也变得丰富多彩起来，让游人行走在其中仿佛是处于迷宫、仙境一样。

在这里你可以沿着流淌在林间的小溪溯流而上，当然在它们形成瀑布的地方需要绕行，除非你是个穿越高手，并携带了攀岩器械。你可以在清潭边休息，甚至浸泡在那些干净又不太寒冷的潭水中洗个澡，沿着溪流而行是用相机捕捉动物们最好的路线，在蒙特维多云雾森林中可以看到各种红红蓝蓝的鸟类，众多跳跃在树上的猴子，以及来到溪边饮水的鹿等动物。

更具挑战性的探险方式是拨开那些茂密的热带植物，拉着长长的湿滑藤蔓在那些百年巨树中开辟新的前进道路，当然这很有难度，而且充斥着各种危险，被绿叶掩盖的蜂巢、隐藏在树枝上的毒蛇、吸附在树皮上的爬虫、光滑如冰的石崖……有探险家曾经说蒙特维多的森林和电影《巨蟒惊魂》中的场景最接近。当你行走在这片萦绕着云雾的密林中时，你不知道前面有什么危险的地形，有什么可怕的动物，但这也正是探险的魅力之所在……

除了惊险刺激的探险之旅，这里也是观赏热带雨林美景的最佳场所。这里是世界上最美的花园，在这

森林深处蜿蜒的溪水，湍湍而流，小草立于崖石之上。

宛如勺状的湖泊，默默地诉说着千百年来雨林中的传奇。

里你能看到各种高大的树木，它们生长了几百年，高山之上，松柏挺拔的身姿直插天空，掩映在低矮灌木中的树干上长满了斑驳的苔藓，这是岁月在它们身上留下的最美丽的印记。浓绿的阔叶林遮天蔽日，凤梨树、杪椤树、香蕉树随处可见。高大的树木下生长着低矮的蕨类、苔藓、藤蔓植物，它们将森林打扮得五颜六色，美不可言。美丽的兰花散发出淡雅的香，丝毫不因在密林深处而失色；亮丽的海芋被称为"滴水观音"，在水汽缭绕的雨林中如同刚出浴的少女，身上的水缓缓滑落；那些奇形怪状的松柏，如同看尽千年沧桑的老人，默默地诉说着千百年来雨林中的传奇；高耸入云的望天树，则是这片广袤丛林中的智者，将各种生存的智慧教给小动物们。

蒙特维多云雾森林规模如此之大，景色如此之美，让到此的每一个人对大自然都生出深深的敬畏。当你行走在那些连接山沟两岸的吊桥上时，四周都是葱茏的碧绿，俯视桥下，云雾弥漫，不同的鸟在耳边奏起一场生命的大合唱，此时身心都会得到最完全的释放。吊桥的另一端直入密林深处，仿佛一个黑黑的山洞，让那些久久生活在钢筋水泥中的人感到好奇，又有些

害怕，不知道那密林深处藏着什么。其实，走进去才发现，除了生命和美，这里什么都没有，这些看似陌生的景色才是大自然真正的面目，远比那些高楼大厦，那些街巷商场更加真实，更加亲近。

森里景区中有很多美丽的小木屋，它们散布在丛林深处，在这里游人可以坐下来休息。坐在小木屋中，看着可爱的猴子们跳来跳去，偶尔还跑到游人眼前，伸出手讨要食物，逗得大家一阵大笑。山间有很多流水充沛的小溪，在密林中它们仿佛从树梢上忽然出现，飞流直下，溅起片片水花。溪流将周围的植物洗得干干净净，挂着水的阔叶绿得耀眼，几只雨蛙浮在绿叶丛中，翠绿的身子和绿叶几乎融为一体。这些可爱的小精灵，让人想起童话故事中的青蛙王子，忍不住想去把它们捧在手中，好好观察。

景区中的旅馆，装饰美丽而自然，丝毫没有破坏这大花园的和谐与精彩。在丛林中玩累了，游人可以在旅馆里好好地洗个热水澡，躺在柔软的大床上。房间里打开窗子就可以摸到碧绿的叶子，看到潺潺的流水，早晨起来，太阳的余光透过绿叶，照射到床上，一天的美好心情早早地就定下了。

美丽的雪山，静谧的湖水，葱郁的树林，犹如人间仙境。

西伯利亚原始森林

14 雪林万里

如果，你也厌倦了现代喧嚣的生活，不妨来西伯利亚进行一次探险吧！

地理位置：俄罗斯西伯利亚
探险指数 ★★★★★
探险内容：原始森林、冰原
危险因素：严寒、猛兽

Tips

游人去西伯利亚探险前一定要做好充足的准备，医疗药品、食物、防寒帐篷、通信器材等，如果可能，枪支是防止野狼骚扰的必备器械。

冻土荒原在气温较高的季节一般都会融化变为沼泽，一些湖泊的泥地可能比被冰雪覆盖的冰原更加危险，游人不可轻易进入。游人不慎踏入，应沉着冷静，尽量将身体放平，等待同伴的救援。

世界上再也没有一片比西伯利亚更广袤、更神秘的土地了，它从蒙古高原之北延伸到北极圈之内的冻土荒原，从欧洲东部一直到白令海峡，比俄罗斯以外的所有国家面积都大。这片广袤、寒冷、被冰雪和针叶林覆盖的土地，人烟稀少，处处诉说着荒凉和孤寂，处处彰显着野性和神秘。

即使在科技信息极度发达的现在，人们对这片土地的了解也十分有限，很少有人知道那些无边的雪域林海中隐藏着什么，是冰封的远古猛犸象、神秘的无底洞穴、恐怖的狼群，还是不被世人所知的神秘军事基地。

乘着列车在西伯利亚的原始森林间穿梭时，你感觉不到时间的流逝，车窗外呼啸而过的永远是同一种画面：白雪、黑林、凛冽的风……行走在这些地方，你会被那种深深的孤独感所包围，仿佛列车正在飞快地向现代文明的另一端奔去，你感觉离现实越来越远，仿佛一抬头就会看到一群远古巨兽，夹着雪花向你奔来。密密匝匝的白桦林、松柏林、杉树林整齐地向远方延伸，那些长了上百年的巨树挺拔如剑，直插苍天。

西伯利亚南部地区，冰雪会短暂地融化一段时间。那些处于边缘地区的森林会呈现出难得的美色，广阔的白桦林放纵地伸展着灰白色的树干，黄黄绿绿的叶子在淡淡的阳光下，显出一种柔嫩又近乎透明的光亮。那一片片树林仿佛是用淡淡的水彩泼成，风一吹就缭

乱而斑斓起来。莽莽林海，静淌的大河，疾驰的列车，黯淡的阳光，让人顿时产生一种怀旧的伤感。

在西伯利亚，幸运时能看到熊和虎豹在雪地上寻食，野牛、羚羊和獐狍在森林里行走。这些地方，也是世界上最难穿越的探险地之一。严寒、野兽、饥饿

森林中的林地被白雪覆盖，冬日的阳光下仿佛带着丝丝暖意。

使最勇敢的探险者也不得不停下来思考，自己是否能征服它。有人说西伯利亚的腹地是喝醉了伏特加酒的莽汉，它强壮有力，却完全失去了理智，它让所有靠近它的人都感到危险。那里天气变幻莫测，刚刚太阳还在空中，忽然就阴云密布，雪花从天上滚滚落下，几米以外的道路就看不到了。更让探险者困扰的是那些冰雹，拳头般的冰雹如倒豆子一样从天而降，仿佛天崩地裂、要到了世界末日一般，对这里不了解没有准备的人很可能被这突如其来的袭击砸伤。此外，那些冰雹落入雪地上，形成一片极其光滑的冰，也让前进的探险家们头痛不已。

西伯利亚中那些猛兽也是探险路上不得不面对的威胁。在荒凉的西伯利亚森林中，是否能及时捕获食物，就意味着是否能够生存下去，是否能够繁衍生息，将种族延续。因此，这里的狼群、黑熊、东北虎都极具攻击性，尤其是那些狡猾又组织严密的狼群，它们会不断地跟踪自己发现的猎物，会昼夜不停地对猎物进行骚扰、威胁，直到猎物筋疲力尽、束手就擒。

旅游爱好者登上雪山，欢快地合影留念。

纵然，西伯利亚原始丛林充满了种种危险，还是有无数勇敢的人在此不断地向大自然发起挑战。一些原始群落就建在森林的深处，在此过着原始狩猎生活，他们制造出锐利的石器、刀具、铁矛、套绳和渔网，把猎获的兽肉放在火上烤吃，把割下来的兽皮做成袍褂和长靴御寒，把捕来的鱼虾晒干储存越冬。这些强悍、勤劳的民族在西伯利亚大森林里，日出而作、日落而息，一年一年地苦斗，一代一代地繁衍……

在遥远的西伯利亚北部，每年涅涅茨人都顽强地行进在暴风雪与沼泽地中，进行穿越俄罗斯极地的凶险之旅。他们带着驯养的鹿，向北冰洋展开上千千米的旅程。放牧驯鹿的涅涅茨人，在俄罗斯最北部的森林度过严冬，之后花五个月时间，向北抵达北冰洋之滨的亚马尔半岛。他们将在那里休整大约 10 天，接着沿原路南下，在 11 月底回到西伯利亚森林……在这过程中，他们需要穿越一望无际的冰面，要面对极其恶劣的天气，要防止野兽的侵袭……也许对涅涅茨人而言，生命的意义，就在迁徙之中。

现在，有越来越多的人离开繁华的大都市，离开自己生活了几十年的故土，来到杳无人迹的西伯利亚，他们带着行囊、驾着雪橇，像涅涅茨人一样在西伯利亚的原始丛林中穿越。在寒冷和孤独中，他们寻找着生命的意义，寻找着人生的真谛。如果，你厌倦了现代喧嚣的生活，不妨来西伯利亚进行一次探险吧！

绵延起伏的布恩迪山，苍翠欲滴的植被好似一道天然屏障。

15 布恩迪山地森林

寻找大猩猩

探险者们可以进入那些茂密的热带雨林之中，寻找大猩猩、尔氏长尾猴和枭面长尾猴等珍稀的灵长类动物；也可以用镜头捕捉格尔氏莺、察氏鹟和红胸蕉鹃等美丽鸟类最动人的身姿……

地理位置： 乌干达

探险指数： ★★★★

探险内容： 热带雨林

危险因素： 悬崖、猛兽

Tips

当地政府严格控制来布恩迪国家公园旅游人员数量，每天只发放 10 张观看大猩猩的许可证，并严厉打击滥伐树木、偷猎等行为。因此，要提前准备。

在国家公园附近有很多提供住宿的地方，但当地治安不是特别好，游人最好入住那些比较正规的旅店，并看守好自己的物品。

山地中的流水看起来十分清澈，但这些河流流过丛林的时候常常携带一些容易导致肠胃不适的细菌，对免疫力较低的外地游人来说，不要随意饮用。即使在外面野炊也最好使用桶装水。

看过电影《金刚》的人都会为金刚巨大的力量所震惊，被它真挚的感情所感动。那么人们不禁要问，世界上真的存在这种怪兽吗？当然没有，这只是科幻电影导演和剧作家天马行空般的遐想。但金刚的外形却是根据现实动物的外形设计的，譬如山地大猩猩——尽管缩小了数百倍，它在灵长类动物中依然称得上是"巨人"。

想看山地大猩猩并不是件容易的事儿，现在这种人类的近亲已经濒临灭亡的边缘了，据统计全球也不过 600 多只。它们仅分布于非洲的维龙加山脉，而布恩迪国家公园正是观看这一神秘种群的最佳地点。

布恩迪森林是东非少有的几片森林之一，洼地和山地植物群落在此会合交杂，形成了一处动植物的避难所。这里物种异常丰富，是东非地区树木和蕨类植物最多的森林，被当地人称为"不可穿越的丛林"，这些生在谷底的草本植物、藤本植物、灌木十分茂密，人要想穿越这片神秘的森林几乎是不可能的。公园中还有少量的沼泽和草地，以及一片葱翠欲滴的竹林。山林的花丛是蝴蝶们的舞台，颜色各异的蝴蝶在花丛中翻飞，到了蝴蝶的繁殖季节，成群彩蝶漫天飞舞，如同流光溢彩的云团随风飘来飘去。

山地大猩猩在密林中穿梭，游荡。它们巨大的体型，看起来感觉有些恐怖，它们强壮的肌肉，能发出令人惊叹的力量，可以轻易地折断手臂粗的树木。当它们怒吼时，张着大口，牙齿暴露，林中最凶猛的野兽也望风而逃。其实，大猩猩是一种十分温和的草食性动物，如果不受到刺激，它们很少发怒，大部分时间都在丛林中漫游，寻找各种可口的果实和枝叶。

布恩迪国家公园中有陡峭山峰和狭窄的河谷，那些山峰大多被绿色覆盖，宛如无边的绿色海洋中掀起的巨浪；河谷中有充沛的流水，两岸遍布热带植物，覆盖着青苔的树根、树藤垂到水面之上，河水倒映着绿藤，显出一种十分柔和的绿。密林间不时传来阵阵鸟啼，偶尔一声兽吼，各种鸟遮天而起，喧闹立刻代替了幽静。

如今，这片美丽的山地丛林成了人们探险的乐园。探险者们可以进入那些茂密的热带树木之中，寻找大猩猩、尔氏长尾猴和枭面长尾猴等珍稀的灵长类动物；也可以用镜头捕捉格尔氏莺、察氏鹟和红胸蕉鹃等美丽鸟类最动人的身姿。如果你讨厌那些缠绕脚下的藤蔓，讨厌树丛中巨大的热带蚊子，可以沿着那些泥土小路在丛林中穿梭，这里的小路四通八达，两边被浓密的绿色帷幕遮掩，游人可以雇佣一辆当地的吉普车、可以租借一辆自行车，也可以仅仅步行。在这里你可

郁郁葱葱的林木中蔓藤垂地，溪水淙淙，乍看，林口深处带点神秘。

以尽情地享受悠闲的时光，可以尽情地呼吸最新鲜的空气，最大限度地接近那些美丽的丛林生灵。

公园中的山上存在很多岩壁，这些岩壁和期间的洞穴是进行攀岩和洞穴探险的极佳场所。喜欢这些运动的游人，可以得到更多的乐趣，只需爬上那些不太高的崖壁，进入那些幽深、秀丽的峡谷，你就会看到那些沿着道路很难达到的深山美景，清澈的湖泊、潺潺的山溪、飞泻不息的瀑布……你会发现，那些远远看去似乎到处都一样的山丘间竟然藏着如此多的美景。而那些几乎很少被世人了解的洞穴，更能吸引探险者的兴趣，它们有的裸露在山岩之中，有的隐藏在绿荫丛中，有的在小路的两旁，进入其中还可以看到前人留下的痕迹，有的高高地挂在悬崖之上，只有那些勇敢地攀过陡峭崖壁的人才能知道其中是什么样子，也正因为这样，很多探险者都想在这些洞穴中寻找到那些还未被人们发现的奇观。

随着公园的不断开发，园方提供很多探险项目，即使那些没有多少探险经验的游客也可以在公园内体验各种探险活动，如家庭住宿、露营，攀越高峰，丛林探险等，公园会提供专业人士指导他们进行探险，使他们在享受刺激的同时又不会面对太多的危险。喜欢非洲风光，喜欢茂密雨林，并想进行探险体验的游人切不可错过此处美景！

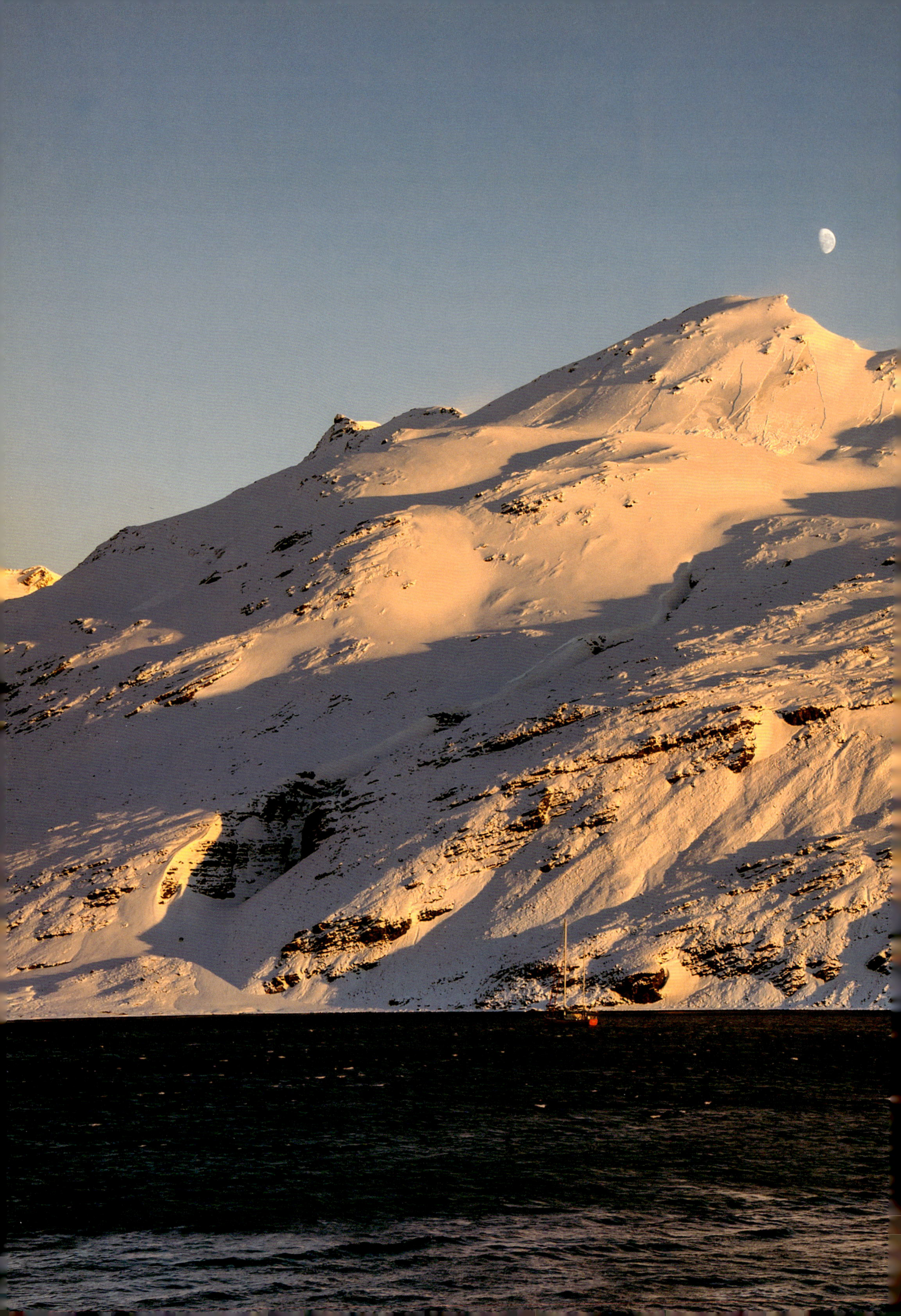

第二章
大地之巅

　　无论在世界何地，人类对高山都满怀崇敬之情。中国的泰山、日本的富士山、欧洲的勃朗峰、非洲的乞力马扎罗山，无一不有"神山""圣山"的称号，受到周边民族的崇拜。登上那些巍峨挺拔的山巅，自古就是人类征服大自然的象征。直到今天，攀上那些著名的雪峰也被视为个人乃至国家的荣耀。然而，登山也是最危险的探险运动之一，很多经验丰富的探险者因为高寒、雪崩、冰崩而失去了生命。人类在这些高峰面前太渺小了，只有勇敢而幸运的人才能得到它们的青睐。

乞力马扎罗山的冰雪融水滋润出非洲最具活力的一片土地。

乞力马扎罗山

非洲之王

16

站在山下广袤无垠的大草原上，远望乞力马扎罗山的高峰如同巨大的金字塔般穿云而过，被神秘、神圣的气息深深地萦绕。

地理位置：坦桑尼亚东北部

探险指数：★★★★

探险内容：森林穿越、攀山

危险因素：大型野生动物、山势陡峭

Tips

最适合攀登乞力马扎罗山的季节,是当地每年的两个旱季。通常在一月到三月中旬和六月到十月。除两个旱季外,每年的圣诞节到新年,也是深受欧美人欢迎的季节。

探险者可以选择在农历初一和十五向乞力马扎罗顶峰做最后冲刺,在满月的晴朗夜空下,借着月光银辉登山,除了能见度很高外,月色下的乞力马扎罗别有一番景色。

攀登乞力马扎罗山大概需要 5~6 天的时间,而且在这个过程中费用也是颇为昂贵的,所有的乞力马扎罗山国家公园费用、救险费用、向导、助理向导、登山的食品、饮用水、租用帐篷、炊具的费用、租用登山用具的费用都需要考虑到。

海明威的著名作品《乞力马扎罗的雪》,描述了一位热爱这个世界,却又濒临死亡的主人公哈里的最后经历。小说中最精彩的莫过于故事的结尾——哈里死于一个梦境;他乘着飞机,向非洲最高峰——乞力马扎罗的山顶飞去。一个濒死的人为何要飞向一个大山的顶端?很多人对此不解,但若是问乞力马扎罗山下的原住民们,他们会清晰地回答,高山之巅是神居住的地方,是灵魂的归宿。

被视为神山的乞力马扎罗山位于坦桑尼亚东北部,是非洲第一高山,它素有"非洲之巅"的称号,而许多地理学家则称它为"非洲之王"。的确,如同非洲的雄狮一样,乞力马扎罗整座山都透着一股雄奇和野性的魅力,孤傲的雪峰、茂密的山麓森林、广袤无垠的山下大草原、无数野生动物,非洲最具代表性的景物都会聚在了乞力马扎罗山之下。乞力马扎罗整座山主要由 3 座火山组成,其中基博和马文齐两个主峰最为著名,尤其是年轻的基博峰海拔 5895 米,是非洲最高峰。马文齐峰海拔 5149 米,另一座沙拉峰海拔 3778 米,它们都是老火山口的残余部分。

温、寒、暖三种气候造成生物形态的多样性。乞力马扎罗山的山腰相互交错,各式景观,交相呼应。森林密布,一群群猴子,跳来跳去;密林外,草树繁茂,成群的动物在草甸、灌木中游荡、觅食;山麓四周的莽原上非洲象踏着沉重的步伐,悠闲地吃着神山赐予的美食,斑马一边走,一边警醒地观看周围有无猎食者,慵懒的犀牛、高大的长颈鹿晒着暖暖的阳光,踱着步子徘徊、游荡,巨大的鸵鸟飞奔而过,成群的小鸟惊起腾飞……

乞力马扎罗山的顶部永远覆盖着冰雪,平时山顶云雾缭绕;当云雾散尽之时,雪峰就会显现,在阳光的照射下显得光彩夺目。这"犹如天地般恢宏宽广"的壮丽景色,每年吸引着大批游人前来观赏。这里的高峰和森林都吸引了无数探险者,他们将攀登乞力马

乞力马扎罗山山顶白雪皑皑,而山脚下群林浸染,形成鲜明的对比。

晚霞漫天，孤单耸立的乞力马扎罗山高耸入云，气势磅礴，山麓的草原上一片生机勃勃。

扎罗山看作非洲探险中最有意义的事。另外，攀登乞力马扎罗山与其他世界上著名的高峰相比要容易得多，你无须担忧陡峭的冰川、深深的冰缝，在乞力马扎罗如果选择最容易的线路，你只需徒步，不用借助任何攀登工具和攀登技巧就能到达山顶。

乞力马扎罗山攀登历史悠久，据说古希腊人早在两千多年前就在地图上标记出了这座名山。自古以来有无数人想登上这座圣山的顶端。如今攀山者主要会选择四条道路。

马兰古路线：在征服乞力马扎罗山的线路中，这条是最常走也是最容易到达峰顶的路线。途经曼德拉宿营地、火伦坡宿营地、基博宿营地，经吉尔曼点到达最高峰"油葫芦"峰。

曼查密路线：它是仅次于马兰古路线的受欢迎路线，被认为是到达峰顶最美丽的路线。但比马兰古路线困难一些，经过马兰古路线第一、第二露营地和巴兰科营地、火山岩塔营地和希拉营地到达最高点。

希拉高地路线：它是从西坡到达基博火山口的陡峭的路线。这条路线只适合身体强壮和有登山经验者选择。

Rongai 路线：它是非常陡峭的直达峰顶的路线。攀登乞力马扎罗山是无数登山爱好者一生都值得回忆的体验，那些具有冒险精神，想拥有非常体验的人可以尝试。

探险者在登山时，应根据自己的能力和想要观看的景色来选择登山线路，但无论你选择哪一条路线都能欣赏到乞力马扎罗极其壮丽的景色，不过也都有很多苦难在前面的路上等着你。

在乞力马扎罗冰川融水的哺育下，这片土地壮美神奇，生机勃勃。远远地看去，乞力马扎罗就像一位拖着长长的洒地绿裙，系了一条细细的腰带，身着紧身淡黄色衬衫，头上俏皮地戴了顶白色小帽的青春少女。

站在山下广袤无垠的大草原上，远望乞力马扎罗山的高峰如同巨大的金字塔般穿云而过，云层之上的部分，覆盖着纯白的冰层，阳光照射上去流光溢彩，恍如传说中的五彩玉盆。云来云去，峰隐峰现，不禁让人遐想联翩——那洁白的冰台上是否有仙人的宫殿，那若隐若现的神山是否真的是灵魂的归宿……

巍峨的珠穆朗玛峰以其自身的神秘和威严吸引着全球的登山者。

珠穆朗玛峰

世界最高点

17

喜马拉雅山的连绵山谷、深沟悬崖远远铺开，刺过云层的雪峰犹如一座座巍峨的岛屿漂浮在茫茫云海之上。

地理位置：中国与尼泊尔边境

探险指数：★★★★★

探险内容：登山

危险因素：雪崩、寒冷、缺氧

Tips

珠峰山脚下有一座世界海拔最高的寺庙——绒布寺,游人可以在这里体验藏传佛教的魅力,进行攀登珠峰前的休整,同时绒布寺也是观看珠穆朗玛峰的最佳位置,两者直线距离 25 千米。

从日喀则、拉孜找便车到新定日不是很困难,但是余下到大本营的 100 千米,能坐上便车的机会相当低,所以建议从拉萨包车前往是最稳妥的。从拉萨出发,沿路可观赏羊卓雍湖、卡若拉冰川和江孜白居寺。

去珠峰一定要提前办理边境通行证,或带上有效期内护照(不需有签证记录)。边境通行证可在户口所在地或拉萨办理。

珠穆朗玛在藏语中的意思是"第三女神",它岿然屹立在中国与尼泊尔交界地带的喜马拉雅山脉上。

在世界所有山峰中,珠穆朗玛峰可能是最有名的山峰——因为它是世界第一高峰。很多人可能不知道世界第二高峰、世界第三高峰叫什么名字,但提到珠穆朗玛峰的高度都能准确地说出 8844.43 米。作为世界第一高峰,攀登它就成了最有意义的探险了。

早在 1921 年,英国登山队就在查尔斯·霍华德·伯里中校的率领下首次向世界最高点进发,他们从我国西藏境内攀登珠峰,但没有越过北坳顶部,只达到了 6985 米的高度。由于没有成功,他们宣布这是一次侦察登山活动。

1922 年,英国第二支珠穆朗玛峰登山队在队长吉·布鲁斯的率领下,继续向珠峰发出挑战,他们仍选择我国西藏境内的北坡路线,并越过了北坳,但在到达 8225 米的高度时,天气忽变,探险队被风雪袭击,其中 7 人遇难,其他人不得不仓皇撤回。

此后,来自世界各国的探险家对珠峰顶端发起了无数次冲锋,但皆以失败告终,并且数十人丧生于喜马拉雅山的皑皑冰川之中,因此攀登珠穆朗玛峰成为一个人类极度想要征服,却始终不能实现的梦。直到 1953 年 5 月 29 日:一支英国登山队在队长约·汉特领导下(由十人组成),有两名队员沿东南山脊路线登上了珠穆朗玛峰。登上顶峰的队员是埃德蒙·希拉里(新西兰人)和丹增·诺尔盖(尼泊尔向导),他们也成为最先到达世界之巅的勇士。

如今,随着登山技术的提高和登山器械的发展,对珠峰气候和路线的熟悉,越来越多的人登上了珠峰之巅,其中有专业的探险家、运动员,也有摄影师、画家等其他各种职业的人士,珠峰不再像以前那么神秘,那么可怕了。但作为世界第一高峰,高寒、恶劣的气候、漫长的路线、

珠穆朗玛峰顶白雪皑皑,白云变幻莫测,宛如仙境一般。

危险的冰缝、深不见底的悬崖，依然使攀登珠穆朗玛峰成为最具挑战性的探险运动之一。

珠穆朗玛峰不仅巍峨宏大，而且气势磅礴；它不仅是一处探险胜地，也是欣赏高原美景的最佳地点。在它周围20000米内，山峰挺立，重峦叠嶂，仅海拔7000米以上的山峰就有40多座。这些山峰遥遥相望，白色冰雪覆盖的峰顶攒簇辉映，形成了群峰来朝、峰头汹涌的波澜壮阔的场面。游人无须登上顶端，只需在半山腰就能发现自己早已处于云层之上，喜马拉雅山的连绵山谷、深沟悬崖远远铺开，刺过云层的雪峰犹如一座座巍峨的岛屿漂浮在茫茫云海之上，每当日出时分，金光闪现、祥云翻滚，背后巨峰矗立，如剑刺青天，若是在山下遥望孤峰，恰如女神亭亭而立，高雅、圣洁，让人不敢轻易接近。

如遇大风来临，山间飞雪四溅，弥漫天地，穿过山岭的风发出

珠穆朗玛峰顶白雪皑皑，每年都有很多人来登山。

夕阳金辉下的喜马拉雅山，宛如一面随风摆动的旗帜，雄伟而壮观。

鬼哭神嚎般的怒吼，闻者无不心惊欲裂，远处传来那些积雪从高空崩裂的声音，更是惊心动魄，似乎美丽的圣母一下子就变成了面貌狰狞的死神，那座岿然不动的洁白雪山，仿佛忽然活了过来，怒吼着要将天地撕裂，要用白雪将世间淹没……

坐落在山下一条狭长山坳中的珠峰大本营附近，则一片群山俊秀的美景。在这里，碎石连绵形成一片山间戈壁，白雪覆盖在石块之上，在阳光下发出灿灿的光芒，雪山、雪地、白云、白石，整个世界都陷入了一片银装素裹之中，游人至此无不心生圣洁之情，唯恐自己一不小心玷污了这圣洁美丽的世界。

再低处是一些点缀着高山的野草、半融积雪的小山谷，那些顽强的生命从高原冰雪之间倔强地伸出头来，给白色的世界带来一丝丝绿色。这里的草是那么的柔嫩，在世界最高峰面前，在高原的寒冷面前，它们显得那么微不足道，仿佛轻轻用手一碰就会碎掉似的，但这些草是世界上最坚强的草，它们没有生长在大草原、雨林中的同类那样高大、茂盛、引人注目，但除了它们谁还能永远坚守这荒凉、寒冷的土地，谁还能永远陪伴着喜马拉雅山的群峰呢？

如果你喜欢挑战大自然，喜欢挑战自己，在有生之年向珠峰发起一次冲击吧，来亲眼看看世界最高点上的美景，来拜访一下这里孤独的野草。

远望马特峰，其形如一颗巨大的犬牙。

马特峰

勇敢者的天堂

18

那些草丛中的花朵，就是一个个随风舞动的精灵，忽然把安徒生的童话带到了人间。

地理位置：瑞士与意大利边境

探险指数：★★★★★

探险内容：攀山、滑雪

危险因素：山势极其陡峭险峻

Tips

马特峰下的采尔马特小镇是欧洲最美丽的小镇之一，在这里可以享受阿尔卑斯山间独有的幽静，坐在长椅上看看高山，听听鸟鸣，晒晒阳光，都是难忘的经历，总之，攀登马特峰前一定要好好地享受山下的小镇，你会发现，它不仅仅是个歇脚点。

登上马特峰，需要的不单单是勇气，还有毅力和体力，你必须趁早出发，并在探险中加快步伐，才能赶在下午的云雾和常见的风暴到来之前抵达安全地带，探险者必须时刻记着，时间就是安全的保证。

随着气温的上升，很多原来发现的冰洞都面临着融化的危险，尤其是在夏季，当你准备进入冰洞探险时，一定要先确定这是安全的。

若问世界上最好的雪在哪里，很多人会回答"在瑞士，在阿尔卑斯山。"关于阿尔卑斯，朱自清先生曾感慨地说："起初以为有些好风景而已，到了这里，才知无处不是好风景。"这里有世界上最大的冰宫，有世界上最好的滑雪场，有世界上最高的旋转餐厅，还有山下秀美如画的欧式风景……

瑞士的风景秀丽是天下闻名的，其美景一半在山，一半在湖。山是阿尔卑斯山，湖是阿尔卑斯山融雪形成的湖泊，瑞士人说"没有阿尔卑斯山就没有瑞士"。这座欧洲最重要的山脉构成了瑞士的大部分国土和旖旎风光，同时阿尔卑斯山脉约有 1/5 位于瑞士境内。它在这一带形成了复杂的地质构造，再加上风雨侵蚀，河流与冰川的冲刷、雕磨，在南脉山区形成了独特的地貌：层峦叠嶂，峰险谷深，千姿百态，美不胜收。而马特峰正是阿尔卑斯雄伟画卷中最璀璨的一颗明珠，它位于瑞士和意大利边境之上，其特殊的三角锥造型，如同一柱擎天，直指天际，因陡峭难攀和周边秀丽的风景而闻名于世。

马特峰的山麓拥有最典型的瑞士阿尔卑斯山区景观。每到春天，碧绿的原野上开满似锦繁花，暖暖的阳光坠在草地上，激起一片碧绿的光泽，那些草丛中的花朵，就是一个个随风舞动的精灵，忽然把安徒生的童话带到了人间。云端的雪峰若隐若现，苍翠的松柏无边无际，山林中流出潺潺小溪，泛着珍珠般的泡沫，哗哗地奏响了春天最美的歌。夏季冰水增多，树也更绿了，草也更盛了，山下的湖泊也盛满了水，如同少女闪闪的眼波，在阳光下向世人传递爱的信息。壮丽的马特峰脚下，湖光山色相互辉映，朵朵雪绒花点缀在草丛、灌木中，来自世界各地的游客都沉迷在

矗立于山腰上的民屋，园内绿草如茵，令人顿时豁然开朗。

马特峰远处的积雪与近处湖畔的绿草，形成鲜明的对比，美丽壮观。

这难以言表的美景之中。秋冬时节，草黄花谢，但山上的雪却更美了，这时也到了滑雪的盛季。沿着缓坡划下，刺激而畅快，若是凑巧还可以看到那些一流滑雪高手的精彩表演。

壮美的冰川、冰河，宛如从山巅飞下的银色巨龙，汹涌磅礴、势不可当。那些冰洞、峡谷，仿佛一条条通向冰河时代的神秘洞穴，不禁让游人们想去探个究竟。著名的瑞士小镇采尔马特就建立在马特峰之下。小镇安静、美丽、环境幽雅，空气清新，在镇上能清晰地看到马特峰雄伟的顶峰和覆盖于巨岩之上的冰川，因此有"冰川之城"的美称。

在采尔马特小镇，游人可以一边领略瑞士风情，一边欣赏马特峰的雄伟壮丽。镇子旁边的滑雪场一年四季都开放着，这里雪质优良，吸引了世界各地的游人。在这里游人还能体验冰川飞度椅、欢乐滑雪座、单腿蹬滑板等雪上运动项目，是冬、夏两季人们欢聚一堂的度假胜地。

马特峰是登山爱好者的天堂。它是阿尔卑斯山脉中最后一个被征服的主要山峰，不仅是攀登技术上的困难，仅仅那陡峭的外形，就给予早年攀山者极大的心理恐惧和压抑。攀山家们大约于 1858 年开始尝试

征服马特峰，他们多数选择从南边登山，事实上南面路线比较困难，他们经常发现自己身处湿滑的岩石上而决定放弃前进。1865 年 7 月 14 日，几位冒险者从采尔马特登山，成为首支成功登上马特峰的登山队。不幸的是，下山的时候登山队伍中有 4 人发生意外，堕进马特峰下巨大的冰川里。

现在，登山者一年四季都可从马特峰的每个面或山脊登峰。在夏季由采尔马特镇上山的人络绎不绝。登上马特峰需要一定技术，但对有经验的登山者来说不算困难，在部分路段更设有固定绳索辅助登山。虽然如此，每年总有数人因为缺乏经验、落石等原因而发生意外。登山者通常先由采尔马特乘黑湖缆车上山，然后步行上海拔 3260 米的马特峰，在大石屋里待一晚。登山者须于第二天早上 4 时出发登顶，以确保他们可以在下午的云雾及风暴到来前平安下山。

当然，攀登马特峰将是游客最有成就感的探险活动，它需要承受人多的风险，并具备充足的体力、技巧、经验。如果不想冒太多险，游人也可以在附近的冰川中探寻那些美丽的冰洞，在森林中穿越，在雪坡上滑雪，在山脚下的草地上骑马，这些都将称为难忘的探险经历。此外，在山脚下的小城镇中游玩，一边享受小城镇的惬意，一边欣赏高山的美景，会是一个不错的选择。

绵延的山巅上被冰雪覆盖，无数游人驻足欣赏。

19 文森峰

冰原上的王座

文森峰下巨大的风将拳头大的冰块扬到空中，如暴雨般四处坠落，阻挡着探险者前进的道路……

地理位置：南极洲

探险指数：★★★★★

探险内容：冰原穿越、攀山

危险因素：寒冷、巨大的冰缝

Tips

南极最好的探险时间就是在每年的 11 月下旬一直到第二年的 3 月上旬，此时这里将会出现极昼，风暴天气也较少。

文森峰顶部那些刀背般的山脊攀登十分困难，尤其是在刮风时，一不小心就会被身边的悬崖峭壁吞没，游人如果想登上山顶，需要优秀的团队配合。

世界上难攀的山峰很多，其中最著名的就当属七大洲的最高峰，即：北美洲海拔 5193 米的麦金利山，南美洲海拔 6960 米的阿空加瓜山，亚洲海拔 8848 米的珠穆朗玛峰，欧洲海拔 5642 米的厄尔布鲁士峰，非洲海拔 5895 米的乞力马扎罗山，大洋洲海拔 5030 米的查亚峰，南极洲海拔 5140 米的文森峰。在这些山峰中文森峰不是最高的，也不是最险的，但因为其在严寒陌生的南极大陆之内，而成为最后才被人类登顶的七大洲最高峰，也成为所有攀山者心中的一块胜地，他们称其为"冰原上的王座"，只有那些出类拔萃的探险家才能得到它的青睐。

文森峰位于南极大陆内陆，是埃尔沃斯山脉的主峰。山脉中怪石嶙峋，奇峰突兀，气度非凡，而文森峰更是山势险峻，且大部分终年被冰雪覆盖，交通困难，即使最"炎热"的夏季，气温也经常在零下三四十摄氏度，这里到处都是皑皑的冰雪，看不到一点点生命的迹象，时时狂风肆虐，巨大的风将拳头大的冰块扬到空中，如暴雨般四处坠落、撞击。到过埃尔沃斯山脉探险的人，都称文森峰是最难攀登的最高峰。登上文森峰甚至比攀登珠穆朗玛峰、麦金利山还要困难得多，它不仅仅要求攀登者具有充足的勇气、体力、毅力，更要求探险者拥有足够的极地生存经验来对付极度的低温和大风。早期很多探险家都曾想征服这座冰原上的王座，但他们都失败了，更有很多著

名的登山者永远消失在了南极的茫茫冰雪之中，人们一度将攀登文森峰视为不可能实现的幻想，它的周围也被称为"死亡地带"。

但随着科学技术的发展，攀登文森峰变得不再那么困难，文森峰的高寒、风暴在现代材料制成的保暖衣物、帐篷面前也不再那么可怕了。尤其是现代的交通工具——最突出的是直升机的使用，使人们不必在冲向高峰之前，再在冰天雪地中跋涉数十天到达它的脚下，这样人们也就能有更多的体力来征服这座山峰了。因此，自从 1966 年 12 月 17 日，美国登山队在领队尼古拉斯·克里奇的带领下首次登顶该峰以来，已经有上百登山者成功登上了文森峰的顶峰，其中有很多中国的勇士。

在登顶的中国人中最早、最著名的是探险家王

雪峰在云雾中忽隐忽现，蔚为壮观。

漂浮在冰洋上厚厚的冰架，晶莹剔透。

勇峰与其搭档李致新。1988 年 12 月 2 日，他们成功登上了文森峰之顶，成为世界上登顶文森峰的第18 人、第 19 人。

在文森峰下的冰原之上，从这里仰望，上百米高的谷地出现在面前，上面结满了厚厚的冰雪，这些积久不化的雪十分坚硬，整条山仿佛一道巨大的堤坝亘立在人们面前，但与它背后巍峨高大的文森峰相比，就成了一道低矮的门槛。几千米长的冰瀑布从一道山脉缺口间泻下，仿佛从天间流下来的银河。人在这广袤磅礴的大自然中显得微不足道，如同白色海洋中漂浮的一片小小枯叶。露出白雪的岩石，透出丝丝寒气，让整个大山都充满了冷峻、严肃的景象。天地间都是白色的世界，让它们看起来仿佛就在眼前，但其实很远，若想接近那些岩石，必须在坡度三四十度的冰上爬行上千米。

英国著名探险家斯科特遇难前在日记中这样描述南极的严寒、风暴："我们无法忍受这可怕的寒冷，也无法走出这帐篷。假如我们走出去，那么暴风雪一定会把我们卷走并埋葬。"即使仅在海拔 2000 米的登山大本营冰原上，酷寒已经让很多人生畏了。探险者们不得不在雪地上挖出雪洞，把帐篷搭在雪洞里，将所有的食品和装备都放在雪洞里，以防被暴风雪卷走。他们需要融化冻了不知多少年的冰当作水源，在寒冷的时候，吃饭都成问题，有时碗里的饭还没有吃完就已经结了冰。有时一不小心，舌头就被金属勺子粘住，一撤便撕掉一层皮。剧烈的暴风雪，常常将帐篷刮倒，探险家不得不屡屡为固定帐篷而在狂风暴雪中奋斗。

然而，与真正的危险比起来，山下的困难都算不上什么，那些六七十摄氏度的冰壁、深不见底的冰缝、悬崖才是探险者的恶魔。山上巨大的风，发出疯狂地吼叫，人在它们面前是那么脆弱，那么渺小，一不小心就将被卷下万丈深渊，几十年来已经有数十人丧生在这些冰缝、悬崖之中，但也正是这危险、苦难赋予了文森峰不尽的魅力，使它成为登山者心中的"冰原王座"。

俊俏的雪山与山脚下葱郁的树木形成鲜明的对比，美丽而可爱。

麦金利山

北美第一峰

20

麦金利山高高地插向天空，太阳还未从地平面上升起，山顶早已变成了金灿灿的一片，落日早已沉没，山顶还透出红色的光芒，附近的印第安人都称呼它为"太阳之家"。

地理位置：美国阿拉斯加州东南部

探险指数：★★★★

探险内容：攀山

危险因素：地势险峻、气候寒冷

Tips

探险最好要有经验丰富的向导,麦金利山上那些松软的冰雪经常发生崩塌,而且在雪崩时几乎不会留给人类任何反应的时间,如果误入这些地带,将面临极大的危险。

春季和初夏是攀登麦金利山最好的季节,此时天气较为稳定,晴朗少风,可见度好。但有一定登山技术和经验的人们已不愿走这条传统路线。他们认为走这条路线登达顶峰不需什么攀登技术,像上楼梯那样轻松容易。

攀登者可以乘飞机直接到达峰下的登山大本营,但这就要错过很多美丽壮观的山地风光了。

在世界名山中,麦金利山可以说是首屈一指。珠穆朗玛峰虽然是第一高峰,但是相对高度却不如麦金利山——麦金利山从山脚到山顶的高度为 5500 米,就相对高度而言比珠峰还要高 1800 米;乞力马扎罗山虽然神圣美丽,但却不如麦金利山更具挑战性——麦金利山坡陡崖高,攀登起来是一项很大的挑战;阿尔卑斯山诸峰虽然景色同样秀美、雪峰也十分险峻,但高度却差一些。

麦金利山为北美洲的第一高峰。它原本叫迪纳利峰,这是当地印第安人的称呼,"迪纳利"在印第安语中的含义是"太阳之家"。麦金利山高高地插向天空,太阳还未从地平面上升起,山顶早已变成了金灿灿的一片,落日早已沉没,山顶还透出红色的光芒,也许这就是附近的印第安人称呼它为"太阳之家"的原因吧。后来,探险队登上此山,便以美国第二十五届总统威廉·麦金利的姓氏命名为麦金利山。

由于麦金利山是北美洲的第一高峰,吸引了世界各地的旅游者和登山探险者。为了方便普通游客,这里修筑了一条曲曲折折的小路,直通山顶。然而由于这里的天气变化无常,小路的大部分常被积雪覆盖,攀登起来也十分困难。天气突变和雪崩成为探险者最大的困难。每年都会因此造成登山者遇难的悲剧。然而,探险者们对此毫不畏惧,他们争先来到这里,以自己的体魄和智慧向麦金利山挑战。

麦金利山山下是野生动物的保护区。每年 6 月底到 7 月初,成百上千的驯鹿在这里结队迁徙,朝一个方向行进,冬天过后,它们就会原路返回,构成了阿拉斯加山区最为壮丽的动物迁徙景象。除了野生驯鹿,棕熊、黑熊、金雕、山地狮等动物都在这里生活,遇到好的天气,在野生动物保护区的高处远眺,雪峰白云、蓝天冰湖、草地森林连成一片,壮美异常;绿色的森林,雪白的山峰,广阔的冰川,在阳光下相互辉映,风光优美,令人耳目一新。这里大部分地区终年积雪,山间经常浓雾不断,雾气在皑皑白雪中缭绕弥漫时,几百米之外的景物便不可见。夏季,麦金利山的青青山坡上鲜花盛开,紫色的杜鹃和精巧的铃状石南花随处可见。无边无际的蓝莓长在红色的海洋里。在红叶的衬托下,蓝色的果实显得特别美丽,给这旷野增加了几分柔情和浪漫。

麦金利山虽然未处于北极圈内，但它的高海拔让山区具有了北极的景象，在这里，人们可以感受到冬季的暗无天日，也能享受夏季的漫长白昼，还能经常看到绚烂神奇的极地风光。乘坐火车观赏麦金利山也是一个不错的选择。在阿拉斯加铁路线上，有一条通向麦金利山的铁路，与飞机旅行相比，火车旅行有更多的时间去欣赏风景。点上一瓶葡萄酒，一边慢慢品尝，一边透过车窗看风景。黑松如喝醉的大汉，在原野上东倒西歪，因而，这片树林被称为醉林，多么形象而贴切的名字。

渐行渐远，原野变得极为广阔。突然，火车开始减速，不是到站了，而是麦金利山峰顶出现在视野之中。一般情况下，麦金利山峰顶会被云雾遮罩，很难见到。人们屏住呼吸，被峰顶的美震撼得无法言语。

麦金利山还是世界登山爱好者的汇集之地。每年5月到7月有数百人来此登山，但由于山高坡险只有大约一半的人能登到顶峰。历史上对麦金利山的探索是个艰险的过程，一直到1913年，麦金利才终于被人类征服，以特德森·斯图克为队长的四人登山队终于首次登达顶峰。

之后，斯图克十分平心静气地描述了在21天的攀登中所观察到的事情：我们大部分时间待在冰川上，常常被浓雾、寒冷、潮湿以及阴暗所包围。周围陡峭的山上不时传来由不稳定雪层所造成的雪崩的巨响，雪崩前的雪雾经常盖过冰川。在雪崩前没有任何迹象，也不知道雪崩是否可能摧毁我们。之后很多沿着他们足迹攀登的探险者被麦金利山多变的气候和险峻的地形吞没。1984年，日本著名的登山者植村直己在他的43岁生日那天，创造了冬季攀登麦金利山的新纪录后，在下山途中突遇恶劣天气，不慎跌入冰缝，成为探险界的巨大损失……

我国著名的登山者，李致新和王勇峰选择难度最大的西壁路线成功登上了顶峰。相比于登山，更著名的是他们那段话，激励了无数人向自然发出挑战：大自然风姿各异的雪山中，一定都有着一种比我们一般所说的成功的荣誉更强大的驱动力。如果你不去尝试，你又如何知道你行还是不行……这么多人把辛苦多年的积蓄甚至生命倾注在一座雪山之上，这绝不仅是为了荣誉……

峰峦如聚，草甸灌木妙趣横生。

安纳布尔纳雪峰，峰峦如聚，山麓下草甸、灌木苍翠欲滴，到处是一片勃勃生机。

21 死亡山峰 安纳布尔纳峰

走在安纳布尔纳峰的险坡之上，一脚踩空就可能跌入那些被雪层覆盖的深不见底的冰缝之下，永远消失在冰雪之中。

地理位置： 尼泊尔

探险指数： ★ ★ ★ ★ ★

探险内容： 攀山

危险因素： 高寒、山势险峻

Tips

安纳布尔纳峰地区气候多变,攀登前应重点关注天气预报,最好将攀登季节选在三四月间,此时春天刚到,阳光和煦,恶劣天气相对较少。

在安纳布尔纳峰下进行徒步旅游时,有很多当地背夫可以雇用,他们中的很多人会说英语,如果幸运,同时他们也可以担任导游。但游人在旅途中要时刻注意安全,雇用背夫前先谈好价格,可能最好通过正规的旅游机构寻找背夫和导游人员,以免旅行途中发生纠纷,引起不快。

在山区下面气温很高,三十多摄氏度十分常见,但在海拔升高以后温度有会陡然下降,游人应准备好厚薄不同的衣物,随时替换。

　　安纳布尔纳峰坐落于喜马拉雅山脉南部的尼泊尔境内,它是世界第十高峰,海拔达8091米。人们对安纳布尔纳峰的征服是一个漫长而艰险的过程,从 20 世纪初开始就有人想攀登上它的顶峰,但直到 1950 年才有一支由埃尔佐率领的法国登山队成功登上了它的顶端。

　　然而,更让人对这座山峰印象深刻的是登山者们付出的惨痛代价,从 1950 年人类第一次登上安纳布尔纳峰之巅以后,又有数百人对其发起了挑战,有人统计大约不到 200 人对其发起了冲刺,而在登山过程

两名登山爱好者在安纳布尔纳峰攀登。

中有 60 余人死于各种事故。如此高的死亡率让安纳布尔纳峰成为登山者们最大的挑战之一,甚至有人将其称为"死亡山峰"。

　　安纳布尔纳峰位于喜马拉雅山的南部最外侧,因此它更容易受到来自印度洋的暖湿气流的影响,温暖的气流带来充足的水汽,这些水汽在高海拔的山区凝结,形成厚厚的冰川,厚厚的积雪,然而正因为这些地方靠近南部,所以和喜马拉雅山脉北部的那些高峰相比,这里的积雪、冰川更不稳定。攀登安纳布尔纳峰的人无不小心翼翼,在 5000 米到 8000 米漫长的路途中,那些厚厚的冰雪都是致命的陷阱,一不小心

鸟瞰雪山一角，一名探险者在雪中行进。

就可能触发它们，也许不经意间踢落的一块碎冰，踩下的一团将要融化的雪都可能在下滚的过程中不断积累，带动周围松软的雪层一起滑落，引起一场山崩地裂般的雪崩。而在安纳布尔纳峰那陡峭光滑的攀登道路上遇到雪崩，几乎就直接意味着死亡，登山者没有时间逃亡，也没有地点躲避，被埋入厚厚的积雪中，被冲下万丈深渊，成了很多攀山勇士的悲惨结局。

除了雪崩之外，那些冰川上出现的巨大裂缝也是令人防不胜防的陷阱。在其他高山之上，一般气候干燥严寒，很少大量降雪，即使有降雪也被大风吹散或是很快结成厚厚的冰，可在安纳布尔纳峰这些降雪会形成厚厚的一层，但却没有冰层那么坚硬。冒险者不得不在前行的道路上小心翼翼，唯恐一脚踩空就跌入那些被雪层覆盖的深不见底的冰缝之中。

除了攀登顶峰的极限冒险，安纳布尔纳峰周围也可以进行其他很多穿越、漂流等旅游探险项目。在高峰脚下，有极其壮丽的自然景观，它吸引了世人的关注。这里生物物种及文化遗址极为多样，拥有9个各具特色的部落群。在安纳布尔纳峰和道拉格里峰之间有深深的河谷，河谷中水流湍急，巨石壁立，是进行漂流探险的极佳场所；这里气候、地形极端、复杂造就了生物群落的多样性，很多珍稀的动物生活在山下的草原、丛林之中；这里雨季较短，空气净朗，是徒步登山旅游的最佳场所之一。

环绕安纳布尔纳峰的徒步旅行自从1977年对外国游客开放以来，已经成为尼泊尔国内最受欢迎的徒步旅行线路。近20年来，每年约7万多名生态旅游者到此旅游。

尼泊尔政府十分重视安纳布尔纳峰附近的旅游事业，在此开发了多个徒步线路，长的线路需要行进十几天，短的仅仅三四天就足够了。这些线路的难易程度各不相同，适合各种旅游者。在徒步过程中，游人会遇到广阔的山间草地，稀草覆盖着山坡如同片片绿毯，密草、灌木丛生于谷底，有些地方植物高度没头，旅行者进入之后如同进入迷宫。那些从高山上流下的溪水十分清澈，带着丝丝凉意，有些可以直接饮用，味道甘凉清新堪比矿泉水。那些山麓的树林中，古老的树木不知长了多少年，它们扭曲着身体，斑驳的树皮上长满苔藓、地衣，如同被施了魔法般怪异。在那些小山之上，朝晚可以看到雪峰被阳光照射呈现出迷人的"金山"景象，夜里远望山下村镇中群灯点点和天上的星星连成一片。

安纳布尔纳峰处处都是美，无论你想寻找闲适安静，还是想追逐惊险刺激，都可以在这里实现自己的目标。

厄尔布鲁士峰顶白雪皑皑，山脚下生机勃勃，壮观而美丽。

厄尔布鲁士峰

双顶巨人

22

在厄尔布鲁士峰下那些低矮的山谷中，幽林绿树、芳草鲜花、飞瀑清流构成了一个个美不胜收的世外桃源……

地理位置： 俄罗斯西南部

探险指数： ★ ★ ★ ★

探险内容： 攀爬火山

危险因素： 山路艰险、天气恶劣

"厄尔布鲁士"的意思就是"高山"。不仅是在高度上，就是在"形体"上，厄尔布鲁士峰也是威严出众。它是地质史上火山长期连续喷发而产生的，因此很多人将这个巍峨的雪山称为"火山之子"。并且还是双胞胎，一大一小、一高一矮，形成"双峰对峙"的态势（主峰高 5642 米，居西侧；辅峰高 5595 米，居于东侧）。从远处观看，这位"双顶巨人"巍巍而耸，凛凛而立，超凡脱俗，直逼霄汉，厚重中显示出威严。在山顶之上，终年冰雪覆盖，冰川自然下垂，形成一幅奇特的自然景观。

厄尔布鲁士峰集众多优点于一身，是上天赐予的财富，极富有登山价值和旅游价值。所以，长期以来，人们给予了它高度的重视，大兴土木，进行基础建设，将这里开发成一个体育—运动—旅游各种设施兼备的登山活动基地和观光中心、滑雪运动中心。

厄尔布鲁士山的雪线，北坡在海拔 3200 米，南坡则在 3500 米。周围有大小 77 条冰川，总面积 140 平方千米。冰川融水，使周围形成了众多的河流。冬季过后，雪线以上的积雪深度通常为 30 ~ 60 厘米，有时达到 3 米。高山位于雪线之上的部分终年被白雪覆盖，只露出些黝黑、峭硬的岩石，显得冷峻、威严。云雾萦绕时，高大的雪峰穿过云霄，如缠着白色头巾的阿拉伯勇士，日光照射到雪峰之上时，金光四射烨烨生辉，金红色的雪盖如同国王头顶的金冠，吸引了无数人对它膜拜、向往。而雪线之下的部分则完全呈现出另外的一种景观。这里分布着各种不同的地形，植被种类丰富，动物也多种多样，尤其在那些低矮的山谷中，幽林绿树、芳草鲜花、飞瀑清流构成了一个个美不胜收的世外桃源。

从远处望，厄尔布鲁士峰最显眼的是那些飞龙般流下的冰川，冰川末端溢出的融水，像乳汁一样"哺育"着周围数以百计的溪流，高加索地区著名的库班河和捷列克河等，就是靠这些冰川融水。这在人们心目中，无形中平添了对厄尔布鲁士峰浓重的神秘和敬畏之感。

Tips

厄尔布鲁士峰地区天气多变，进行冒险前应做好充分准备；但这里更危险的还不是自然环境，高加索地区的战争更令人恐怖。游人攀登前必须考虑到这一点。

厄尔布鲁士峰下分布着众多山谷，这些山谷中景色各异，处处都十分美丽，游人切不可错过这些美景。

提到欧洲名山，大多数人都会想到勃朗峰、马特峰等阿尔卑斯山脉上的高峰，其实位于大高加索山脉中的厄尔布鲁士峰才是真正的欧洲第一高峰。厄尔布鲁士峰是大高加索山群峰中的"龙头老大"，在地图上来看，它像是"骑在"亚欧两大洲的洲界线上的"跨洲峰"。其实不然，整个山峰离亚欧分界线还有 20 多千米，完全属于欧洲。

厄尔布鲁士峰的攀登活动极具挑战性，由于受黑海和里海冷暖气流的影响，山上天气变化非常快，给登山带来很大的不利。据记载，人类攀登厄尔布鲁士峰的活动，是从1829年开始的。但那时并不是以登山运动为目的。因为厄尔布鲁士峰位于亚欧大陆分界线附近，是重要的战略军事点。1829年时的俄国将军埃马努耶尔曾指挥士兵攀登厄尔布鲁士峰，以确定军事制高点，但那时他们仅仅攀上了厄尔布鲁士峰的辅峰。之后很长的一段时间内没有攀登厄尔布鲁士峰的记载，直到1874年英国人登上了海拔5642米的厄尔布鲁士主峰，这也是有记载的人类首次登上主峰。

第二次世界大战中，德国进攻苏联时，清晰地认识到了厄尔布鲁士峰的战略地位。1942年8月21日，蓄谋已久的德国高山部队，没有遇到激烈的反抗，就占领了位于海拔5300米附近，厄尔布鲁士峰顶稍下方一点的"高山旅馆"，并在那里升起了一个高空载人的气球，上面有持望远镜的炮兵观察人员。苏军为了夺回这个制高点，曾多次组织部队攻取厄尔布鲁士；但由于苏军战士不了解高山特点，缺乏登山装备，许多优秀的指战员仅仅穿着夏季的单衣上山，而到了夜间气温突然降到零摄氏度以下，指战员们不是被冻死就是严重冻伤，而且还没有与敌人接触就丧失了战斗力。后来苏军最高统率专门组织了一个团的高山部队，指战员们都是战前攀登过厄尔布鲁士的登山者，并给他们配备了登山服装和其他装备。这个团的两千多人经过艰苦的战斗，才将侵占厄尔布鲁士的德军全部消灭了，夺回了制高点。

因此，到厄尔布鲁士峰探险旅游，不仅可以看到美丽的自然景观，还可以观赏那些曾经激烈战斗过的历史遗迹。现在厄尔布鲁士峰每年都吸引了大量游客和登山探险者，已成为一处绝佳的登山、滑雪胜地。

白雪皑皑的厄尔布鲁士峰，以其独有的神秘和威严，成为滑雪爱好者的圣地。

一道祥光直指苍穹，雪山宛如身披金甲的战神高耸入云，横亘天际。

23 梅里雪山

朝山者的圣殿

成百上千巨大的冰体轰然崩塌，响声如雷，地动山摇，令人心惊胆战。

地理位置： 中国云南省

探险指数： ★★★★★

探险内容： 攀山、山地穿越

危险因素： 山高坡陡、雪崩

Tips

1996 年，我国明令禁止攀登梅里雪山。但游人依然可以在山下的森林、峡谷、冰川附近进行穿越、徒步探险。

梅里雪山是藏区的神山，应尊重当地的风俗习惯和宗教信仰。在神山下不可以对神山指指点点，也不要在香炉里焚烧食品包装袋等垃圾，对藏民悬挂的经幡不可以撕扯和踩踏。

徒步需要一定的体力和毅力，此外也需要一定的装备。防水保暖的衣服、防滑防水的徒步鞋是必不可少的，如果有可能，一只登山杖可以让你的徒步轻松很多，并在下坡时保护你的膝关节。

梅里雪山又称太子雪山，雪山中平均海拔在 6000 米以上的高峰共有 13 座，被称为"太子十三峰"，主峰卡瓦格博峰海拔高度达 6740 米，是云南第一高峰。梅里雪山是藏族传说中的圣山，尤其是主峰卡瓦格博峰，在藏语中它的意思是"白色雪山"，俗称"雪山之神"，列于藏传佛教"八大神山"之首。

藏族传说中，卡瓦格博峰原是九头十八臂的煞神，在松赞干布时期，是当地一座无恶不作的妖山，密宗祖师莲花生大师历经八大劫难，驱除各般苦痛，最终收服了卡瓦格博山神。从此它受居士戒，改邪归正，皈依佛门，做了千佛之子格萨尔麾下一员彪悍的大将，

成为附近地区的守护神，一直是青海、甘肃、西藏及川滇藏区众生绕匝朝拜的胜地。如今在附近的藏族居民家中，卡瓦格博神像常常被供奉在神坛之上，他身骑白马，手持长剑，威风凛凛，俨然一位保护神。

除了卡瓦格博峰，梅里雪山比较有名的还有面茨姆峰等。其中线条优美的面茨姆峰，意为大海神女，位于卡瓦格博峰南侧。传说中，此峰为卡瓦格博峰之妻。卡瓦格博随格萨尔王远征恶罗海国，恶罗海国想蒙蔽他们，将面茨姆假意许配给卡瓦格博，不料卡瓦格博与面茨姆互相倾心，永不分离。又有传说面茨姆为玉龙雪山之女，虽为卡瓦格博之妻，却心念家乡，面向家乡。该雪峰总是云雾缭绕，人们称其为面茨姆含着

远望梅里雪山在霞光的映衬下，像洒下的金子，犹如巨龙蜿蜒而去，壮观而美丽。

而罩的面纱。

梅里雪山的高峰之上覆盖着上千条冰川，其中最有名的是明永、斯农、纽巴和浓松四条大冰川，它们都属世界稀有的低纬、低温、低海拔的现代冰川，其中最长、最大的冰川是明永冰川。明永冰川从梅里雪山往下呈弧形一直铺展到2600米左右的原始森林地带，绵延达十多千米，平均宽度500米，是我国纬度最南冰舌下延最低的现代冰川。每当骄阳当空雪山温度上升，冰川受热融化，成百上千巨大的冰体轰然崩塌下移，响声如雷，地动山摇，令人心惊胆战。

而雪线以下，冰川两侧的山坡上覆盖着茂密的高山灌木和针叶林，郁郁葱葱，与白雪相映出鲜明的色彩。林间分布有肥沃的天然草场、竹鸡、獐子、小熊猫、马鹿和熊等动物活跃其间。高山草甸上还盛产虫草、贝母等珍贵药材，成为附近各族居民的"聚宝盆"。

卡瓦格博峰的南侧，有从千米悬崖倾泻而下的雨崩瀑布，在夏季尤为神奇壮观。雪水从雪峰中倾泻而下，色纯气清，晶莹剔透；阳光照射，水蒸腾若云雾，水雾又将阳光映衬为彩虹。雨崩瀑布的水，在朝山者心中也是神圣的，他们潜心受其淋洒，求得吉祥之意。雪山的高山湖泊、茂密森林、奇花异木和各种野生动物也是雪域特有的自然之宝。高山湖泊清澄明静，在各个雪峰之间的山涧凹地、林海中星罗棋布，且神秘莫测，若有人高呼，就有"呼风唤雨"的效应，故而路过的人几乎都敛声静气，不愿触怒神灵。若在秋末和春初的清晨，卡瓦格博峰下的针叶带，还会时而出现一条白的云带，当地藏民称为"卡瓦格博献哈达"。随着太阳的升高，云带不断上升，中午时分云朵飘浮在卡瓦格博峰顶上，此为"卡瓦格博打伞"，能领略此种景致的机会不多，据藏民传说只有有缘之人才能有此福分。

梅里雪山卡瓦格博的高耸挺拔之美以及在宗教中的崇高而神圣的地位吸引了无数的中外旅游者和登山者。然而，从20世纪初至今的历次

雪山下汉白玉雕成的三座白塔直至苍穹。

大规模登山活动无不是以失败告终。1991年，中日联合登山队对主峰发起了冲击，他们从三号营地出发冲顶，上升至海拔6400米时天气突然变得恶劣只好下撤准备第二天继续冲顶。然而晚上当队员与大本营进行过最后一次语音联系后遭遇大规模雪崩，所有队员全部遇难，长眠在了卡瓦格博。

在藏族同胞心中，对雪山的攀登并不是尊重神、尊重自然的行为。他们认为：人只有尊重自然爱护自然方能与自然和谐相处；人若一心与自然为敌，只意欲征服自然，则必将以灭亡告终。

美丽的梅里雪山，至今仍然没人登顶。也许它本来就不该被人踩在脚下，不过这丝毫不会影响人们前来旅游，仅仅是在山下的丛林、峡谷中探险就足以让人感受它的神圣、它的美丽了。

贡嘎山金字塔状的峰角，峭壁、岩石多裸露，山脚下马匹成群，
游人如梭，成为独特的风景线，远看宛如云海一粟，气势宏伟壮观。

贡嘎雪山

蜀山之王

24

贡嘎雪山下那些浓密的森林、美丽的大小海子、高高矮矮的山峰、幽深的峡谷、潺潺流过的山溪都会让人沉迷于探险之中。

地理位置： 中国四川省

探险指数： ★★★★

探险内容： 攀爬雪山

危险因素： 冰崩、雪崩

Tips

贡嘎山登山旅游最佳季节一般多在每年五六月的旱季和雨季交替期,因这段时间既有较高的温度又无太大的雨量,适合旅游。

攀登贡嘎雪山可先住磨西镇,该镇是前往海螺沟和贡嘎山的住宿集中地,建有不少宾馆和温泉疗养中心以满足游客需要。

贡嘎山—海螺沟景区内有三大主要宿营地: 一号宿营地,位于达干烟沟口,距磨西约 11 千米; 二号营地,位于热水沟瀑布附近,距一号营地 6 千米,周围景点较多,可就近游览森林,温泉;三号营地位于冰川观景台约 2 千米。

　　贡嘎山位于四川省康定以南,藏语"贡"为雪,"嘎"为白,全名意为"洁白无瑕的雪峰"。它是大雪山的主峰,海拔 7556 米,耸立于群山之巅,周围海拔 6000 米以上的山峰 45 座,被喻为"蜀山之王"。

　　贡嘎雪山景色壮美,从远处望去,主峰岿然屹立,如银装银甲的巨人穿云顶天,周围群峰拥簇,雪山相连,蔚为壮观。受海洋季风影响,贡嘎雪山冰川发育规模较大,也都十分壮观,有的冰层厚度达 150~300 米,长达数千米,有些地方光滑如带,直通天际,有些地方雪块、雪柱林立,宛如冰雪堆成的石林景观;有些地方则层层叠叠像一道通往云层之上的天梯。那些冰川中的雪洞更是晶莹剔透,如传说中

蓝天白云与层峦叠嶂的山峰连成一片,巍峨而壮观。

的水晶洞。其中东坡的海螺沟冰川最大,也最为有名。

　　贡嘎山峰的高峻,远非一般名山可比。只需站在半山腰上,放眼望去,万里银白的雪域匍匐在山下,辽阔的视野和由山体的高度而产生的登山成就感绝对值得一攀。

　　景区内有 10 多个高原湖泊,著名的有木格措、五须海、仁宗海、巴旺海等,有的在冰川脚下,有的在森林环抱之中,这些湖湖水清澈透明,保持着原始、秀丽的自然风貌。尤其是木格措,景色独秀成为附近一绝,它四周被群山、森林、草原环抱,红海、黑海、白海等几十个小海围绕着它,犹如众星捧月。站在雪山半腰之上,就能看到美丽的木格措。清晨,雾锁海面,银龙般的云雾在水面翻卷,会出现"双雾坠海"的动人景观。朝阳射向湖面时,波光粼粼,湖光倒影

美丽的霞光照耀着山顶，雪山变得一片金黄，云蒸雾起，无比的壮观。

千变万化，令人眼花缭乱。午后微风拂面，海面上"无风三尺浪，翻卷千堆雪"，站在湖滨沙滩上，遥望雾霭烟笼的远方，犹如来到了天涯海角。夕阳西下，余晖洒满海面，流金溢彩，水天一色，群山沉寂，碧海静谧。月明星稀的夜晚，如水的月光泼洒在山峰上，灿灿生辉。

大雪山景区内植被完整，生态环境原始，有很多动植物以及国家保护动物。此外，景区内还点缀着几十处温泉，著名的有康定二道桥温泉和海螺沟温泉游泳池。景区内还有跑马山，有贡嘎寺、塔公寺等藏传佛教寺庙，有藏族、彝族等丰富多彩的民族风情。游人在此可以进行攀山、穿越森林、泡温泉、观览少数民族村庄、逛寺庙等多种活动。

在长期冰川作用下，贡嘎雪山附近山峰发育为锥状大角峰，周围绕以坡度达六七十度的峭壁，攀登困难，成为国际上享有盛名的高山探险和登山圣地。贡嘎山是世界上最难以征服的大尺度高山之一，其登顶难度远远大于珠穆朗玛峰。早在 1878 年，奥地利人劳策就进入山区考察。1932 年，美国人 T.摩尔与 R.巴德萨尔首次登顶贡嘎山。1957 年中国登山队六名队员攀登贡嘎山成功，但有四名队员遇难。据统计到目前为止，成功登顶的人数不过 30 人，却有 37 人在攀登中或登顶后遇难，其登顶难度可想而知。

喜欢冒险、经验丰富的探险家可以尝试挑战攀登贡嘎雪山，其他游人也可以在山下进行穿越，那些浓密的森林、美丽的大小海子、高高矮矮的山峰、幽深的峡谷、潺潺流过的山溪都会让人沉迷与旅途之中。那些森林，似乎永远被云雾所萦绕，进入其中，空气中都带着丝丝湿气，腐败的老树皮上似乎沾满了黄绿色的苔藓，枯叶里一丛丛蘑菇鲜艳得如清晨的花朵，松鼠、麻雀等各种小动物在枝间跳跃；冰雪融水潺潺流下，在它们的冲击下形成了大片大片的山间戈壁，这里美丽的石头也是旅行最好的纪念品；那些低洼处，流水聚成一汪汪高山湖泊，如同美丽的珍珠镶嵌在神山之下；湖边草地上，开满了五颜六色的小花，高山杜鹃、小龙胆花、肋柱花等点缀在绿草中，给略显荒凉的山地带来无限生机、无限美丽。

附近的藏族人说，贡嘎雪山是最接近神、最接近灵魂的地方。如果你厌倦了日复一日的平淡生活，到贡嘎雪山走走吧，在这里你能感到自然的真正伟大，真正魅力！

意大利西西里岛东部的埃特纳火山，静谧而神奇。

25 埃特纳火山

西西里岛的奇迹

金秋时节埃特纳山麓的松柏颜色显得更加幽深，白桦、杨树却黄叶飘香，峡谷中色彩斑斓，如同文艺复兴时绚烂的油画。

地理位置： 意大利西西里岛东岸

探险指数： ★★★

探险内容： 攀爬岩壁、探寻神秘洞穴

危险因素： 火山毒气、山间裂缝

Tips

在埃特纳火山峡谷中探险时,最好备齐雨衣和防水鞋,这里遍布溪流、瀑布,尤其那些神秘的洞穴中到处都有淅淅沥沥的水从岩缝中流下。

游人在山区探险时最好携带权威的地图手册,条件允许聘请一个导游是最佳选择。

埃特纳火山经常不固定地喷发,游人旅游时最好按照旅游手册上的路线登上顶峰,以免遇到突发情况而发生危险。此外,那些火山口周围的深谷中可能存在大量火山喷发产生的毒气,游人需要谨慎选择是否进入。

埃特纳火山,是意大利最高的山峰,剧烈的火山喷发形成了这里复杂的地形,一些圆锥形的塔岩和陡峭的峰顶组成了巨大的火山峰。火山中心区聚集着大约 260 个小型的火山口。火山口东南部是巨大的波夫山谷,这个张开大口的裂缝由 3500 多年前的一次火山爆发导致山体崩溃而形成,如今这里成为探险家的乐园,很多攀登埃特纳火山的探险家都到这里探寻峡谷中的秘密。

埃特纳火山山坡区域分界清晰,地面向上延伸至 1200 米左右是人们生活居住的区域;再向上,到 2100 米左右是丛林密布的中部区域,肥沃的火山灰土和地中海湿润的气候,在这里创造了一片片茂密的树林;再高的地方,是荒芜的火山山顶,这里赤土裸露,岩石林立,沟谷纵横,荒凉和壮丽相互融合,只有在那些冰雪融水流经的区域里才生长着稀稀落落的灌木、野草;最高处那些硬脆的熔岩常年被皑皑冰雪覆盖,终年不见一丝生气。

埃特纳火山之下,有很多专门送游人上山的车辆,马力强大的越野车会带着游人穿越山下漫长的攀山道路,一直将游客送到 1200 米处的玄武岩坡道上。游人下车后可以从这里开始登山旅途,穿越埃特纳火山中高部地区,到达山顶。这些地方攀登起来虽然耗时耗力,但并没有什么太大的难度,即使没有受过攀山训练,没有太多探险经验技巧的游客也能完成。路上有清晰的标志牌,告诉你身处何处,海拔多高,前方景点是什么。当然这里并非仅仅是攀上山顶的道路,此处优美的小径、苍翠的树林、新鲜的空气、机灵优雅的动物们本身就构成了一幅极其秀美的画卷。尤其是在炎热的夏季,很多欧洲人会选择到这里度过假期。早起看日出,傍晚观日落,夜晚欣赏清澈的星空,听森林中鸟鸣,让清凉的冰雪融水驱走所有的炎热,到那些人迹罕至的峡谷中探寻幽境,在山崖绿荫中发现未被世人所知的洞穴……

探究埃特纳火山阴暗的洞穴和巨大的喷发裂缝,是这里最热门的探险活动之一,游人准备好所需要的手电筒,穿好结实的防水鞋,就能去探寻那些令人惊叹的美景了。从远处看埃特纳火山似乎给人一种荒芜、单调的感觉,但这只是那种单一的颜色对人的欺骗而已,当真正进入那些火山峡谷时,你才会震惊,原来这看似光秃秃的火山地貌中到处都是世外桃源,到处都藏着美景和奇迹。冰雪融化形成的溪流从高处泻下，在这些峡谷中汇聚，形成了一道道瀑布、一汪汪湖泊，溪流的边上长满青翠的树木，初夏之时，山花始开，香飘遍野，蜜蜂、蝴蝶翩翩起舞，美不胜收；金秋时节松柏颜色显得更加幽深，白桦、杨树却黄叶飘香，峡谷中色彩斑斓，如同文艺复兴时绚烂的油画。

相比于中下部，冰雪覆盖的山顶比较难以攀爬，这里严寒、险峻，布满了陡崖和冰缝，随时刮起的大风和崩裂的冰块都是探险者的巨大威胁。但这里的景色也比下部更加美丽、更加壮观。到过埃特纳火山山顶的人无不被这里迷人景象而震惊。从高处俯瞰，整个山区群峰连绵，沟谷交错，峡谷散发出银色缎带状的水蒸气与阳光下泛着淡淡红色的岩石形成鲜明的对比，好似一簇簇绚烂的花丛。骤降的裂缝和巨大的缺口让本来就荒凉陡峭的火山口充满了一种震撼人心的

埃特纳火山喷发时，遮天蔽日的烟雾掩盖了孤独的黑色锥形山峰。

缺憾美。

埃特纳火山并未完全陷入沉睡，当它觉醒时，人们会看到泛着红光的滚烫岩浆从山坡上流下，火山灰漫天翻飞，不断上升的浓烟弥漫于上百千米的高空。自从公元前1500多年，人们第一次看到它喷发时，就对这座大山充满了敬畏之情。很多关于埃特纳火山的信仰、神话、传说在附近流传。虽然，科技的发展让人们知道这些故事、传说都是古人杜撰出来的，但当你面对这座伟大的山峰时，当你看到那些带着岁月沧桑的玄武岩峭壁时，当你置身于雄奇、壮丽的火山大峡谷时，你还是会不由得拜倒在它的脚下，被它深深地震撼、为它深深地痴迷。

如果你想寻找刺激，寻找奇观，不妨在埃特纳火山小型喷发时，来这里体会最直接、最壮丽的火山探险吧！

肥沃的火山灰土壤上长满植物，生命和死亡相距如此之近。

维苏威火山

26 未熄灭的圣火

云消雾散后的火山口喘息着，左右岩壁石缝中仍冒出一缕缕青烟，好像在提示每一个造访者，维苏威目前虽在沉睡，但它的心脏还在跳动。

地理位置： 意大利西南部

探险指数： ★★

探险内容： 探寻火山地貌

危险因素： 火山喷发

Tips

维苏威火山附近的庞贝古城是世界上最著名的古城遗迹之一，到维苏威火山探险参观的游人不可错过此景点。

火山景区里有火山博物馆，里面不仅有关于维苏威火山的各种资料，也有关于附近出土的古城的介绍，并展示着"石化人"等文物，是学习了解火山知识的重要场所。

维苏威火山口设置了围栏维护，防止游人滑落火山口，游人不可轻易跨越，以免发生危险。

火山下面的小城镇都很有特色，如果有时间的话游人不妨依次游览这些美丽的南欧小镇，体会当地人的浪漫和热情。

如果单单从高度、面积等数据上看，维苏威火山可能显得十分平庸，它的火山锥高度仅有 1281 米，山区面积也很小，周围没有像其他著名的火山那样连绵的山脉和雪峰。但频繁地喷发和巨大的毁坏能力对周围的威胁力使它成为意大利，乃至全世界最著名的火山之一。

提到维苏威火山，就不得不提著名的庞贝古城。正是维苏威火山在公元 79 年的一次大规模喷发将这座繁荣一时的城市瞬间埋在了厚厚的火山灰之下。现在人们在看到古城遗迹的时候还能想象当时喷发时的惨烈情况：一股浓烟柱从维苏威火山垂直上升，后来向四面分散，状似蘑菇。在这股乌云里，偶尔有闪电

维苏威火山呈锥形，幽深的海岸上，城市依山而建，给人一种神秘感。

似的火焰穿插，火焰闪过后，就显得比夜晚还黑暗。炽热的岩浆泛着火花奔流而下，灼热的火山碎屑漫天飞舞，惊惶的人们还没反应过来就被厚厚的火山灰淹没了，繁华瞬间化为死寂，辉煌的城市，茂密的森林，连绵的果园、田地瞬间就不见了，到处都是火山灰，到处都是苍凉的黑灰色……

除了那次著名的喷发之外，维苏威火山在将近两千年的时间里也时常小规模地向人类展示大地之神的躁动，附近著名的海滨城市如都屡屡遭到破坏。尤其是 1631 年 12 月 16 日发生了一次大喷发。山坡上很多村庄被毁，之后火山喷发特征发生变化，火山活动持续不断。可以观察到火山活动分两期：静止期与喷发期。静止期火山口封闭，喷发期火山口几乎持续

火山口岩缝间冒出的烟雾若隐若现，肥沃的火山灰上长满了灌木草，没人知道这座火山什么时候苏醒。

张开。人们以为通过对火山口的观测可以准确地揣测维苏威火山的脾气，然而 1906 年 4 月 7 日，一直处于沉睡状态的维苏威火山突然爆发，流出的岩浆包围了奥塔维亚诺镇，使几百名意大利人伤亡。附近的名城那不勒斯市也被重重的火山灰所覆盖，一些屋顶因不堪承受重力而坍塌，压死了许多人。1944 年维苏威火山再次喷发，从火山顶部的中心位置流出熔岩，喷出的火山砾和火山渣高出山顶约 200~500 米；火山爆发的奇妙景观使得正在山下激战的同盟国军队与纳粹士兵停止了战斗，成千上万的士兵跑去观看这一大自然的奇观。

虽然在数千年里喜怒无常的维苏威火山夺去了无数人的生命，摧毁了无数的村庄和城市，但意大利人还是居住在这座火山的旁边，他们在肥沃的火山灰土上建立起了众多美丽的城市和村镇，当你走在那些典雅、安谧、长满绿树的村子里时，你会惊叹这里是如此美好，难怪这些村镇中的居民宁愿生活在火山喷发的危险之下也不离去，看到那些美丽花园，那些茂密的树林，那些山下平坦的田地，不知道维苏威火山到底是个祸害还是一座宝藏，它给附近带来了死亡，也带来了繁荣；它创造了庞贝的悲剧，也创造了那不勒斯等城镇的辉煌。

从高空俯瞰维苏威火山的全貌，那是一个漂亮的近圆形的火山口；从侧面看，它几乎呈完美对称的锥形。由于高度不是很高，游人很容易就能沿着修的良好的道路爬到山顶；如果不想走路，也有汽车将游客送到距火山口不满 200 米的地方；如果想寻找些刺激，可以沿着那些公路间的小径攀至火山顶端，虽然路途比较坎坷，但得到的体会也好很多，可以听见走在火山渣上脚底发出的沙沙声音。火山口边缘有铁栏杆围着，可以防止游人发生意外。站在火山口边缘上可以看清整个火山口的情况，火山口深约一百多米，由黄、红褐色的固结熔岩和火山渣组成。云消雾散后的火山口喘息着，左右岩壁石缝中仍冒出一缕缕青烟，好像在提示每一个造访者，维苏威目前虽在沉睡，但它的心脏还在跳动。

定睛细瞧时，你会发现这口大熔炉的底部不过是一些褐色沙石，酷似戈壁滩，没有任何生命的痕迹。而火山口外，火山溶液曾经流淌过的山坡上，早已黄花遍地生机盎然。在那不勒斯人眼里，维苏威火山既是一个毁灭神又是一个降福的菩萨，数世纪的周期性喷发给这片土地带来了毁灭也留下了生机。

登高远望，维苏威火山周边、庞贝遗址附近的十几个城镇尽收眼底，居民的房子从山脚下密密麻麻地往火山口推进，你不得不感叹人类和大自然抗争、共生时的伟大和无畏。

青松傲雪，巍峨壮观，奇美无比。

27 干城章嘉峰

雪神珍宝

超高的海拔、巨大的冰川、多变的气候让登山者望而止步，干城章嘉峰只将自己的容颜展现给那些真正的勇士。

地理位置： 尼泊尔与印度边界处

探险指数： ★★★★★

探险内容： 攀山

危险因素： 雪崩、冰崩、大风

Tips

干城章嘉峰上经常刮起七八级的大风，帐篷和物品在山上十分重要，一旦被大风刮跑很难寻回，很多登山者就是因为食物不足而距高峰咫尺却不得不放弃，所以，固定好帐篷、看管好食物等非常重要。

攀登干城章嘉峰极度危险，从加德满都开始有很多到喜马拉雅山脉各峰的徒步线路，游人如果不想冒险登山，进行山下徒步也是不错的选择。

尼泊尔是一个印度教王国，很多印度教的寺庙是不允许异教徒进入的。游客在进行参观前应进行查询，在获得许可进庙后，要脱鞋，还要脱掉身上任何皮制的东西，如皮带，皮包等。

一般来说，寺庙、佛塔、纪念碑都允许拍照，但拍照前最好问一下有关人员，获得准许后再拍照；那些和宗教相关的雕塑，切勿乱攀爬、乱踩。

在喜马拉雅山中段，尼泊尔和印度边界处，有一座海拔仅仅比珠穆朗玛峰低不到 300 米的高峰，它就是干城章嘉峰。无论从哪个角度来看，干城章嘉都有着宽阔巨大的山体。"干城章嘉"有"雪神五项珍宝"之意，它由一组巨大的山峰共同组成。

干城章嘉主峰高达 8586 米，坐落在三座海拔超过 8400 米的高峰中央，西侧有海拔 8483 米的雅龙刚峰，东侧的叫达龙康日峰，海拔 8476 米。无数年积累的冰雪在这些高峰之间形成众多山谷冰川，使得山势更为险峻，冰崩、雪崩频繁出没。加之这些山峰处于孟加拉湾暖湿气流控制区，降水量非常大，冰雪补给充足，东坡的热姆冰川长达 31 千米，面积 130 多平方千米，它的厚度达到 300 米。西坡有雅鲁冰川，西北坡还有干城章嘉冰川和普鲁尔冰川。这些冰川流动快，冰裂缝较多，给攀登者带来极大的困难。温和的湿热气流，遇到高山阻挡而上升到寒冷的高空，使得干城章嘉峰附近常常浓云密布，很难露出真面目。

干城章嘉峰的攀登历史很早。1955 年 5 月 25 日，英国登山队一行 4 人首次登上干城章嘉峰顶。1973 年，日本登山队开创了西南山脊路线，2 人登顶雅龙刚峰，可悲的是其中 1 人下撤时不慎跌入深谷遇难。1975 年，一支奥地利—德国登山队，从南壁登顶雅龙刚峰。1977 年 5 月 31 日，一支印度军事登山队，开创东北坡线路，2 人登上干城章嘉峰顶。1985 年的春天，一支南斯拉夫登山队首次由北壁登顶雅龙刚峰。

干城章嘉峰超高的海拔、巨大的冰川、多变的气候使其攀登极度危险。仅仅在下面远望，干城章嘉峰那些几乎 90 度的峭壁，就足以让大多数登山者望而止步。为了攀登上顶峰，人们不得不在那些光滑的冰壁上利用冰镐攀行，有些冰壁的长度达到上千米，中间几乎没有任何平坦的歇脚的地方，再加上山区多风，在六七级的大风中，一不小心或体力不支就可能滑下深不见底的深渊中。在挑战干城章嘉峰的过程中，无数勇士献出了生命，其中被誉为世界上最伟大的女登山家旺达·卢切薇兹就消失在干城章嘉峰的茫茫白雪之中。1992 年 5 月 12 日凌晨 3 点 30 分，旺达·卢切薇兹与另一位著名登山家卡索里奥结伴攀登。他们两人从 7950 米的四号高地营出发，准备登顶，当天路线上大部分地区都积了一层深厚的雪，大约 12 小时之后，卡索里奥登上干城章加峰顶；当他下山时，在大约 8200 米至 8300 米，他遇到了还未登顶的卢切薇兹，由于时间已晚，卡索里奥劝她下山。但卢切薇兹坚持登顶之后再撤退；在没有食物、没有足够装备的状况下，这是一个极为大胆的决定。然而，第二天山下营地的人并未等到成功登顶后返回的她，从此再也没有人见到这位人类有史以来最伟大的女登山家。

加德满都拥挤的建筑群，建筑中心的白塔似乎诉说着千年的沧桑。

1998 年 3 月 16 日，来自我国的一支高山探险队从拉萨出发，前往尼泊尔。4 月 1 日，探险队全员抵达孜让峡谷。其后，经过跋涉，我国探险队于 4 月 11 日登临贡布嘎那冰川，并建立了大本营，进行了庄严的升旗仪式。

凛冽的寒风呜呜作响，五星红旗在风中飘扬。队员们精神抖擞，豪气干云。望着远处的山峰，他们充满了信心。随后，队员们返回营地，安排具体的登山方案。5 月 9 日，他们于北京时间 3 点 50 分出发。黑夜中的雪山依然亮如白昼。队员们迈着沉重的脚步，一步一个脚印，坚强勇敢地向前走去。经过 10 多个小时的拼搏，他们登临绝顶。人类再一次把干城章嘉峰踩在脚下，鲜艳的五星红旗在风中飘扬。

在人类征服高山的过程中，充满了危险，甚至丢掉性命。然而，不管多么高的山峰，多么危险的道路，都不能阻挡人们登临山顶的壮志雄心。征服大自然，是人类天生的本性。当站在高山之巅，他们却不会得意忘形。因为不管征服了多少高山，在大自然眼中，他们都只是一个朝圣者。在山巅他们都撕掉虚伪的面具，怀着虔诚而敬畏的心。

霞光下的乔戈里峰凸显静谧、安逸。

28 雪山王子 乔戈里峰

朝晖染红了东方，仿佛光明在天边孕育，太阳还未露出地平线，雪峰、冰川已经被照亮了，它们像高高的灯塔，昭示着光明的来临。

地理位置：中国与巴基斯坦边境

探险指数：★ ★ ★ ★ ★

探险内容：攀山

危险因素：高寒、山势险峻、雪崩

Tips

攀登乔戈里峰的最佳时间是 7~9 月，此时山顶气温稍高，好天气持续时间较长，是登顶的好机会。

受山区气候条件的限制，大多数攀登队伍一旦进入乔戈里峰大本营，一般都得待上两个月，因此食品和燃料供应经常显得紧张，许多队伍不得不中途补充，补给线长，再遇上下雪，徒步上来很困难。所以进山时，应该带足够的食物、燃料及常用的药品。

各高山营地都建在陡峭的山坡上，山上经常刮风下雪，探险者应确保自己的帐篷牢固稳定，以保证安全。

喜马拉雅山脉、喀喇昆仑山脉、昆仑山脉、天山山脉相交于帕米尔高原，构筑出一片世界上最壮丽的景观。此处群山起伏，延绵逶迤，高峰如林，直插云霄；这儿渊深谷幽，林草茂盛，人烟稀少，湖泊如镜；这儿牛羊成群，熊豹盘桓，鸟群云集，鹰飞鹜翔；这儿有千年古道，万尺冰山，还有荒废的古城、勤劳的人们，这儿就是最接近天堂的地方。

帕米尔高原并不平坦，最显著的就是那些高大的山峰，它们如一个个巨人一样，背苍天，负白雪，岿然屹立，直穿云霄。这些高峰上覆盖着 1000 多条山地冰川，远望如银河垂天，站在山下仰望仿佛银龙飞降，惊魂夺目。冰川流水又汇为高原河流，时而溪水潺潺，蜿蜒不息，时而汇聚起来奔流激涌，冲过峡谷山崖，形成一道道急流飞瀑。

在这些高峰之中，最著名的就数乔戈里峰了。它是喀喇昆仑山脉的主峰，海拔高度仅次于喜马拉雅山。因其高度在世界十四座海拔 8000 米以上的山峰中列第二位，国外又称 K2 峰。

乔格里峰以其高大险拔被誉为举世无双的"雪山王子"；而在距其不远处就是慕士塔格冰峰，被誉为"冰山公主"。住在附近的塔吉克老人都会讲一个忧伤、美丽的故事。冰山公主和雪山王子相恋了，他们彼此拥抱在一起。然而，他们的爱情被嫉妒的凶恶天神看到了，凶恶天神用神力把两座相连的山峰分开，活活拆散了热恋中的冰山公主和雪山王子。冰山公主思念雪山王子，流下泪水化成冰川。雪山王子也想要和冰山公主在一起，为此他历尽了千辛万苦，终于感动了太阳神。太阳神利用神力把雪山王子化成一片彩霞。于是两位恋人再次拥抱在了一起。正因为如此，每当春秋两季，太阳下山之后，乔戈里峰上就会出现一片美丽的彩霞。

乔戈里峰附近的日出和日落显得格外壮观，黎明时，朝晖染红了东方，仿佛光明在天边孕育，太阳还未露出地平线，雪峰、冰川已经被照亮了，它们像高

鸟瞰乔戈里峰，云雾缭绕，独特的三角状，棱线是如此的和谐。

绵延的雪山峰，裸露的石块静静地见证这一刻。

高的灯塔，昭示着光明的来临。夕阳西下时，白色的雪峰渐渐被染成淡红色、淡黄色，它们在黑暗中遍体通明，如同内部装着灯光的巨大冰雕，让人感觉仿佛到了一个巨大的童话世界。

然而，对那些攀山探险者来说，乔戈里峰则显得有些冷酷，甚至无情。这里不仅地势险恶，而且气候恶劣，峰顶常年被浓雾笼罩。尤其到了每年的5月至9月，乔戈里峰迎来了可怕的雨季。此时，河水暴涨，洪流从高山间流下，夹着巨大的冰块、泥沙、滚石，发出雷鸣般的响声，听到的人无不心惊胆战，居住在这里的塔吉克人和藏族人都称这是山神的愤怒，用来警示那些妄想攀登乔戈里峰的人。而9月中旬以后至翌年4月中旬，强劲的西风凛冽而至，带来严酷的寒冬。峰顶的最低气温可达零下50摄氏度，最大风速可达到5米/秒以上，几乎被登山者视为禁区。

乔戈里峰峰巅呈金字塔形，冰崖壁立，山势险峻，在陡峭的坡壁上布满了雪崩的溜槽痕迹。北侧如同刀削斧劈，平均坡度达45度以上。从北侧大本营到顶峰，垂直高差达到了4700米，是世界上8000米以上高峰垂直高差最大的山峰。更可怕的是，这里气候变化无常，一日间多种气象交替出现，每3个小时变化一次，而且三天两头不是刮风就是下雪，即使利用高科技手段，也很难准确预测到山区的气象变化。据资料记载，乔戈里峰在历史上很少出现超过连续一周的晴好天气。

据说1881年曾有人登顶，但关于这次登顶的记载很少，很模糊。其后几十年，来自世界各地的探险家多次攀登，均告失败。1954年7月31日，意大利登山队2人一行从巴基斯坦沿东南山脊成功登顶，他们登山费时将近100天，也可以说这是攀登单个山峰登顶耗时最久的了。此后，又有无数人来到乔戈里峰前，准备登上这座"世界最难攀登"的山峰，但成功的很少，他们一些人在恶劣的气候、险峻的地形面前果断放弃了；还有一些人不幸葬身于雪崩、风暴、冰川暗缝之中。

无论什么时间、选择什么路线攀登乔戈里峰都是世界上最困难、最惊险的探险活动之一，如果你想挑战真正的极限，不妨到这里来试试吧！

山峰直插云海，林木茂密，远望宛如地毯。

29 夺命天堂 勃朗峰

勃朗峰的峰顶完全被白雪覆盖，四周的高山如众星拱月般地衬托着它。

地理位置： 法国与意大利边境

探险指数： ★★★★

探险内容： 攀山、滑雪

危险因素： 雪崩、高寒

Tips

在旅游旺季最好是早上 9 点之前就要到达缆车的始发点排队买票，因为这里的缆车在天气晴朗的时候人会非常多，不单单是游客，还有很多当地人。

3000 米以上的高山区风云变幻快，即便是预报全天晴天，在大多数情况下，中午以前天气十分晴朗，中午 12 点以后高山上就会开始积云，到傍晚可能就会下雨。想要一睹勃朗峰风采，最好时段就是上午 8 点至 10 点了，否则到了下午视野就有被云雾遮挡的可能。

勃朗峰，法语为"银白色山峰"，其地势高耸，常年受西风影响，降水丰富。冬季积雪，夏不融化，白雪皑皑，约有 200 平方千米被冰川覆盖，顺坡下滑，西北坡法国一侧有著名的梅德冰川，东南坡意大利一侧有米阿杰和布伦瓦等冰川。若是仅仅从海拔高度上看，在世界名山之中勃朗峰显得根本不入流，它的海拔高度仅仅 4810.90 米，和那些 8000 多米的高峰比起来，只能算个"矮子"。但作为阿尔卑斯山脉上的最高峰，因为美丽的风景、优雅的山下小镇和极佳的滑雪场所而成为全世界最著名的旅游、探险山地之一。

勃朗峰山峰雄伟，风光旖旎，为阿尔卑斯山最大旅游中心，景区中设有空中缆车和冬季体育设施，为登山运动胜地。攀登勃朗峰的历史很长，早在 1786 年，沙莫尼的一位医生帕卡德及其脚夫巴尔马特就征服过这座高峰；几百年来无数人登上勃朗峰之顶。然而，这绝不意味着攀登勃朗峰是轻而易举、毫无探险意义的事情。据法国相关部门统计几乎每年都有数十人在攀登这座美丽的山峰时遇难，这里多变的气候和频繁的雪崩成为探险者最大的杀手。

从山下观景台看，勃朗峰主峰并不是很险，相反在周围那些峭峻挺拔的山峰映衬下勃朗峰主峰倒显得十分平坦。而且在进行攀登时，探险者可以直接乘缆车、升降梯到达海拔 3000 米左右的位置，此时勃朗

峰峰顶似乎就在眼前了。但就是剩下的这么短的距离，却让很多人只能远望。勃朗峰不高的海拔，的确减少了攀山行程，但也增加了雪崩、冰崩的危险。那些位于峰顶的冰塔很容易受到来自大洋的暖湿气流影响，它们生长得更快，更容易从主体上崩裂；同时探险者脚下的那些积雪也更加的不稳定，很多探险家就是因为脚下的冰层忽然崩裂而同大块冰雪一同坠下悬崖而遇

云雾缭绕的勃朗峰下，小楼错落有致，环境清新而恬静。

难的。2012 年 7 月 12 日，勃朗峰地区曾发生雪崩，造成 9 名登山者遇难；2008 年 8 月 25 日的一次雪崩造成 8 名游客死亡；2006 年 8 月，两名瑞士运动俱乐部的登山者死于雪崩……所以也有人称这里是"夺命天堂"。

谈起勃朗峰，不得不说一下霞慕尼小镇。霞慕尼小镇是位于勃朗峰山谷狭长平原里的一个小镇，它的前面就是勃朗峰。如果要登勃朗峰，霞慕尼小镇是最佳起点。由于地理位置特殊，霞慕尼小镇还是在欧洲探险旅游的最佳逗留地。它连接着欧洲的公路网。去往意大利和瑞士仅需要 20 分钟。这里还拥有全欧洲最高的缆车站。这个缆车站位于"南针峰"，游客来霞慕尼而未搭乘此缆车，则有入宝山而空手回的遗憾。坐上缆车 3000 米的垂直高度只需要 20 分钟就可以到达。这里坐落着著名的勃朗峰观景台，观景台分几层向各个方向伸延，可以让游人从不同角度感受宽阔的视野，去欣赏高山上的风景。皑皑白雪，层层白云，美丽极了。似乎连呼吸进去的空气都是美丽的。宽广的视野，也会使人的胸怀变得广阔。整个人精神焕发，神清气爽。再向上 100 米，就可以很清楚地看到勃朗峰的样貌；峰顶完全被白雪覆盖，四周的高山如众星拱月般地衬托着它。

如果你喜欢滑雪，千万不能错过霞慕尼，这里有不同陡坡的雪道，

勃朗雪峰一角，晶莹剔透的雪漫山遍野，轻若薄纱、凸显细腻之感。

不管你是新手，还是大师，所有的滑雪爱好者都有无尽的选择。冬天的霞慕尼雪景辽阔壮丽，千里银装素裹让人跃跃欲试。

夏季，你可以徒手攀爬附近的山峰，也可以在山腰漫步，领略引人入胜的山峰与冰川，牵引索道在整个夏天开放，还有其他各种活动以满足所有人的需要。

霞慕尼小镇有许多购物点，在这里可以买到世界顶级的登山攀岩装备。小镇上的数百家商店营业时间普遍都很长，即使是淡季的周末也照常营业。对喜爱登山攀爬的人而言，此处无疑是他们的"购物天堂"。

除此之外，环勃朗峰越野跑是欧洲经典徒步比赛线路之一，也是全球公认最具挑战性、最残酷的耐力比赛，是极限越野跑爱好者的终极梦想，这里不仅考验运动员体能、更需要耐心、信心、徒步经验。

如果觉得生活太过平淡，那么就想办法抽出一些时间来勃朗峰吧。这里是放飞心灵，开阔胸怀，释放工作压力的最佳选择。

俯视尼拉贡戈火山口，炽热的岩浆如同沸水一般，火山口上空雾气缭绕，如同仙境。

尼拉贡戈火山

最危险的活火山

30

从空中俯视尼拉贡戈火山口，你会发现它特别像一口锅，红色的岩浆在这口大锅中翻滚着，冒出腾腾热气。

地理位置： 非洲刚果（金）

探险指数： ★★★★

探险内容： 攀登火山，欣赏熔岩湖

危险因素： 火山喷发、有毒气体

Tips

除非你是专业的探险人士，否则只能在山顶上观看尼拉贡戈火山口，进入火山口需要专业的器材和经验，同时也意味着要面临更多的危险。

尼拉贡戈火山口周围并没有防护栏杆，所以游人前去参观时一定要和崖壁保持足够的距离，尤其是在夜晚，时刻注意脚下是非常必要的。

游人在选择旅游前应仔细查询当地最近的形势，在选择旅游线路时也要下一番功夫，最好聘请一个正规旅游机构中有经验的导游。

尼拉贡戈火山是非洲中东部维龙加山脉上的活火山，进入 20 世纪中叶以来，它多次喷发，造成了人类大量的伤亡。在尼拉贡戈火山口底部，有熔岩平台和熔岩湖。从空中俯视尼拉贡戈火山口，你会发现它特别像一口锅。锅内正在煮食物。红色的岩浆翻滚，冒着腾腾热气。拉近距离去看，那种美能震撼你的心灵，让你对大自然顶礼膜拜。当岩浆从火山口流出来，在山体上画下一幅火红色的画卷，好像凤凰的尾羽，美丽极了。正如美丽的玫瑰有刺一样，美丽的岩浆也会对人类造成灾难。尼拉贡戈火山曾经在 1948 年、1972 年、1975 年、1977 年、1986 年、2002 年发生过猛烈喷发。其中，1977 年 1 月火山喷发，在近半小时内共造成约 2000 人死亡。

在最近一次的喷发中，近 10 万名戈马市人民被迫逃离家园。汹涌的岩浆从尼拉贡戈火山山坡上的三个裂口处流出。炙热的岩浆摧毁了大量的房屋。几乎所有的基础设施都遭到破坏。自来水供应减少，很多人无饭可吃。在逃离城市的路上，有很多孩子与父母走散。

戈马市是刚果民主共和国东部的旅游城市。它在基伍湖北岸，建立在火山爆发后形成的坦平岩石上。背山面湖，风景优美，尤以火山风光著称。登上戈马山峰，既可俯视全市，附近的平湖、奇洞以及壮观的火山景色，也都一目了然。然而这座城市却很危险。尼拉贡戈火山随时威胁着当地的居民。

如果说尼拉贡戈火山是最危险的火山，那么戈马市则是最危险的城市。有科学家担心，戈马市早晚会重蹈古城被火山岩浆淹没的覆辙。虽然现代科学技术已经很发达，但依然控制不了火山的喷发，甚至连尼拉贡戈火山何时再次喷发也无法预测。

虽然面临着火山的威胁，但是戈马市依然是一座繁华的城市。漫步在街头，到处可以看到各种各样的人群川流不息。火山灰带来了丰富的营养物质，这里的植物生长的特别茂盛。背靠着粗壮的大树坐下来，看着远处的火山，想着大自然的神奇，也是一种享受。或者坐在茶馆里，喝着当地生产的茶叶，看着来往的人群，沉浸在宁静之中。或者带着鱼竿，到湖中垂钓。沐浴着阳光，微风吹来，湖面波光粼粼。

火山的周围是维龙加国家公园，也是一座天然动物园。公园地处东非断裂带内，四周为环山的天然屏障，霍温第河蜿蜒流过。这里有很多野生动物。人们可以乘坐观光汽车在公园里游览。在阿明湖边的渔村里，人们还可以品尝刚钓上来的鲜鱼。其中的基伍湖是中部非洲最高的湖泊，由断层陷落而成。湖中有

正在喷发的尼拉贡戈火山，炽热的岩浆如同沸水一般，直冲天际，奇特而壮观。

许多岛屿，湖岸多岩石，比较崎岖，湖岸线北部较平直，南部多湖湾。这里有一个特异的现象，湖水一点就着——这是因为湖底含有大量的沼气。

1960 年由哈伦·塔·捷耶夫拍摄的纪录片——《魔鬼的高炉》给观众留下了深刻的印象，该影片首次向公众展现了尼拉贡戈火山坑深处翻腾的熔岩湖壮观而惊险的场景，看过该影片的许多观众都梦想能够在世界上最大的熔岩湖岸边走一走。2010 年 6 月，一个由科学家和勇敢的探险者组成的团队深入尼拉贡戈火山坑深处，沿着沸腾的熔岩湖边进行考察和探险。摄影师奥利维尔·格鲁内瓦尔德在距离熔岩湖岸边不到 1 米的范围内拍摄了大量精彩的特写镜头，这些照片展现了《魔鬼的高炉》神秘、壮观的画面。这些科学家、摄影师的工作，激起了世界各地探险家的热情，很多人穿洋过海来到尼拉贡戈火山脚下，他们穿越山下茂密的雨林，攀上陡峭的山顶，沿着绳索进入危险的火山口中，踏着冷却的岩浆，近距离观察熔岩湖的奇观。那种沸腾的大地精华，流淌的赤红岩浆，跳跃的熔炉精灵让所有看到它的人都深深地震惊，尤其是在夜晚时，四周被黑暗笼罩，只有火山口中心的岩浆湖泛着血红色的光芒，让人感到仿佛来到了电影中的魔幻世界。

然而，来这里探险却是充满着种种危险，没人能推测火山会什么时候喷发，探险家们可以说是在死亡的深渊上观看这一奇观的。此外，那些有毒的烟雾也曾毒死过数十人的生命，然而探险者都知道，旅途中不仅有美丽的风景，也充满了未知的危险。他们尽情地在危险到来之前，欣赏风景，享受生命旅途的每一刻！

火红的山头矗立在蓝天白云下，山脚下翠绿的小草点缀其间，奇美无比。

31 阿空加瓜山

永久的梦境

如果你喜欢高山探险，不妨向这位"美洲巨人"挑战一番吧！

地理位置： 阿根廷

探险指数： ★★★★★

探险内容： 攀爬火山、观看冰川

危险因素： 雪崩、悬崖绝壁

Tips

并不是谁都可以攀登此山，为了防止人们盲目地挑战阿空加瓜山，造成无谓的伤亡，阿根廷政府规定，通常只有持登山许可证的登山运动员才被允许登山。如果你想攀登阿空加瓜山，你首先需要获得一个得到当地政府认可的登山许可证。

除了攀山，阿空加瓜山脚下的温泉浴场和旅游小镇都很有名，而且他们面向所有的游客开放，所以即使没有攀登高峰的机会也能在这里找到无限的乐趣。

阿空加瓜山区气候多变，遇到风雨天气较多时，游人可以在乌斯帕亚塔镇等待天气好转后再上山。

大自然一直不曾停息，造山运动也一直没有停止。在千百万年前，阿空加瓜山横空出世，它一次次地喷出心中的怒火，熔岩在地表上凝结，火山灰一层一层地积累。随着山势的抬升，阿空加瓜山的海拔越来越高，降落在山顶的雪花、雨水开始冻结成冰川，而它也进入了永久的梦境。

阿空加瓜山，是世界最高的死火山。它是由安第斯山脉的造山运动形成的，主要坐落在安第斯山脉北部，峰顶在阿根廷西北部门多萨省境内。

来到阿空加瓜山探险的游客，一般从维利亚西奥开始他们的征程。维利亚西奥村是距离阿空加瓜山不远的一个风光美丽的小镇。小镇的街道蜿蜒曲折，在周围群山的掩映下，有一种安静、孤独的美。白天，小镇上到处都是准备攀登阿空加瓜山的登山者，他们购买入山的行头、食品，互相探讨进入高山探险的技巧、经验，在茶余饭后闲谈着阿空加瓜山探险的种种传闻、趣事。当夜色降临之时，一天的喧嚣都已经过去，所有的探险故事都退到幕后。街道上的行人也渐渐消失，小镇逐渐进入睡梦之中。但那些酒吧中，精力旺盛的探险家正在狂欢，对高山充满幻想的初来者，听着已经攀上过高山的人半醉半醒地"吹嘘"着精彩的攀山行程，那些让人心惊胆战的雪崩、冰崩、坠崖

事件在他们的口中都轻描淡写而过，换来周围一阵阵崇拜的欢呼声。

阿空加瓜山的攀登过程并不是枯燥无味的，除了高山风景、冰川景观外，线路上还分布着众多历史遗迹。沿途的第一处重要历史遗迹是卡诺塔纪念墙，当年何塞·德·圣马丁就是从这里率领军队越过山脉去解放智利和秘鲁的。

在海拔 2000 米左右的地方有乌斯帕亚塔村。村子附近有当年军队砌成的拱形桥、皮苏塔桥以及兵工厂、冶炼厂等遗址。再往前行就到了旅游小镇乌斯帕亚塔镇，这里旅游设施齐全，十分繁华，风景也很优美。

从乌斯帕亚塔镇起，海拔已达到 3000 米左右，经过瓦卡斯角小站，可以看到一座天生的石桥——印加桥。印加桥附近有一组高大的岩石峰，形如一群站立忏悔的人群，当地的印第安人称其为"忏悔的人们"。

过了印加桥，西行不久，是海拔 3855 米的拉库姆布里隘口。这里矗立着一座耶稣铸像，铸像面朝阿根廷方向，建于 1902 年，是阿根廷和智利为纪念和平解放南部巴塔哥尼亚边界争端签订《五月公约》而建立的。铸像高 7 米，重 4 吨，它的基座上铭刻着：此山将于阿根廷和智利和平破裂时崩溃在大地上。

一般情况下，攀登高峰都是从北面开始，因为北坡比较容易攀登。其实阿空加瓜山从四面都可以攀登。有专业登山证的人，一般情况下不需要氧气瓶就可以登临山顶。这座山峰虽然很高，但对专业人士来说用不了多久就能登临绝顶。可对大多数探险界的人而言，攀登它还是需要一定的登山技术和耐力的，他们需要背着沉重的登山器材，在险峻的道路上前行，还要时刻看地图来避开最危险的路段以及躲避那些可能发生崩塌危险的巨大冰川冰舌。

对登山者来说，最好选择设在不同高度的登山营地。这些营地沿着登山线建设，可为登山者提供躲避暴风雪的木棚屋。在这些木棚屋中他们可以补充体力，休整好后再向下一段路途发起冲锋。

登山者通常在印加桥出发，较为艰难的攀登路线是由南面登顶，因非常陡峭。在海拔 3962 米有登山队的第一站营地，这里建有木棚屋，这些木棚屋在登山沿线建了不少，供登山者休息和躲避暴风雪，在海拔 6500 米处有最后一个棚屋，这也是登山者的最后营地，这里距离顶峰 459 米，是最难征服的一段路程，至少要花费 7 个小时才能达到顶峰。2005 年，曾经有两位经验丰富的法国探险家，在这里遇上暴风雪而失踪，至今一直没有任何消息。

第一个登上阿空加瓜顶峰的人是马蒂阿斯·朱布里金，他登峰成功的时间在 1897 年 1 月 14 日，此后，无数登山爱好者向阿空加瓜山挑战，试图征服这座"巨人"。历史上最快的登顶时间为 1991 年所纪录的 5 小时 45 分。随着来到阿空加瓜山的探险者越来越多，不知道这个纪录还能保持多久？如果你喜欢高山探险，不妨向它挑战一番吧！

高耸的山峰直插云霄，山峰上白雪皑皑，阿空加瓜山自古就是登山爱好者的理想之地。

火山脚下是芳草如茵的世界。

32 阿苏山

火山口中藏草原

巨大烟团，从火山口腾空而起，与天边的云衔接得天衣无缝。

地理位置：日本九州

惊险指数：★★

探险内容：游览火山口公园、观看喷火口

危险要素：悬崖峭壁

Tips

阿苏山是一座活火山，当地有严格的监控系统，如果火山口的硫酸浓度超过警戒线，景区就会关闭，停止参观。

参观火山口时，为了避免吸入有毒气体，一般旅游机构会提供特殊的口罩，如果没有提供，游客可以在公园的商店里自行购买。

日本的电压为 100V，插座为 A 型，使用美标插头转换器转换。如果自带的相机、录像机等电池充电器不是 110~240 伏特兼容的，无法使用。

提到日本的火山，人们会一下子想到富士山，其实在九州岛的中部，还有一座景色壮丽却与富士山截然不同的火山——阿苏山。如果你游览过富士山，那么在阿苏山上，你能体会到不同的感觉。相比于富士山，阿苏山更多了一种魅力和风情。在这里，绿草如茵，形成一个大草原，你可以骑马驰骋；在这里，你可以乘坐索道车，观赏活动的火山口；在这里，你还可以看到绿油油的馒头山，还可以在结冰的湖泊上溜冰。

阿苏山是日本著名活火山，以大型的复式火山口闻名于世。在阿苏山火山口外是外轮山，其内侧多悬崖峭壁，熔岩裸露；外侧地势较缓。人们可以登上外轮山北侧的大观峰，眺望阿苏山全景。大火山口内多温泉、瀑布，风光绮丽，辟有阿苏国立公园，周边还有许多以自然为主题的休闲设施，每到旅游旺季及周末，这里的游客摩肩接踵，络绎不绝。

在这个公园里，人们可以欣赏到阿苏山独特的风景。这里遍布着观光景点和休闲场所。建设有火山研究所、阿苏山气象站和阿苏神社。这里的交通也很方便，有铁路和公共汽车从这里经过，还可以乘坐空中索道车观赏阿苏山景观。在上山的路上，你可以看到已经停止喷发的古老的袖珍式的火山口，它上面布满了青草，像一个绿油油的馒头，非常壮观。

阿苏山是由中岳、高岳、杵岛岳、乌帽子岳、根子岳组成，总称阿苏五岳。五万年前阿苏火山群结束猛烈喷发后，火山熔岩覆盖整个区域，经过多年侵蚀冲刷而形成全世界最大的火山洼地。在众多的层状火山和火山渣锥中只有中岳的火山活动有历史记载。在日本第一次有文字记载的火山爆发是在中岳，爆发时间为 553 年。从那以后，中岳已经爆发了 167 次。中岳火山口直径 600 米、深度则为 130 米。滚烫的

熔岩温度高达 1000 摄氏度，相当炎热，火山口周围寸草不生，与周边高原一片葱绿形成强烈对比。乘坐索道车可以登上喷火口附近，喷火口冒出的硫黄味气体，犹如地球呼吸一般。靠近喷火口看到那烟雾升腾的样子，好像火山马上就要喷发，令人恐惧不已。火山口周围修建了长长的一条栈道，游客从缆车下来，还没到栈道边，就可以看到围栏前面腾起的巨大烟团，它们腾空而起与天边的云衔接得天衣无缝。

阿苏山顶一般都会有较大的风，将那股从火山口里喷发出来的烟雾吹得到处都是。根据烟雾的大小，可以判断火山活动的剧烈程度。在缓和的时候，栈道上甚至看见火山口径里湛蓝的内湖；然而在火山活动剧烈的时候，能看到的就只有浓密的烟雾了。

走在烟雾弥漫的栈道之上，常让人觉得仿佛是在云雾当中，很虚幻。周围的那些石头泛出各种不同的颜色，有蓝的、有黑的也有红的，形成一道独特的景色。火山口旁的低洼地里聚满焦油，透出诡异的绿色与红色。

风光潋滟的河水，一股清泉从山石间倾泻而下，蔚为壮观。

阿苏山地区旅游发达，夏秋之际游人可以在公园内的大草地上骑马驰骋，观赏"天苍苍，野茫茫，风吹草低见牛羊"的草原景观；到了冬天这里就变成了优良的滑雪场、溜冰场，是学习滑雪、滑冰的极佳场所。草地周围的山间生长着层层叠叠的树林，站在山上还能依稀看见山谷下的村庄与田地，晴天时蓝天白云，青山翠林相互点缀，任何一个角度都可以作为明信片风景。

阿苏山的半腰上是著名的阿苏农场，农场与自然融为一体，循地势错落山谷之中，一幢幢造型独特的圆拱状农庄如同嵌在群山之中的白色珠玉。阿苏农场以本地的自然、文化、健康、食品为主题，展示各式各样的阿苏名产及熊本县特产，游客可自费参观各样展示馆。

这里旅游设施很齐全，但很多喜欢探险的游人，离开缆车、离开公路，背着背包在草地、灌木、森林中穿行，他们说这样才能体会到真正的攀山乐趣，这样才能看到阿苏山最不为人知却又最美的一面。也许阿苏山真正的魅力，只有他们才知道。

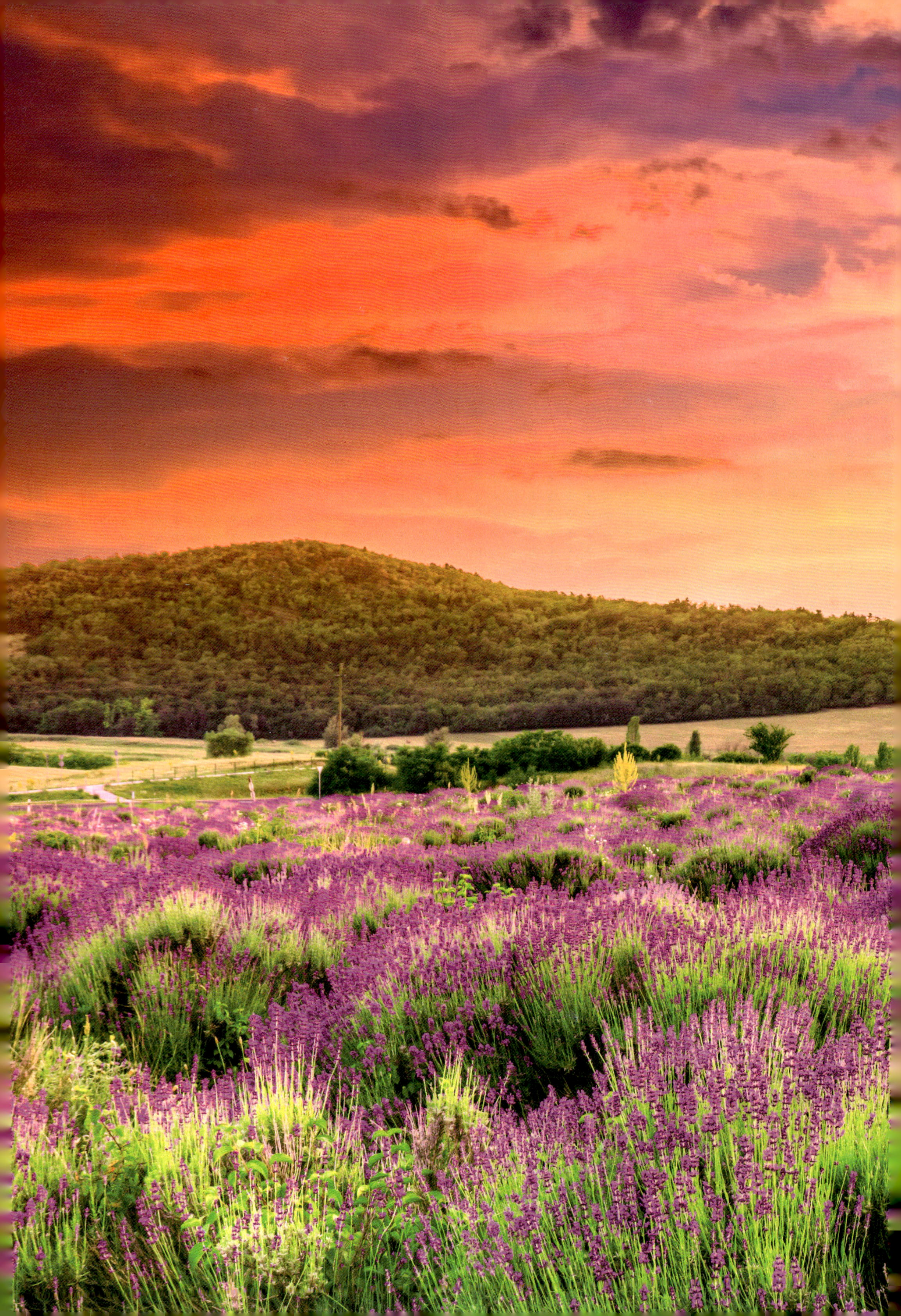

第三章
岛屿探奇

　　茫茫大海中藏着无数岛屿，因为和大陆分离，很多岛屿形成了和外界截然不同的景观。有些岛屿上生活着远古遗留的巨兽；有些岛屿上毒蛇遍布，有些岛屿是鸟类的天堂，有些岛屿被鲨鱼、食人鱼所环绕，还有些曾经是海盗们的秘密根据地。在平淡的世界中生活太久，是否开始幻想鲁滨逊那种孤独的漂流生活。扬起帆出发吧，去那些岛屿上寻找灵魂的自由，心灵的宁静！

美丽的可可岛葱郁的树木，高耸的岩石，碧蓝的海水凸显几分神秘。

33 可可岛
海盗的藏宝地

可可岛附近的海域被称为航海家的噩梦，翻滚的海水、密密麻麻的暗礁、多变的气候令无数想在这里停歇的船只触礁沉没。

地理位置：哥斯达黎加西岸

探险指数：★★★

探险内容：攀岩、蹦极

危险因素：山路陡峭

Tips

根据哥斯达黎加政府的规定，游人在可可岛上停留时间不得超过 12 天，每名游人必须每天交纳 15 美元的税金；船只的停泊每天也需要交纳 100 美元左右的费用。

哥斯达黎加，官方语言是西班牙语。大多数人不会说英语，沟通起来有一定困难，所以有一个懂汉语或西班牙语的翻译十分重要。

可可岛附近全年温度为 20~30 摄氏度，非常舒爽。没有分明的四季区分，只分旱季和雨季。雨季时，淅沥沥的小雨不断，如果此时前去，出门时记得带上伞；哥斯达黎加紫外线强，不想晒黑的游人，防晒霜是必备品！

在距离哥斯达黎加西海岸大约 550 千米的大洋中，有一座孤零零的小岛，这个小岛大致呈矩形，面积不到 24 平方千米，但它却是世界上最著名的小岛之一，这就是可可岛。没有人在可可岛上长期定居过，因此茂密的岛屿丛林中成了鹿、野猪、野猫和老鼠的天堂。

可可岛的周围暗礁林立，岛屿东部有高达 180 米的悬崖峭壁，如屏障般立在滔滔海水之中。在 18 世纪以前，可可岛附近的海域成为航海家的噩梦，翻滚的海水、密密麻麻的暗礁、多变的气候令无数想在这里停歇的船只触礁沉没。正是因为这样，被暗礁、峭壁围绕的可可岛易守难攻，成为海盗们的秘密基地。

1821 年以前，利马是南美洲西班牙殖民活动的中心。秘鲁民族英雄玻里瓦领导的革命军即将攻入利马，利马的西班牙贵族们惶惶如丧家之犬，于是将掠夺的金条银砖、财宝玉器送上"玛丽"号双桅船，准备运往西班牙。这艘船属于爱尔兰船长汤普森。当时西班牙的军舰、运输船只大多被革命军击沉，西班牙人不得不雇用一艘私人运输船只。但面对如此多的金银珠宝，船长汤普森和他的手下们财迷心窍，遂生邪念，半路上把西班牙人全部杀死，私吞了全部宝藏，据传他们将这些宝藏藏在可可岛的一处山洞内。

而后，汤普森和他的水手干脆做了海盗，但他们杀死西班牙总督私吞宝藏的事很快暴露了，西班牙派出了大量军舰来追寻他们的下落。这些海盗很快就全部被海军抓住了，在严刑之下他们都交代了所犯下的罪行，但宝藏的埋藏地点只有汤普森船长一个人知道，他想和西班牙人做个买卖，用那些财宝换取他和他手下水手们的性命，但愤怒的西班牙人毫不犹豫地拒绝了。他们早已查明，汤普森船长的秘密基地就在可可岛上，那么一个小岛，藏着如此巨大的一批宝藏，西班牙人完全相信无论海盗们交代还是不交代，凭借自己的力量都可以找到宝藏。

于是他们处决了所有海盗。也许是不甘心那么多宝藏永远被埋藏在山洞中，汤普森船长在死前留下了一张藏宝图。图中暗示，财宝就藏在可可岛上，夕阳西照下有一陡峰会映出一只鹰影，财宝即藏于鹰影与夕阳中间的一个有十字架标志的洞穴中。

西班牙人在处决这些海盗后不久就对可可岛进行了大规模的搜寻，他们砍伐树木，挖掘所有可能埋藏大量物品的沙滩，甚至潜入附近的水下寻找，但找了几年一无所获。他们既没有找到财宝，也没有找到一点和汤普森船长的藏宝图上有关的鹰影和十字架。于是，不得不放弃。但可可岛上藏着大量宝藏的消息却不胫而走，被世界各国的探险家、寻宝者们得知。

有关藏宝的资料和秘密被一代代地相传，几百年间增添了更多的神秘色彩。许多探险者花费毕生精力，几次三番地去岛上探寻，先后有近千支寻宝队登上这个岛寻宝，但都无功而返，至今汤普森将巨宝藏于何处仍是一个未解之谜。

1978年，哥斯达黎加政府以挖宝会破坏生态环境为由，封闭了可可岛，禁止任何人挖掘。如今，可可岛附近建立起了可可岛国家公园，哥斯达黎加政府十分重视当地旅游业的发展，建立了很多旅游设施，开辟了完备的旅游路线。可可岛上的蓝天、海水、沙滩都是一级棒的，岛屿之上更有着品种繁多芳香四溢的鲜花，全岛为葱郁的常绿阔叶林覆盖，壮观的瀑布从山壁上直泻蔚蓝大海，景色优美。在这样天堂般明媚的地方，游人无论选择什么样的屋子居住，都能感受到心灵的宁静，精神的放松。

同时，作为太平洋东岸唯一的热带雨林岛，这里也成为世界各地尤其是美洲探险家们的丛林、岛屿探险胜地，每年都有成千上万的探险者来到这个小岛上，在那些浓密的雨林间寻找刺激，寻找是否有传说中的汤普森的藏宝图上的标志，或是雨林中是否有远古生物——很多人相信，《侏罗纪公园》里的伊斯拉·纳布拉尔岛原型就是可可岛。除了雨林穿越，那些临海的悬崖成为速降、蹦极运动的极佳场所。从100多米高的悬崖上自由落下，在海面上掠过，看着海中的倒影忽然迎面而来，又呼啸着远去，想想就让人心动。此外，冲浪、潜水在可可岛都是常见的运动。

作为一个探险胜地,可可岛绝对不会让任何人失望！

可可岛上暗礁随处可见，海水汹涌地吞噬着海边的岩石。

林木葱郁的鳄鱼岛，开阔水流中，极有可能有嗜血怪兽。

34 兰里岛

鳄鱼沼泽

这里有美丽的沙滩，也有神秘的沼泽；有清风碧浪，也有嗜血怪兽……

地理位置： 缅甸若开邦

探险指数： ★★★

探险内容： 穿越鳄鱼密布的红树林

危险因素： 鳄鱼

Tips

若开海岸依山傍水，风景十分优美，阳光充足，气候宜人，是理想的天然浴场和避暑胜地。

在穿越鳄鱼遍布的红树林时，不可轻易去招惹那些庞然大物，它们虽然有着看似笨重的身体，但实际上反应十分灵敏，短距离爬行飞快，挑逗、戏弄它们将是可怕的错误。

岛上医疗设施简单，游人旅行时最好携带常用药品，止泻药、退烧药、消炎药都是十分有用的。

提到兰里岛的名字，很多人可能不知道，但喜欢历史、探险的读者一定听到过"鳄鱼岛"这个地方，这就是兰里岛。这座岛屿位于孟加拉湾东岸，隶属于缅甸若开邦，是缅甸第一大岛，总面积达到 1350 平方千米。兰里岛最近处离大陆仅 30 千米左右，岛上遍布红树林沼泽，这些沼泽是鳄鱼们的天堂，据统计鳄鱼的总数量达到上万头。

提到兰里岛，不得不提到第二次世界大战时期著名的"兰里岛之战"，也有人称其为"鳄鱼岛之战"。1945 年 2 月 19 日，在孟加拉湾海域巡逻的英国舰队截击了一支企图撤回日本的军舰队，双方展开了炮战，由于英军舰队力量远胜日舰，不一会儿，日军的几艘护航炮艇就被击沉了。载有 1000 多名日军的两艘运输船，不得不逃遁到兰里岛附近登陆。日军以此岛屿为阵地与英军展开了激烈战斗，激战到傍晚，英军还是无法取胜。

于是英军用舰队封锁兰里岛，各舰的指挥官都到指挥舰上，研究制定第二天的作战方案。夜黑时突然舰上执勤人员报告，岛上日军发出激烈的枪声和喊叫声，可能在与其他同盟军部队战斗。指挥官询问部下获知并未与其他盟军部队联系上，也不太可能有友军部队在未通知他们的情况下突袭日军。于是舰队指挥官下令派遣一艘小艇去调查情况。

次日早上，东方发白时，侦察小艇返回指挥舰报告，说岛上日军已死，且有很多鳄鱼。于是英国军队登岛，他们惊恐地发现，日军驻地完全被鲜血染红了，到处都是被撕碎了的日军尸体，就连这些久经战场的英国士兵们也忍不住呕吐起来。在这些日军尸体中间，还躺着上百只被击毙的鳄鱼。英军搜索了整个岛屿，仅仅找到了 20 名幸存下来的日军士兵，但这些幸存者已精神崩溃。

原来，那些鳄鱼在白天时可能被英日军队的炮火声吓着了，藏在水中，日军没有发现他们。而天黑以后，潮水退去，日军中受伤人员的血腥味引来了大群鳄鱼的凶猛袭击，疲惫的日军在黑暗中根本没有想到，此处藏着这么多冷血、凶猛、强大的猎手，他们虽然拼命用机枪、步枪向鳄鱼射击，但还是招架不住，以致全军覆没，900 多人葬身鳄腹。

后来，据那些日本幸存的战俘回忆，日军在和英军战斗后，既绝望又疲惫，除了少数哨兵，大多数人在树林、灌木之间找到一块较为干燥的地方就倒地而睡。半夜时，他们忽然听到哨兵的呐喊，其间夹杂着呼号声，日军以为英军前来偷袭，立刻准备战斗，但他们惊奇地发现，敌人居然是一群群巨大的鳄鱼，长达数米的凶残猎手源源不断地从水中爬出来，趁着黑暗向日军阵地扑来，巨大的身体坚硬如皮甲，机枪扫射都很难杀死他们，更何况在黑暗中，日军根本看不清它们在哪就被扑倒，咬碎。最后很多经历过血战的军人都绝望了，他们用手枪结束了自己的生命，或是抱着手榴弹和扑上来的鳄鱼们同归于尽。黑暗中到处都是痛苦的呻吟，绝望的呼喊声……

如今，那场事件已经过去了几十年，兰里岛也变成了著名的旅游探险胜地，但鳄鱼们还是岛上最重要的居民。据说那些红树林沼泽中，平均几米远就有一条巨大的鳄鱼，如果向水中抛一条鱼，立刻会从看似平静的水面下冲出来十几张长满利齿的巨嘴，让人不寒而栗。正因为这样，从兰里岛上穿越是最能考验人

应变力和勇气的一项探险活动。

当然，除了那些危险的鳄鱼，兰里岛上也有很多优美的风景，尤其是在岛屿东南侧的居民点附近，柔和的沙滩、美丽的椰树、光洁的大礁石、清风轻浪取代了布满鳄鱼的红树林沼泽，游人可以在这里享受美丽的阳光，可以进行各种沙滩运动，可以在海风中冲浪，可以在世外桃源般的小镇中观赏当地歌舞，品尝传统的东南亚美食。走在椰林之中，清风拂面，耳边充盈着寺庙里传来的梵音，看着天真无邪的渔村小孩子在沙滩上嬉戏、追逐，你会不由得发出感慨，"鳄鱼岛"这个令世界探险者都心惊的岛屿，竟会有如此安静祥和的地方，竟会有如此美丽悠闲的一面。

据说在灌木林沼泽中，平均几米远就有一条巨大的鳄鱼。

毛伊岛海滩景色宜人，每年都有大批的旅游爱好者前来探索。

35 彩色火山口

毛伊岛

火山顶庞大的休眠火山口像一个彩虹色的大锅，由于视错觉似乎每分钟都在改变颜色。

地理位置： 夏威夷群岛

探险指数： ★★★

探险内容： 攀爬火山、丛林穿越

危险因素： 毒蛇、火山

Tips

在毛伊岛看日出，需要注意保暖，虽然毛伊岛四季都是夏天，但是山顶温度较低，特别是日出之前。

毛伊岛有很多优美的海滩，如红海滩——沙子因富含铁元素而呈现红褐色、黑沙滩——沙滩呈现出独特的黝黑光泽、卡纳帕利海滩——休闲和水上运动的好场所，游人可以根据自己的爱好选择。

当地的传统歌舞很有特点，如果有条件不妨在晚上参加一场充满激情与野性的篝火歌舞晚会。

每个探险胜地都有它独特的魅力，巍峨的高山、湍急的水流、茂密的丛林、无垠的草原、广袤的戈壁沙漠……很多人在世界各地奔波，只是为了寻找这些不同的刺激，感受大自然各具特色的面孔。然而，夏威夷的毛伊岛，却是个集聚多种景观，可以进行多种不同探险内容的旅游胜地。在这里，你能找到巍峨的山峰，在攀爬中体会身临白云上，一览众山小的豪情；你能在那些茂密的热带雨林中穿越，感受生命的怒放；你能潜入长满珊瑚的大海之中，观赏另一片美丽的世界；你能在宽广的山间、沙漠戈壁间骑马奔行，在运动中得到挥洒生命的激情；你能看到山崖上泻下的白练般的瀑布，而不远处就是洁净的沙滩；你能发现美丽的 16 世纪小镇，能看到鲸鱼们在落日的余晖中跃出水面……

毛伊岛是夏威夷群岛中的第二大岛，这里气候适宜，景色优美。岛上居住着 6 万多人，既有近代、现代的文明，也能看到原居民古老的风俗遗韵。

位于毛伊岛西北方的捕鲸镇是这里著名的景点，至今小镇还保留着 16 世纪刚刚建立时的景象。这里曾是昔日的捕鲸基地，而今也是毛伊岛历史及商业中心。在"捕鲸镇"的街上可以看到整排完整且深富古味的矮小木造建筑，在此漫步，可谓人生一大享受。每年 11 月开始，在"捕鲸镇"码头可以远眺海上的鲸鱼，极为壮观。在毛伊岛赏鲸，成功几率相当得高，有时候甚至不需出海，只要顺着沿海公路开车，就有机会望见鲸鱼群远远地在海面上现身。不过，如果真想近距离接触它们，当然还是得搭乘赏鲸船出海观赏才过瘾。赏鲸船大多能容纳约百人，出海时，赏鲸船都会特别安排相关专家在甲板上进行生动精

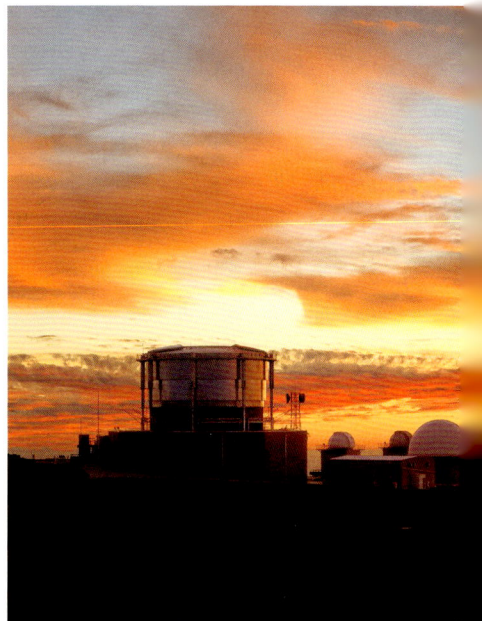

彩的鲸鱼生态解说，让游客对鲸鱼的习性有基本的认识。

在捕鲸镇上，坐落着一栋木造二层楼饭店，虽有百年历史却维持原有古旧风貌。还可以看到早期中国移民所建造的致公堂，堂内展示中国人的生活方式和历史文物，这里还有早期牧师来到此地所住的房子，颇具特色。镇上有环绕市区的红色双层巴士，可以免费载你到"捕鲸镇"车站。

岛上最著名的旅游胜地是哈雷阿卡拉火山，火山

毛伊岛海岸线狭长，辽阔的大海、璀璨如金的沙漠，宛如人间圣地。

顶庞大的休眠火山口是一个彩虹色的锅穴，由于视错觉似乎每分钟都在改变颜色。火山海拔 3055 米，从岛上任何地点都能看到它优雅的山坡。成群的火山口交会一处，游客可以租车沿公路开到顶上，在那里你会感到自己好像已经离开了地球，站到了月球上一样。"哈雷阿卡拉"在夏威夷语中意为"太阳之屋"。这里有着多种多样的自然环境。你可以在哈雷阿卡拉最高峰顶旅行，在云端徒步，在世外桃源般的沙漠中骑马。随着公园向海岸延伸，逐渐降到海平面高度，你甚至还可以探访遍布瀑布和溪流的青翠的热带雨林。很多游客和当地人早起开车到哈雷阿卡拉游客中心，这里是日出的最佳观赏地。在晴朗的早晨，在哈雷阿卡拉山顶看日出是终生难忘的经历。同样壮观的还有哈雷阿卡拉的日落和星光灿烂的夜晚。尤其是黄昏时分，站在哈雷阿卡拉火山顶端，在云海之上目睹太阳缓缓落下，沉入天际线，壮丽非凡。在鲸鱼洄游的季节，能目睹十几米长的鲸鱼跃出拉海纳海岸。

去毛伊岛一定要带两季服装。爬"太阳之屋"要穿冬装，因为山高，终年高处不胜寒；去"捕鲸镇"穿夏装，那里几乎常年都"热得不得了"。行驶在毛伊岛的公路上，不经意就能发现丛林间挂着美丽的瀑布。毛伊岛的美景是名副其实的"风景如画"。

夏威夷毛伊岛哈雷阿卡拉火山壮丽的落日景观。

蓝天白云与海水相接，远看茂密的山林如同屏障美丽而壮观。

屋久岛

36 植物王国的海滩

置身于这些树林之中，绿叶浓茂，遮天蔽日，山上流水潺潺，飞瀑激流处处可见，温泉静潭点缀其间，使屋久岛成为著名的旅游观光，探险觅奇胜地。

地理位置：日本九州

探险指数：★★★

探险内容：山地森林穿越

危险因素：滑坡、山洪

Tips

天气变化突然，降雨量大。从晴空万里到暴雨如注仅仅是一瞬间。且地面湿滑，树林繁茂，打伞多有不便，防雨冲锋衣是最佳选择。

从鹿儿岛机场到市内有专门的机场巴士，到达鹿儿岛本港南码头可乘坐到达屋久岛的船只，建议游人乘坐高速船，它仅需 2 小时 40 分，当然喜欢坐船的游客亦可以选择普通船这样可以有 4 个小时在海上飘荡的悠闲时光。

鹿儿岛本港南码头每天都有数趟客船去往屋久岛，如果没有提前订票，最好在计划出发前的一个小时到达港口窗口买票。

屋久岛的森林内部没有无线电信号，所以遇到事情，不能通过手机求援，游人进入时一定要注意安全，最好结伴进行探险，并在相关部门做好备案。

屋久岛是日本最早被列为"世界自然遗产"的地方。从空中俯视岛屿的形状近似一个完整的圆菱形，岛上多山，山地面积达到四分之三，1500 米以上的高山连绵不断，其中包括耸立在中部的九州最高峰宫之浦山，被誉为海上阿尔卑斯。

屋久岛是日本著名的"雨岛"，这是日本下雨最多的地方，当地有一句谚语：一个月下 35 天的雨。因为雨水丰富，屋久岛的山峰上覆盖着浓密的树木，全岛被千年以上树龄的屋久杉等深绿色森林所覆盖，是一个带有神秘气氛的地区。置身于这些树林之中，绿叶浓茂，遮天蔽日，山上流水潺潺，飞瀑激流处处可见，温泉静潭点缀其间，使屋久岛成为著名的旅游观光，探险觅奇胜地。

屋久岛精彩的游览地很多，如美丽的溪谷和原始林的白谷云水峡，庄严的森林"屋久杉乐园"，还有海龟光临产卵的海滨荒野"四舍浜"等。游人既可以进行穿越山地、森林的探险活动，也可以在导游陪伴下登山、散步，享受自然生态等旅行的乐趣。以宫之浦川为舞台举办的屋久岛神山节是一种夏季的祭祀活动，山岳信仰之地特有的庄严的神事和游客也能参加的活动结合在一起，尤其是在河中央望楼上进行的"放火"点火仪式，如梦如幻，让人一生难忘。

旅客最常选择的穿越路线是绳文杉线路，绳文杉是屋久岛最有名的树木，被当地人称为神木。这棵古老的柳杉是 1966 年由屋久岛观光课课长岩川贞次发现并介绍给日本大众的，当时本来要命名为大岩杉，后来经过学者鉴定树龄在 7000 年以上，为日本绳文时代时期，因此定名为绳文杉。绳文杉的最大树干周长为 16.1 米，树高有 30 米，可确定推测的树龄超过 3000 年以上，然而实际树龄多少年，日本学者仍有争议，有大部分学者认为 6000 年是比较接近的数字。

在这条穿越线路上，游人可以沿着火车轨道，穿行在山林之中，走过若干座木条铺就的桥梁，徒步大约 3 小时就来到了大柱步道入口，接下来是一段长达 2 千米的上山路，听起来 2 千米可能很短，但这里所谓的路就是一些错落的岩石，游人需要手脚并用才能在那些巨大的岩石间隙中艰难地前行，有时一个小时也就能爬行几百米，若是遇到大雾、阴雨天气，岩石上沾满水汽，光滑异常，因此这段道路行走困难并充满各种危险。幸运的是路途中那些岩石各具特色，值得一观，游人偶尔还会遇到羚羊、鹿等可爱的小动物在山路上跳跃。它们灵巧的身姿，炯炯有神的大眼睛盯着游人看时，警惕又羞涩的样子常常会逗得汗流浃背的游人哈哈大笑，这样一来，减少了很多游人爬行时的枯燥和苦闷。

如果快，这条线路穿行下来一天就足够了。游人

若是喜欢更刺激的冒险，可以进入那些人迹罕至的原始森林中，屋久岛的原始森林和连绵的山地结为一体，宫之浦岳、本富岳都是极佳的攀山穿林场所。其中最好的地方是白谷云水峡，这道美丽的峡谷位于屋久岛北部，在其深处，被称为幽灵公主之森林，宫崎骏的漫画《幽灵公主》正是在这里找到了无限的灵感。

在峡谷中沿木道拾级而上，溪流潺潺，林间树影斑驳，有着千年树龄的各种杉树鳞次栉比。林间小路便时不时会出现粉色丝带，这是防止游客迷路而系上的路标。走进秘林深处，时而脚踏溪流间横石穿行，时而会溯溪而上。静静的森林里，只有鸟儿在歌唱。偶然邂逅溪边饮水的带着长角的野鹿，仿佛一下子进入了浪漫、美丽的漫画世界，这里的鹿大多不怕人，即使有人走近，它们也会照旧低头喝水，然后望望外来的旅人，神色泰然地转身走掉。

屋久岛上还有不少温泉，这里的尾之间温泉和汤泊温泉都相当有名。徒步穿越一天，遍体疲惫的游人在这些温泉中泡泡，那滋味简直美得无法形容。

屋久岛树木葱郁，是岛上一处神秘之境。

垒砌而成的岩石似乎在见证着昔日的辉煌。

37 仰望极光 巴芬岛

巴芬岛清澈的夜空里，绚烂的极光在头顶飞翔，让你分不清是梦还是现实。

地理位置：加拿大北极群岛

探险指数：★★★★

探险内容：穿越冰原

危险因素：寒冷、冰缝

Tips

在北极，辨别方向不能靠指南针，必须考虑磁偏角的影响。GPS只能提供定位，最便捷的方法是依靠太阳。

冰裂缝是北极行走的最大障碍。判断前方有无冰裂缝时要注意观察，大的冰裂缝是海水蒸发的地方，远看冒黑烟，冰裂缝越开阔黑烟越浓。

巴芬岛气候寒冷，冻伤一般是不可避免的，防治措施相当重要。防治冻伤的最好办法就是不断地运动，保持全身热量的循环供应。但需要注意的是，保持活力的同时要避免过度疲倦，保持充沛精力以便完成更艰巨的任务。

到达巴芬岛最好的方式是乘坐飞机。巴内是极地科考的一个临时海上着陆点，距离北极点仅100千米，可以先飞到巴内，之后再乘直升机抵达北极点。这样的探险虽轻松，但俯瞰浩瀚的北冰洋和高耸的冰山，却是旧时代的探险家们无缘享受的乐趣。

芬岛，是加拿大第一大岛，东隔巴芬湾和戴维斯海峡与格陵兰岛相对。巴芬岛上山脉众多，大多海拔在2400米以上。山脊纵贯岛的东部，上面覆有厚厚的冰川。中西部福克斯湾沿岸为低地，海岸线曲折，多峡湾。岛大部分位于北极圈内，冬季严寒漫长，夏季冷凉，因此大部分区域被极地苔原所覆盖。

对许多人来说，巴芬岛是一个遥远得超乎想象的地方，常年低于0摄氏度的低温和厚厚的冰层，使这片一望无际的茫茫冰原成为地球上最不适合人类居住的地区之一，巴芬岛上人烟稀少，绝大部分地区无人居住，沿岸局部地区有因纽特人的小部落，以渔猎为生。而随着北极探险旅行的悄然兴起，巴芬岛开始走进越来越多人的视野。一望无际的雪原，尖冰覆盖着的曲折蜿蜒的海岸线，期间有北极熊出没，还有祖祖辈辈坚守在这里的因纽特人，这些构成了世人对巴芬岛的新印象。人们发现曾经位于人类文明禁区内的巴芬岛，是大自然创作并保留的最原始的荒原，鬼斧神工的地貌、神奇的天文现象、奇特的生物群落都在召

冰川犹如一般驶向胜利彼岸的船。极光环绕在身边，如梦境一般。

唤着那些喜欢探险、喜欢寻找美景的勇敢者……

到巴芬岛探险，既是一次对北极美景的接近，也是一次对因纽特人特殊文化的体验。如今每年有上千探险家从世界各地赶来巴芬岛，他们在北极的茫茫白雪间穿越，攀爬那些陡峭的岩壁，寻找巴芬岛山脉冰川之下的神秘洞穴，观看强壮又憨厚可爱的北极熊，拜访机智勇敢的因纽特人，向因纽特人学习砌雪屋、猎海豹，品尝因纽特人特别制作的海豹肉糜。

在冰雪之上穿行时，观测极光是个不错的消遣。极光是最为神秘而壮观的自然现象之一，时常发生在极地和近极地区域，巴芬岛被认为是观测极光的绝佳地点之一。巴芬岛有 2/3 位于北极圈内，这里人烟稀少，没有公路、铁路及城镇。远离人为光源，漫长的极夜或极光就成了这里是最美的风景。很多探险家就是为了观看美丽的极光才来到巴芬岛的，为了看到那梦幻般的美好光幕在天空中飞翔，很多人愿意在寒冷和黑暗中苦苦等待几个小时，甚至几

天，当然，看到极光的那一刻，你会觉得所有的等待和寒冷都是值得的，大自然的力量与神奇会让你将一切苦恼都抛诸脑后。

夏季是巴芬岛最佳的旅游季节，此时正值北极的极昼——能在午夜欣赏到灿烂的阳光，体验太阳一直漂浮在天空之中的奇异感觉。好像时间和空间的概念都变了：太阳一直在头顶上画圈，没有"日落"，没有"黎明"，阳光从不会黯淡，也不会变得更亮。每次从海边走向冰川，走了半天，太阳似乎仍然那么遥远；而每次从冰川走向海边，走了半天，回头一看，它仍然还在眼前。

在午夜的阳光下，穿越晶莹闪烁的冰川地带，身后是深蓝色的北冰洋，冰蓝色的波浪在淡淡的阳光下发出迷人的光芒，波浪拍打着岸边的礁石，哗哗作响。在一些海岸上，不是沙滩而是高达十几丈的巨大悬崖，悬崖之上冰雪融汇成道道溪流，跌进北冰洋，形成一道道飘逸的瀑布，当阳光照射地面时，在高崖之间远眺，这些瀑布仿佛从天而降，连太阳都只能挂在它们的半腰上。数不清的海鸟在浪尖歌唱，铺满碎石的山坡上时不时能看见稚嫩的花朵绽放，北极最生机勃勃的一面都呈现在你面前。如果你足够幸运，说不定还能遇到可爱的北极熊和其他小动物。

自从 1553 年英国探险家带领三艘海船开向北冰洋深处，人类对北极的探险就从未停止过。巴芬岛独特的地理风光、奇异的生态环境，吸引了越来越多普通人的目光，它们从这里跨上探索北极之路。探险者从最北端的伯德半岛出发穿越巴芬岛，第一阶段是滑雪前行。拖着重达近 100 千克的雪橇，穿行于怪石嶙峋的峡谷，经过 1600 多千米的滑行，抵达中部的便士雪山。接下来，沿着驯鹿猎手的足迹，从东海岸向内陆进发，驾驶橡皮艇，在一连串蜘蛛网般的湖泊与河流中穿行。穿过迷宫一样的湖泊与河流，抵达巴芬岛最南端的吉比斯海湾，这一路上可以看尽雪山、冰川、海岸瀑布、岛屿、苔原，到处都是难忘的美，到处都是激情与奔放！

美丽的海岛上有很多火山岩洞，是世界上罕见的奇特景观。

38 兰萨罗特岛

探索火山洞穴

从高空俯瞰，许多圆圆的突起的死火山口一个连着一个，如同刚刚被暴风雨击打过的淤泥坑。

地理位置：西班牙加那利群岛

探险指数：★★★

探险内容：探索火山洞穴

危险因素：有毒气体、热气、火山岩石烫伤

Tips

兰萨罗特岛环境极其干净整洁，当地法律条款对随意污染环境事件给予严厉的惩罚，游人前去一定注意不要乱扔垃圾，保持游览地区原始面貌。

火山公园上那些冒着蒸汽的小孔虽然都是奇观，但也充斥着危险，滚烫的蒸汽温度常常超过 100 摄氏度，游人在参观时一定要保持安全距离，防止烫伤。

当地法律规定任何汽车只能在公园里唯一的两个景点处停留，在其他通往火山公园的路上不准作任何停留，否则交通部门和环保部门将对其进行双重罚款。

兰萨罗特岛，是西班牙著名的旅游胜地之一，这里是一个以保护自然原始风貌火山景观为主的岛屿。在这里游人可以穿越原始地貌的火山公园，探索那些各式各样的火山洞穴，品尝利用火山口烤熟的鸡肉。

兰萨罗特岛上火山众多，喷发频繁，1730 年岛上 100 多个火山口持续喷发达 6 年之久，大量火山岩浆从地下渗透出来，形成了今天岛屿到处被黑灰色的火山灰土覆盖的景观。火山灰几乎覆盖了全岛，形成了大面积火山岩浆地貌和许多火山岩洞，成为世界罕见的奇特景观。当游客踏上兰萨罗特岛后，第一个感觉就像登上了月球，到处都是环形的死火山口，大片大片黑色的火山岩浆和火山灰一望无际，很难看到生命迹象，死一般的寂静。那些神秘的火山洞穴成为探险游客的最爱，有些洞穴中空旷干燥，各种怪石林立；有些则水流潺潺，地下水从岩壁上滴下，石笋、钟乳石打造出一片五光十色的幻境与洞穴外面到处都是黑灰色火山岩土形成鲜明对比；还有些洞穴中热气逼人，甚至可以看到张着红巨口般的洞底，令人心惊胆战。

从飞机舷窗向下看兰萨罗特岛，非常美丽壮观。许多圆圆的突起的死火山口一个连着一个，如同刚刚被暴风雨击打过的淤泥坑。兰萨罗特首府、满城清一

洞穴内怪石嶙峋，溪水潺潺，钟乳石随处可见，在光线的掩映下，变幻莫测。

色白色小楼的阿雷西费城沿海边一字排开，白色的海浪静静地拍打着海岸，卷起一线迷人的浪花。

岛上共有 6 个小城市。西班牙政府规定，除首府阿雷西费因为历史原因允许建造 5 层以上高楼外，其他新建城市建筑物一律不得高于 3 层楼。岛上所有建筑物必须全部涂成白色，不允许使用其他颜色。这样，这个本来十分荒凉的小岛就由黑色的火山岩浆、白色的小楼、绿色的棕榈树和仙人掌以及蔚蓝色的大海等颜色和谐地调和在一起，形成一幅美丽的画卷。

蒂曼法亚火山公园是兰萨罗特岛最著名、最富有代表性的旅游景点。以前，这里曾是蛮荒之地，没有任何人烟。建立火山公园时，西班牙政府颁布了一系列严格保护火山地貌的法律。法律规定，不准向火山

公园地区移民；任何汽车只能在公园里的两个景点处停留，在其他通往火山公园的路上不准作任何停留，否则交通部门和环保部门将对其进行双重罚款；只允许在公园里唯一活火山景点处建造一座简单的一层建筑，里面有一个供应火山烤鸡的小饭馆和一个洗手间。

火山公园的第一个景点，在一个小火山丘的山脚下。100多头骆驼在主人的牵引下，排成队供游人体验。50年前骆驼是兰萨罗特岛唯一的交通工具。这虽然是一座活火山，但实际上它已奄奄一息，因为它早已没有可以喷射烟火的火山口。但是，它有四个火山堆可以证明它曾有生命迹象。这就是这里著名的四大火山奇观。

首先是体验滚烫的火山灰石。在一片大约有30平方米的平坦的火山灰石沙地上站着围成一个圆圈。用铁锹在圆圈中间的地上铲起一锹火山灰石，然后往每人手里发放一点。你顿时会觉得手心一阵灼烫，禁不住立即扔掉。可手摸了摸脚下的地面，地面却是凉

一支驼峰队在火山岩前休憩。

凉的。

其次，用木杈将一捆柴草送进一个直径不足1米的小小的火山口里，等了大约半分钟后，柴草立即燃起熊熊大火。那是地下数米深处火山喷出的热量将柴草点燃的。若将铁碗摆放在那些通向地下的小洞口，里面装满冷水，仅仅需要大约10秒钟，冷水就变成了沸腾的热水。

最后也是最精彩的一景，就是火山烤鸡。旁边的一间屋子中央有一个大铁篦子。铁篦子上面排放着热腾腾的不断向下滴着油的鸡腿。这是用火山的热量来烤的鸡腿。铁篦子上的温度在120摄氏度左右，这些火山口烤出的鸡肉酥嫩味美，带着股岩石的清香，成为来此游人的最爱。

出了火山公园，穿越几个火山岩洞后，就可以看到一个火山葡萄园。葡萄园面积很大，一眼望不到边。这里的景象更像是在月球上。细细的火山灰在成片的圆圆的鱼鳞坑里，滋润着坑底的葡萄园。火山灰里长出来的葡萄酿成的葡萄酒，味道特别甘醇。

岛屿的一角，大海狂啸地吞噬着岸边的每一块礁石。

39 复活节岛

史前的企望

这里能让人忘记时间、忘记世界，那些巍峨耸立的石像，那原始热忱的舞蹈，都让人在时光中穿梭，回到过去，回到远古。

地理位置： 南太平洋

探险指数： ★★★

探险内容： 攀爬火山、观赏神秘石像

危险因素： 悬崖峭壁

Tips

对亚洲的游客来说,去复活节岛的路程都很遥远。要知道去复活节岛仅有两条路线选择,一条是从智利本土过去,航程约 7 个小时。另一条是从大溪地过去,航程约 5.5 小时,比智利本土过去时间还短一些。因此除非是那些有打算环游南美的人,否则大多数亚洲的游客都是取道大溪地抵达复活节岛。

复活节岛上有不同档次的旅馆和露营地。如果想在旺季前往,需要尽早预订房间。

要体验复活节岛最浪漫的一刻,最好在清晨早起,前往海湾观看太阳升起的那一刻。

位于南太平洋中的复活节岛可以说是世界上最孤独、最与世隔绝的岛屿之一,它到达最近的大陆海岸有 3000 多千米,距离最近的有人定居的群岛——皮特凯恩群岛也有 2000 多千米距离。然而,这样一个偏僻的小岛却吸引了世界上无数人的目光,这是因为岛屿上分布着人类至今没有弄明白的一群巨大的石雕人像。

复活节岛形状近似三角形,岛屿上分布着三座低矮的火山,最高的特雷瓦卡山也仅仅只有 600 多米。最早登上该岛的欧洲人为该岛取名"帕赛兰"意即"复活岛",以纪念他们到达的日子。但是这个岛上的原始居民对自己的故乡却另有称呼,他们称为"吉·比依奥·吉·赫努阿",即"世界中心"的意思。而波利尼亚人以及太平洋诸岛的土著居民称它为"拉帕一努依",这个名称更令人费解,也颇含神秘色彩,因为直译过来就是"地球的肚脐"。

没人知道当地人为何给复活节岛起如此怪异、神秘的名字。其他方面这个岛屿也充满了神秘色彩。这里的动植物都极具特色,和附近的大陆、岛屿迥然不同,岛上没有任何高于 3 米的树木。野生动物中,除了外来的老鼠和一种小蜥蜴可能是本土的,没有任何一种大型昆虫,它甚至没有本土的蝙蝠和陆地鸟类。当英国航海家爱德华·戴维斯在 1686 年第一次登上这个小岛时,发现这里一片荒凉,但有许多巨大的石像竖在那里,戴维斯感到十分惊奇,于是他把这个岛称为"悲惨与奇怪的土地"。

岛上约有 1000 座以上的巨大石雕像以及大石城遗迹。巨大的石雕人像或卧于山野荒坡,或躺倒在海边。其中有几十尊竖立在海边的人工平台上,单独一个或成群结队,面对大海,昂首远视。这些无腿的半身石像造型生动,高鼻梁、深眼窝、长耳朵、翘嘴巴、双手放在肚子上。石像高 5~10 米,重几十吨,最高的一尊有 22 米,重 300 多吨。有些石像头顶还带着

井然有序的石人像似乎诉说着昔日的那场浩劫。

复活节是世界上最孤独、最与世隔绝的岛屿之一。

红色的石帽，重达 10 吨。这些被当地人称作"莫埃"的石像由黝黑的玄武岩、凝灰岩雕琢而成，有些还用贝壳镶嵌成眼睛，炯炯有神。这些巨大的石像，是干什么的？是谁建造的？几百年来，无数考古学家、科学家来到复活节岛上想解开这个谜团，但他们都没能给出令人信服的答案。

据记载，荷兰商船队长洛加文曾在 1722 年在该岛逗留了一天。他和他的船员发现岛上有居民，这些居民有着各种各样的体型，他们对升起的太阳匍匐在地上，用火来崇拜巨大石像。他们尝试着和当地居民进行交流，想弄清石像的来历和用途，但因为语言的不同，和思想上的隔阂，他们仅仅得到了这些习俗是从远古传下来的和当地居民认为这些石像是"神"建造的等令人更加疑惑的信息；可能这些石像的具体功能连这些土著们也弄不明白了。

一种说法是这些石像是岛上人雕刻的，他们是岛上土著人崇拜的神或是已死去的各个酋长、被岛民神化了的祖先，同意这种说法的人比较多。但是有一部分专家认为，石像的高鼻、薄嘴唇，那是白种人的典型生相，而岛上的居民是波利尼西亚人，他们的长相

没有这个特征。况且，这种石雕像艺术性很高，即使是现代人，也不是每个人都能干得了的，谁又能相信，石器时代的波利尼西亚人，个个都是善于雕刻的艺术家呢？还有一种说法是，石像不是岛上人雕刻的，而是比地球上更文明的外星人来制作的。他们为了某种目的和要求，选择这个太平洋上的孤岛，建了这些石像。

除了种种神秘，海岛上的景色也十分魅力动人，尤其是这里的落日，夕阳的余晖映衬在石像上面，让那些严肃的石像充满了生气，好像真的复活了充满人性，虽然你看不到它们具体的面貌，心理的活动，或者细微的动作，但是整个氛围总让你会有各种充满想象的画面。

复活节岛人热情好客，友善礼貌，每迎来宾都献上串串花环。男女青年能歌善舞，每逢节假日，男人颈套花环、裸露上身，女人头戴花饰、下穿羽裙，跳起优美的羽裙舞。这种舞蹈同夏威夷的草裙舞相似，是旅游活动的"保留节目"。

复活节岛是个充满神秘气息的旅游胜地，有人说这里是能让人忘记时间、忘记世界的地方，那些巍峨耸立的石像，那原始热忱的舞蹈，都让人在时光中穿梭，回到过去，回到远古。

巴西"蛇岛"是世界上最危险、最恐怖的岛屿之一。

巴西蛇岛

毒蛇之窟

40

黄白黑各色不同的蛇类，翻滚在一起，长着大口，吐着火红的信子，发出嘶嘶的声音……

地理位置：巴西圣保罗州

探险指数：★★★★

探险内容：近距离接触毒蛇

危险因素：毒蛇

巴西政府对登岛管理比较严格，一般只允许以科研考察为目的的团体进入蛇岛上，准备去探险前，最好进行仔细询问，确定自己是否有机会登岛。

进入毒蛇肆虐的森林，游人必须将全身防护好，蛇可能会从各个地方冒出来，地上、树枝上，甚至从头上落下。最好是将自己全封闭在专业的防护服之内，不要留任何可以让毒蛇爬入的缝隙。

即使采取最完美的防护措施，解毒药品也必不可少。

可以任意扭曲的覆满密密麻麻鳞片的身子，巨大的口张开能吞下比自己还粗的猎物，锋利的牙齿能瞬间注入令庞大的动物迅速死亡的毒液……世界上所有的动物中，蛇类也许是最让人害怕、最让人难以忍受的了。从《农夫和蛇》的故事到希腊神话中恐怖的女妖美杜莎再到基督教中魔鬼的化身，蛇在各个地方都留下了很多"恶名"。近些年在中国大陆的很多地方，因为气候、环境的变化，蛇类的数量已经大大减少，昔日常见它们踪影的山间野外都极少能看到蛇了。然而在一些岛屿上，蛇类仍然大量存在，甚至成为岛屿的真正统治者，将人类和其他大型动物都赶到它们的领地之外。

在南美洲巴西圣保罗附近的海域中就有一座这样的小岛——伊利亚德大凯马达岛。该岛因为生产毒蛇而成为世界闻名的"蛇岛"，也是世界上最危险、最恐怖的岛屿之一。从远处看这座蛇岛呈长条形，岛上都是山地，如同一座山脉的上半部分，除了山顶几乎没有一块平坦的部分。从海面到山顶都被浓茂的植物所覆盖，很多迁徙的鸟类选择在这里暂时栖息。然而，这座看似平常无异的小岛，对这些鸟来说却是死亡的陷阱，那些鳞片颜色早已演变得和植物差不多的蛇类

隐藏在树枝之间，等鸟类接近时，这些狡猾的猎手便一跃而起，准确地咬住猎物。

岛屿上的蛇种类很多，有白头蝰、树蝰、矛头蝮、

葱郁的树木从古老的岩石缝隙里探出，令蛇岛凸显几分神秘。

棕榈蝮、跳蝮等，大的长达三四米，小的只有几十厘米，其中大部分是剧毒蛇类，虽然这里经过的鸟类很丰富，给它们提供了足够的食物，但竞争还是十分激烈，为了栖息地、为了阳光、为了捕食地点，这些丑陋的捕食者内部也时刻在进行着残酷的生存斗争，竞争能力差的便被毫不留情地淘汰，生存下来的都是强者中的强者。

在这些蛇中最著名的是金枪头洞蛇（海岛矛头蝮）。事实上，这里也是世界上目前唯一存在这种剧毒蛇的地方。金枪头洞蛇被认为是世界上毒性最强的蛇，他们所分泌的毒液比其他品种的蝮蛇厉害 5 倍，甚至可以融化人肉。这就是岛上激烈竞争的结果，只有毒液剧烈到能将鸟类瞬间毒死，才有机会立刻吃到捕捉的食物而不被其他猎食者渔翁得利，从而生存下去。

对人来说，被一条金枪头洞蛇咬到后，若不能得到立刻救治就意味着死亡。蛇岛被视为禁区前，很多

美丽而恐怖的蛇岛。

误入蛇岛的旅游者、探险者因为防备不够遭到毒蛇的袭击。

但也有很多偷猎者涉海而来，登上伊利亚德大凯马达岛，目的是捕杀金枪头洞蛇——在黑市上，它们的价格堪比黄金。

后来巴西政府为了保护当地的生态环境也为了防止游人被咬伤，于是将该岛定为禁区，只有经过特别允许的人才能登上该岛。20 世纪末，曾经有 11 个农夫不听劝阻，强行闯入该岛，但再也没有出来，后来科学家们在山腰的密林中发现了他们的尸体——他们进入仅几个小时内便全部死亡了。正是因为危险和难以进入，这座岛成为很多极限探险家们的梦想之地——很多人在充满毒蛇、鳄鱼、狮子的地域中穿过，通过近距离和这些恐怖的猎食者接触来证明自己的勇敢，来向死亡发出挑战。

据统计，在这座总面积仅 43 万平方米的小岛上，生活着大约 50 多万条蛇类，大约每 0.8 平方米就有一条蛇。无论是接近海面的悬崖、石壁上，还是半山腰的灌木、密林中，或是山顶那些裸露的岩石、废弃的灯塔中都能见到它们的身影。更让人头皮发麻的是，在那些潮湿的树木之下，有些蛇滚成一团，你可以想象那种恐怖的样子，黄白黑各色不同的蛇类，翻滚在一起，张着大口，吐着火红的信子，发出嘶嘶的声音……

如果，你是个勇敢的人，是个想挑战自己的忍耐极限的人，不妨去巴西的蛇岛看看。

蜿蜒的海岛呈月牙形，岛上一片新绿。

41 科莫多岛

侏罗纪的遗痕

科莫多岛的海下，有世界上最美丽的花园，那些五彩的珊瑚，比任何鲜花都更鲜艳。

地理位置： 印度尼西亚东努沙登加拉省

探险指数： ★★★

探险内容： 徒步穿越

危险因素： 科莫多巨蜥

Tips

去科莫多岛的最佳途径是巴厘岛。大多数的游客都是从巴厘岛出发，经由松巴哇岛东部的毕马，或经由弗洛勒斯岛西部的纳闽岛去到科摩多国家公园。

科莫多巨蜥是一种十分危险的动物，游人应时刻与它们保持安全的距离，并随身携带消毒药品，以便在意外受伤时能立即进行救治。

在当地买纪念品时，一般的旅游物品都会有 30% 以上的讨价空间。

这里仿佛是一个与世隔绝的地方，无论是地貌还是动植物都透露着一种古老的气息。在这里你能看到恐龙的近亲——长达三四米的科莫多巨蜥，神秘的海骆驼——儒艮，最原始的哺乳动物之一——眼镜猴，巨大的鲸鲨以及海岸上大片的红树林。

科莫多岛南北最长 40 千米，东西最宽 20 千米，岛上山丘起伏，是由火山和地震活动而形成的。由于很早就与陆地分离开来，科莫多岛上保留了很多远古的物种，其生态系统与世界其他地方十分不同。最著名的科莫多巨蜥是世界上最大的蜥蜴，也被称为科莫多龙。

科莫多岛海岸线曲折多变，形成了很多的港湾，岛上大多生长着美丽的草地，这就形成了海面上绿色、蓝色相互交驳，相互浸透的景象。小小的港湾被绿色的土地所围绕，如果在海滩上再生长一片美丽的红树林，那么就更加灿烂夺目了。围着港湾的地形也各不相同，有的是高高的山崖，有的是缓缓的斜坡，有的是白白的沙滩，有的是被海水隔开的一座小山。这让不同的港湾也形成了不同的风格，形成了一个个不同的美丽世界。

科莫多岛的珊瑚在世界上都享有盛名，这里的珊瑚和周边地区相比受到人为破坏较小，因此，它也成为潜水欣赏珊瑚的胜地。在清澈的水中，人们可以看到各种形状、大小不一的珊瑚群。一丛珊瑚中可能存在着各种各样的颜色，红的如血，黄的如火，蓝的如天空，白的如新雪；小的如同一盆精致的盆景，大的堪比整个森林。这些珊瑚之间生活着各种各样的鱼类，很多是其他海域所不具有的。科莫多地区复杂的洋流，带来了各种神奇的海底生物，虽然潜水有些难度，但在这里能看到比其他地方更多的美色，游人潜入其中，鱼群在身边游动，仿佛自己也化为一条翩翩而舞的热带鱼，那种美岂是三言两语可以表达的？

科莫多是一个多山的岛屿，最高峰海拔 820 多米，岛上分布着成片的棕榈树林和广阔的草地，巨大的科莫多巨蜥就出没在这些地方；热带气候区的雨林里，最著名的眼镜猴就在林中跳来跳去。岛屿沿岸地区有远眺蜿蜒的科莫多岛，天水一色，蔚为壮观。

两个红树林，这些红树林景色优美，其中又形成了独特的生态群落。

在海上遥望科莫多岛，就会发现它和很多其他岛屿不同，岛上绿色的山脉起伏——因为山上大多生长着或是茂密，或是稀疏的野草。这仿佛是一片绿色的波浪，独立于蓝色波涛之上。科莫多岛一些沿岸地带分布着白色的沙滩，休憩于美丽的沙滩之上，让海风

荒无人烟的科莫多岛上活跃着一个跳动的精灵。

尽情吹拂衣襟也是很美的体验，绿草环绕、清水荡漾，沉醉其间，飘飘然如入仙境。

来科莫多岛不可不看巨蜥，这种被称为科莫多龙的生物是恐龙的近亲，它们已经在这个岛屿上生活了数百万年，比人类出现的历史还要久远。巨大的科莫多龙如同坦克一样在岛屿上爬来爬去，是各种小型动物的恐怖杀手，它们巨大的尾巴，可以轻而易举地击晕猎物，口中的唾液，含有其他生物无法抵御的病菌。同时，它们还是游泳高手，笨重的大块头到了水中竟然十分灵活，丝毫不比陆地上逊色。

20 世纪初，一批罪犯被流放到岛上服刑，因此囚犯们成为这座岛上最原始的居民。不久，从岛上传出令人毛骨悚然的消息：岛上生活着一群可怕的巨型蜥蜴，它们吃人，吃野牛，吃野猪，甚至连腐尸也不肯放过。但是，外界的人根本不相信。直到十几年后科学家们才开始对这个小岛进行考察，确定了科莫多巨蜥的存在。1980 年，印尼政府建立科莫多国家公园，并正式向来自全世界的游客开放。如今，这里成为探险家们徒步穿越岛屿，寻找巨蜥的胜地，每年无数人从世界各地飞来，只为观看这种现存的最像恐龙的物种。

远眺湖光山水、水天一色、小舟荡漾，若隐若现、如临仙境，别有一番情趣。

豪勋爵岛

42 观赏蝙蝠云

一到傍晚，它们就忽然活跃起来，成年蝙蝠结队去寻找食物，黑云般地飞出，在整个岛屿上空形成一朵巨大的黑色云团。

地理位置： 澳大利亚

探险指数： ★★★

探险内容： 探险岩洞、穿越丛林

危险因素： 悬崖峭壁

Tips

为了保护环境和珍稀的动植物, 豪勋爵岛国家公园中很多地方是不允许游人随意进入的, 在参观时游客应遵守公园的相关规定, 否则可能会面临严厉的惩罚。

岛屿周围潜水是项极佳的探险运动, 但豪勋爵岛附近海流复杂, 很多地方充满暗流、暗礁, 尤其是没有经验的人, 一定要做好保护措施。

岛上在任何时候都只允许有 400 名游客, 游人前往旅游探险最好提前预订。自行车是四处游玩的最佳交通工具, 此外, 手机在岛上也无法使用。

在澳大利亚悉尼的东北部, 距大陆 700 多千米处, 有一座南北向延展的狭长岛屿, 在它周围分布着众多更小的小岛, 群岛形成于 700 万年前火山喷发运动, 如今成为生命的乐园, 这就是豪勋爵群岛。群岛自从被发现以后, 就因为典型的热带岛屿景观、美丽的珊瑚群而成为全世界旅游者的挚爱。

豪勋爵群岛上的常住居民为 300 余人。1982 年, 澳大利亚政府为了保护当地的环境宣布群岛范围为国家公园。豪勋爵群岛国家公园的美丽清醇而自然, 岛屿东侧的海洋波澜壮阔、浩渺无边; 西侧是一个巨大的潟湖, 是游泳爱好者的天堂, 在此游人可以尽情地展现游泳的风采; 高尔山和里奇伯德山的火山山峰矗立其间, 这是攀山穿越运动的最佳场所。

700 万年前, 海下 2000 多米深处的火山喷发形成了这个美丽的群岛, 如今, 火山喷发的遗迹依然会出现于这块地理特征奇异的土地上。黑色的玄武岩、肥沃的火山灰土壤、熔岩侵蚀过的斑驳而多变的大地, 构成了豪勋爵岛最常见的地质景观。岛上有多处壮观的悬崖绝壁, 绝壁之上是稀疏的草地、成堆的灌木, 绝壁之下景色多样, 既有茂密的雨林, 也有光秃秃的石滩, 还有些峭壁直接延伸到大海之上, 成为攀岩爱好者的天堂。很多探险家来到豪勋爵岛, 攀上高山, 然后顺着绳索下落到茂密的峡谷森林之中, 探索这个岛上独特的动植物景观; 也有些攀岩爱好者, 乘坐岛上居民的小船, 来到海上的崖壁之下, 从这里攀登挑战近似 90 度的绝壁。

豪勋爵岛的山谷中, 分布着众多大大小小的溶洞,

豪勋爵群岛上绿草如茵, 游人若在这里捧一把海水, 足以把全身的疲劳洗尽。

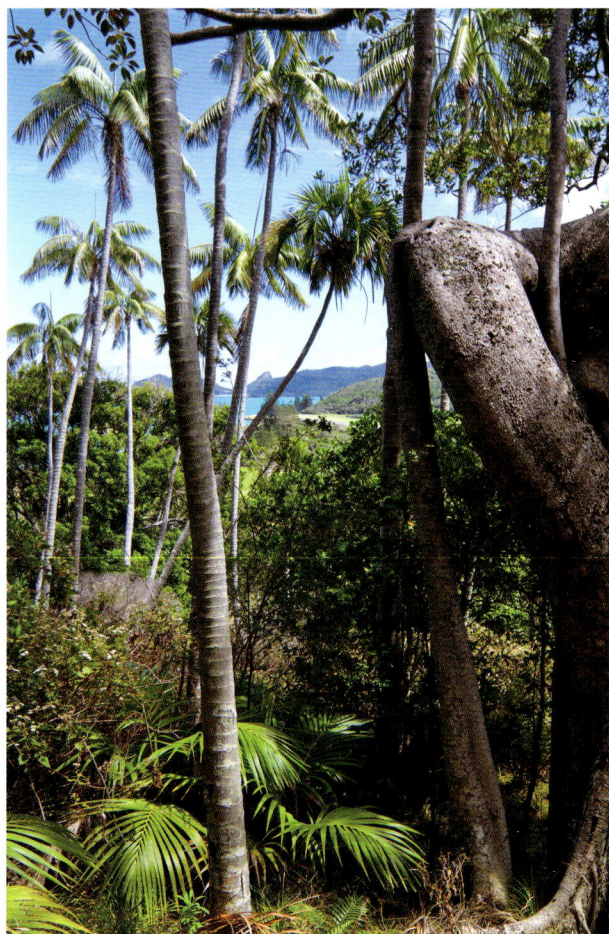

乌云此起彼伏，岛上一场暴风雨即将来临。

这些溶洞大多是在几百万年前的火山运动中形成的，经历了百万年水与火的相互侵蚀，形成了各种各样的奇观。山脚下的一些溶洞，水源丰富，潺潺流水从其中流出，如同传说中的桃源入口，进入里面，凉风扑面，和外面闷热的热带雨林恍如两个不同的世界。黑暗的洞穴中静无声息，滴滴答答的水落声，从各处传来，通过人们携带的灯光，可以看到那些美妙的石笋、倒悬的钟乳石。这些洞中流水温度较低，成为一些原始的两栖动物的居住地。而那些位于山谷高处的洞穴，则大多十分干燥，因此那里成为岛上蝙蝠们的栖息地，岛上生活的蝙蝠，并非像人们想象中的那么可怕，虽然它们的个头可达几十厘米，但都是以果子为主要食物的，对人类几乎没有什么威胁，更不会变成可怕的吸血鬼。游人可以在白天进入其中，一些探险者常常从山脉的顶端，放下长长的绳索，然后攀爬进蝙蝠们的洞穴中，那些洞穴远比人们想象的大，脚下是几寸厚的蝙蝠粪，那密密麻麻倒挂在洞壁之上的蝙蝠如同

成熟了缀在藤蔓上的果实。在白天，这些蝙蝠显得十分安静，即使有人前来，也仅仅引起一阵小骚动，就恢复到常态。然而，一到傍晚，它们就忽然活跃起来，成年蝙蝠结队去寻找食物，黑云般地飞出，在整个岛屿上空形成一朵巨大的黑色云团。

豪勋爵岛是动植物的乐园，悬崖下的雨林中长满了巨大的棕榈树，其间生活着丰富多彩的鸟类和其他小动物，在岛屿周围绿松色的潟湖及其周围的暗礁中，生活着彩色的热带小丑鱼，奇形怪状的魔鬼鱼，也有凶猛的鲨鱼，甚至还能观赏到壮观的鲸群。

在豪勋爵岛你可以悠闲地漫步于景色宜人的树丛中；可以舒适地躺在那些白色的沙滩之上；可以伴着峡谷中小鸟的动听歌唱，骑着脚踏车在树林中兜风；也可以穿越那些茂密的雨林，潜入暗流涌动的海面之下，或是在悬崖间进行攀岩探险，这些都会令你心情舒畅、怡然自得。豪勋爵群岛的气候一年都温暖舒适，被形象地描述为"永恒的春季"，无论什么时间，你都可以来这里进行自己喜欢的运动。

朝霞漫天的巴哈马群岛上，云雾变幻缭绕，海面开阔，海水幽深且汹涌，黝黑的岩石仿佛浓妆艳抹一般，静静的见证着这绚丽的一刻。

43 巴哈马群岛
拜访无人岛

来这里游玩探险的人们，充分享受着身体与精神的双重自由，像花一样，像鸟一样，绽放自己最本真的美丽色彩。

地理位置：中美洲

探险指数：★★

探险内容：探访无人岛、潜水

危险因素：沼泽、鲨鱼

有人说，巴哈马群岛的风景，就像一见钟情的情人，你第一眼看到，就会情不自禁地爱上它，你来了之后你就永远不想离开它。

如果要去旅游度假，简直没有比巴哈马更好的选择了。还记得《老人与海》那段著名的故事吗？海明威正是在这里住了三年，写下了脍炙人口的传奇。巴哈马群岛的风景，其美丽与独特，已经很难用文字来形容。

这里有红色的海滩——在巴哈马的首都拿骚，如果你去漫步海滩，会惊异地发现这里的海滩竟然是粉红色。请放心，那不是什么污染，那是天然的颜色，红珊瑚破碎之后形成粉末，最终形成了一片美丽的海滩。

这里有飘满火焰的湖泊——在巴哈马群岛有这么一湾湖水，每当夜幕降临的时候，乘坐一叶小舟游荡在火湖之上，用手撩起湖水，便看见一片火花四溅的景象，仿佛萤火虫在湖面上飞翔，加上倒映着月光的湖水，一片浪漫迷人的景象，让人以为是不小心踏入了仙境。其实这奇异的景象是湖水中的一种海洋生物造成的，这种生物称为甲藻，甲藻的体内含有荧光酵素，溅出水面时就会在空气中发生氧化作用而产生火花，是神奇的大自然造就了这奇异的美景。

这里有最艳丽的珊瑚——巴哈马有着号称世界上

最清澈的海域，潜水者和探险者在这里如同到了乐园。在群岛的海面之下，生长着大片珊瑚丛，它们五颜六色和海下色彩斑斓的鱼类相互辉映，打造出了一片片迷人的海底梦幻世界。

巴哈马群岛上搭建起来的茅草屋，游人可以驻足小憩，静静地欣赏眼前的一切。

这里有可以让人大快朵颐的美味——巴哈马群岛的美食堪称独特，特有的海上风味，配合着新鲜的作料，由餐厅厨师精心制作，端上来单单看着就已经遏制不住流口水！辣椒拌鲜海螺，海滩晚风徐徐吹过，一整天的疲劳伴随着一杯啤酒下肚一扫而空，这时不知从何处传来音乐声阵阵，笑声、欢呼声伴随着鼓声，又勾起了你那无法停止的好奇心……

这里还有浓厚的历史氛围、充满活力和美的城市。其中拿骚是群岛上最有历史的城市，它在1792年就开始建立了，城中到处都是历史遗迹和历史建筑，每一条街道，每一座建筑都可能蕴含着一个伤感或是美丽的浪漫传说。

这里有一群最好客、最快乐的人，由于巴哈马群岛上日照时间很长，所以巴哈马人自称是世界上户外活动时间最长的人。他们以湛蓝的河水、发光的沙滩、常年充裕的阳光为骄傲。不管白天还是夜晚，舞蹈还是散步，当地居民的衣服上都印满了花鸟鱼虫，生怕七种颜色少了哪一种。在这里生活的人们，充分享受

色彩斑斓的海底世界。

着身体与精神的双重自由，像花和鸟一样，绽放自己最本真的美丽色彩。

巴哈马长岛，是世界上最狭长的岛屿之一，也是巴哈马群岛最为美丽而隐蔽的岛屿之一。该岛以世界极潜水探险和攀岩旅游而闻名。北回归线把长岛一分为二，两侧的海岸线迥然不同。一侧是柔软的白色海滩，另一侧则是坚硬的海岬，深入海底，成为惊涛骇浪的分界线。长岛的地貌十分复杂，东北面是陡峭的山坡——这是攀山爱好者的乐园，南面则是低矮的山腹——其中长满了茂密的植物，受到丛林探险家的青睐。从贫瘠的苍苍平原，到片片沼泽，到质朴的海滩，长岛地理风貌变幻多端，美丽如画，宛如世外桃源，吸引着水手、日光爱好者和度假者前往。

如今，"海岛探秘"成为巴哈马地区最热门的探险项目。整个群岛由700多个海岛和2400多个岛礁组成，可有人长居的岛屿只有30多座，其他的那些无人居住的岛屿，成为探险家们的挚爱。在天气晴朗时，探险者就可以驾着小艇，带着登山、潜水器械，自由地在不同的岛屿间穿梭了。你可以在那些无人居住的岛屿上进行各种探险活动，攀登高高的火山，寻找悬崖峭壁间未被人们发现的神秘洞穴，进入茂密的岛上雨林拍摄美丽的动物，潜入长满珊瑚的海面之下和热带鱼一起舞蹈，在那些平静的潟湖之间探索神奇多变的海底地形，找一个没人的沙滩尽情地享受远离喧嚣的安静世界……

奥克兰群岛上交通十分便捷。

奥克兰群岛

南太平洋上的明珠

44

那些幽蓝澄澈的潟湖，充满神秘、迷人的气氛，远远看着就让人着迷不已。

地理位置： 南太平洋

探险指数： ★★★

探险内容： 攀岩、滑翔、潜水

危险因素： 悬崖峭壁、风暴

新西兰北岛最大的城市称为"奥克兰市",也是著名的旅游胜地,被称为"帆之都",但它并不在奥克兰群岛之上,游人打算到奥克兰群岛旅游一定要弄清楚,不要把两个地方弄混。

进行高空滑翔运动,需要一定的基础,新手不可因为下面是大海而自认安全,轻率尝试。

奥克兰群岛纬度较高,冬季气温较低,前去旅游最好在当地的夏季(北半球的冬季),11 月到次年的 1 月是最佳旅游时间。

英国捕鲸船船长亚伯拉罕·布利斯特于 1806 年在距新西兰南岛布拉夫港南面 460 多千米的南太平洋上发现了一处新的群岛,群岛由 6 个火山岛及其他小岛组成,其中最大的一座小岛面积达 464 平方千米。布利斯特为了向他父亲的友人第一任的奥克兰男爵威廉·艾登表示敬意,将群岛命名为奥克兰群岛。

1807 年英国主张奥克兰群岛为英国领土。之后很多探险家远渡重洋来这里进行探索,1839 年探险家杜蒙·杜比尔造访奥克兰群岛;1840 年探险家詹姆士·克拉克·罗斯也来到奥克兰群岛;1846 年英国的查尔斯·恩德比为了要在奥克兰群岛上设置农业和捕鲸业的基础设施,率领毛利族的一群人从新西兰本岛试着移居到奥克兰群岛,但是短短两年他就失败了,不得不退回到新西兰。

这样一群偏远的岛屿为何能吸引如此多的探险家们的青睐呢?奥克兰群岛的地理位置很奇特,它恰好处在传说中的"狂怒强风暴雨带"中——南纬 50~60 度间的海域,这一地带缺少陆地,因此海上多强风。奥克兰群岛附近沿岸地形起伏激烈,因此许多的船在这里因为风暴和暗礁而沉没。1864 年 1 月 3 日在该群岛的沿岸行驶的"布拉夫顿"号遇难;

1866 年 5 月 14 日在奥克兰群岛近海"格兰特将军"号遇难,传言"格兰特将军"号上载有金块,后来数次尝试打捞"格兰特将军"号,但是这里风大浪急,暗流涌动,暗礁遍布,数次打捞都以失败告终。

到了 20 世纪之后该地亦不断发生船难。1907 年在失望岛近海,"丹德拿得"号和 12 名船夫下落不明。1902 年,另外一艘载满货物的帆船"新大陆"号在距离群岛 100 千米左右的地方消失于风暴之中……因此关于奥克兰群岛也存在着很多传闻。有的说那些在风暴事故中幸存的人漂流到了奥克兰群岛之上,同时那些遇事的沉船遗骸也被海流冲到群岛的沙滩上,那些人将这些沉船中的黄金珠宝收集起来,形成了一个

海面上风平浪静,远处天水一色,蔚为壮观。

这片水域吸引着大量的划水爱好者。

数量相当可观的宝藏，而这宝藏就藏在奥克兰群岛的某个地方。很多探险家想找到那些沉船的残骸，想探索岛上是否有黄金宝藏，于是先后来到奥克兰群岛，进行大量探索，至于他们找没找到所谓的宝藏，就没人知道了。

奥克兰群岛是由火山喷发形成，这里地形多变，川谷相间，丘陵起伏，各个岛屿都是由火山熔岩构成。群岛上的气候凉爽、潮湿、多风。土地贫瘠，较低的高地上覆盖着灌木林。动物有野牛、海豹、海狮和海象，还有大群鸟类栖息，海燕和企鹅尤多。

岛上的山脉直接插入海中，蓝色的海水、绿色的丛林、灰白色的火山岩相互辉映，山与山相对，峡与峡相连，群峰之间的水道如同迷宫般相互通联，海风从群峰间吹进来，在这些峡谷之间形成了复杂多变的气流，这是帆船探险家们的乐园。在无风的天气中，这些峡谷间也常常气流涌动，升起一片孤帆，任小船在青山碧海间穿梭，山峰、树木、企鹅、海豹到处都是绝美的景色。

奥克兰主岛上那些超过 600 米高的断崖绝壁，也吸引了无数探险家来此攀登。有些悬崖下面是深达几十米，没有一块岩石的大海，气流在这些岩壁之下遇阻，形成一股上升的风，这是滑翔爱好者最理想的出发点，张开人造的翅膀，或是简易的滑翔机，从山上一冲而下，在悬崖下借着气流，在海面上飞来飞去，那种感觉仿佛自己真的长了翅膀一样，真的变成了在天空中自由翱翔的鹰鹫，是乘坐飞机和热气球等方式远远不能比拟的。

奥克兰岛有许多的海湾，喜欢潜水的游客可以在这些海湾中尽情地欣赏美丽的海下景观，尤其是那些幽蓝澄澈的潟湖，充满神秘的气氛，让人看着就着迷。群岛虽然多风，但大多数时间这些海湾和潟湖因为山峰的阻挡，海水几乎都是平静不动的，游人只需简单的潜水器械便能进入水下，探索美丽的自然景观。奥克兰岛本身就如同被海水淹没了一部分的山峰，进入水下后更能欣赏到这些"山峰"的美景，看到那些水下的峡谷和其中美丽的动植物，那些水下山峰绝对将你深深震撼，让你乐而忘返。

百慕大群岛的岩石奇形怪状，给人一种莫名的恐怖感。

百慕大群岛

45 消失与再现

神秘的消失再现传闻，让百慕大群岛的海滩椰林、蓝天碧海都笼罩着一股神秘的气息。

地理位置： 北大西洋

探险指数： ★★★★

探险内容： 潜水、出海观鲸

危险因素： 神秘的失踪事件

Tips

百慕大群岛上没有河流和小溪，那些岛屿的淡水是完全依赖下雨形成的，因此这里的节水观念很浓，游人注意节约用水。

百慕大群岛旅游业发达，群岛专设旅游部，并在伦敦、纽约、波士顿、芝加哥和多伦多设有分部，游人可以联系这些正规的旅游部前去，虽然价格可能昂贵，但人身安全有保障。

寻找沉船的探险活动如同大海捞针，需要凭着直觉去寻找有可能诱使船只遭灭顶之灾的暗礁群，其间的过程也十分危险，探险者必须做好足够的安全准备。

太平洋上的百慕大群岛，以其优美的景观闻名世界。那里清澈幽蓝的海水似乎是最适合游客放松休闲的地方，当地有暖和的热带气候、风景优美的海滩，更常以粉红色细沙和蓝绿色海洋自诩，岛上天然以及人工植被繁茂，草木苍翠，与百慕大特有的雪白色的屋顶相映成趣，使它成为世界上最著名的"蜜月天堂"之一。

然而，在很多人的心中，百慕大却是个阴暗、凶险、让人害怕的地方，人们总喜欢在"百慕大"三个字后面加上"三角"一词。在美国东南沿海的西大西洋上，北起百慕大群岛，延伸到佛罗里达州南部的迈阿密，然后通过巴哈马群岛，穿过波多黎各，到西经40度线附近的圣胡安，再折回百慕大，在地图上形成了一个巨大的三角地区，这片地域暗礁遍布、漩涡分布广泛，风暴多发，经常发生超自然现象及违反物理定律的事件，人们称其为"百慕大三角区"或"魔鬼三角"，认为这里是"死神的居住地"。

在这个地区，已有数以百计的船只和飞机失事，数以千计的人在此丧生。从1880—1976年间，有明确记载的就有158次失踪事件，其中大多是发生在1949年以后的几十年间。然而，最让人难解的不仅是失踪，而是失踪一段时间后又再现的神秘现象。

1945年，在南太平洋由于遭到日本潜水艇袭击，美国海军印第安纳波利斯号巡洋舰触雷沉没。人们都以为上面的舰员全部死亡，然而，过了40多年，

神秘消失再现传闻，让百慕大的海滩笼罩着一股神秘气息。

1989年菲律宾渔民在太平洋上发现了25名士兵，救上来以后才知道原来他们就是印第安纳波利斯号巡洋舰上的幸存者，可是几十年过去了，除了在海上漂流的有些疲惫外，他们没有一点衰老的痕迹。被救起的25名美国士兵认为自己仅漂流了九天，实际上地球时间已过去了45年。

1981年8月，一艘名叫"海风"号的英国游船在"魔鬼三角"——百慕大海区突然失踪，当时船上六人骤然不见了踪影。不料，时过八年，这艘船在百慕大原海区又奇迹般地出现了！船上六人安然无恙。这六个人共同的特点就是当时已失去了感觉，对已逝去的八年时光他们毫无觉察，并以为仅仅是过了一霎间。当调查人员反复告诉他们已经过去了八年，最后他们才勉强接受这个事实，当日他们都做了些什么事时，他们无言以对，因为他们只感觉过了一会儿，似乎什么也没干。

在百慕大魔鬼三角区还出现过这样的怪事，一艘苏联潜水艇一分钟前在百慕大海域水下航行，可一分

在百慕大群岛，游人可以进入幽深的洞穴，潜水、寻找失踪的沉船。

钟后浮上水面时竟在印度洋上。在几乎跨越半个地球的航行中，潜艇中90多名船员全部都骤然衰老了五至二十年。该潜艇指挥官尼格拉·西柏耶夫说："当时我们正在百慕大执行任务，一切十分正常，不知什么原因，潜艇突然下沉。""它来得突然，也停得突然，接着一切恢复了正常，只是我们感觉有些不妥，便下令潜艇浮出水面。""整个事件发生得实在太快了，我们连想一下的时间都没有，而当时我们的领航仪表明我们的位置已在非洲中部以东，就是说与我们刚才的位置相差1万千米。"潜艇立即与苏联海军总部进行无线电联系，联系结果证实他们潜艇的位置的确在印度洋而不在百慕大。

无数调查人员对这些神秘现象进行调查，有的认为是"外星人的绑架"，有的认为是"进入了时空隧道"；其他如地磁异常、洋底空洞、黑洞说等各种解释层出不穷，但没有一种能取得共识。

百慕大旅游业十分发达，游人可以在阳光明媚，遍布鲜花绿草的海岸上观赏美景，也可以在洁白的或是粉红色的沙滩上享受美丽的海滩风光，也可以乘坐游艇在各个岛屿间环行，欣赏海豚群、鲸群。但最吸引探险家们的活动，是乘船去那些传说有飞机、轮船失踪的海域潜水、寻找海底沉船。如今，百慕大三角已经是那些神秘的、不可理解的各种失踪事件的代名词，每年吸引着无数喜欢探险，爱好探索自然之谜的人前往参观。

蓝天、碧海、苍翠的树木，美丽的小船一派迷人的风光。

新英格兰岛

46 白浪滔滔藏地下

这里的地下埋藏着一个瑰丽异常的世界，它的壮观、它的美都无法用语言形容，只有到了那里，你才能亲自体会到什么是"大自然的伟大"！

地理位置： 南太平洋巴布亚新几内亚

探险指数： ★★★★

探险内容： 海岛环游、丛林探险

危险因素： 鳄鱼、食人族

Tips

当地传染病高发，主要流行病有痢疾、肺炎、疟疾等，游人应携带相关药品，注意个人卫生。

到巴布亚新几内亚旅游需要保存好往返机票原件，以及健康证、预防接种证等文件。

新英格兰岛是太平洋西南面俾斯麦群岛的最大岛屿，位于新几内亚东大陆休恩半岛东88 千米处，岛呈新月形，面积近 36500 平方千米，海岸线长 1600 千米，被暗礁所环绕。沿岸平原狭窄，中部地势崎岖，怀特曼、纳卡奈和拜宁等山岭横贯岛上，其中包括数座高达 2000 米的山峰。

地层的不断变化、流水的侵蚀、火山运动，在新英格兰岛上创造出了众多无与伦比的奇观。岛屿上大部分地区被浓密的热带雨林所覆盖，除了那些高高突起的火山，它看起来和别的岛屿完全一样。但很少有人知道，在新英格兰岛雨林之下的地层深处，翻腾的湍流从广大的石灰暗道中奔涌而过，形成了无数处壮丽神秘的地下运河。一直以来人们对这些埋藏于地下的通道都一无所知，直到岛上的一些地方在地壳运动中产生了崩塌，露出巨大的、深不见底的"天坑"，人们才知道它们的存在。几十年来探险队、科考成员不断冒险深入这些堪称地球上最大、最偏远的地下河洞穴，在那里他们发现了多处令人屏息的壮观的地下瀑布与洞室。

在岛屿水下活跃着一个跳动的精灵。

巴布亚新几内亚是一个瑰丽异常的世界，壮观、美到无法用言语形容。

　　白沫飞溅的激流在地面上已够让人生畏，倘若河水灌进不见天日的地下石灰岩暗道中，那声势岂不是要用"骇人听闻"来形容了。从世界喀斯特区的大型地下河和许多天坑的发育情况来看，巴布亚新几内亚新英格兰岛的喀斯特，是世界上唯一可与中国喀斯特相媲美的地区；但与中国陡峭的峰丛喀斯特不同，巴布亚新几内亚的喀斯特区，发育的是峰丘喀斯特，峰丘较和缓，相对高度约 100 米。而这些峰丘之下，发育有深峡谷和大型漏斗，地形起伏不平。当这些暗道的薄弱地带发生塌陷时，便形成了壮观而神秘的天坑景观。巴布亚新几内亚的天坑，是世界上最完美的天坑之一，它趋近圆形，深度达到 500 余米，与中国的大石围天坑险峻而垂直的岩壁不同，这里的天坑仅有部分岩壁是直立的，其过境地下河横穿天坑底部，冲刷出了极其壮观的景象。

　　这些巨大的天坑，从上面看深不见底，岩壁陡峭，幽深的洞底有时有流水传来，以前科学不发达时，人们对天坑的形成不了解，创造了很多"地狱入口""地心通道""死神宫殿"的传说。今天人们知道了天坑的形成过程，但人们对天坑的好奇心并未减少，尤其

是那些喜欢探索自然奇观的探险家们，探索这些天坑成为比攀岩、穿越峡谷等简单的探险活动，更有吸引力的一种探险项目。每年都有无数人从世界各地前来观看，探索这里的天坑、地下迷宫。

　　巴布亚新几内亚有地球上最大、最偏远的地下河洞穴，从空中俯瞰，渗穴状似陨石坑，就好像很久以前有陨石群撞击过这片雨林一般。

　　来自英国的洞穴探险家大卫·吉尔表示："亲眼看到渗穴时，你会觉得很恐怖；危险的坑洞底下就只有白浪滔滔。"

　　吉尔进入巴布亚新几内亚德贝郡潮湿阴冷的洞穴与废弃铅矿坑中探险。他曾带领一支队伍来到新英格兰岛那卡耐山脉里的纳雷洞穴，那是他第一次目睹地下河洞穴惊心动魄的美。2006 年 1 月，吉尔与 11 位来自英国、法国和美国的探险家一道返回那卡耐山脉，开始了长达两个月的探险历程。他们克服重重困难下到岛上最大的洞穴，勘测了其中宏伟的洞室，并顺着河流在信道里前行。用他的话来说，这里的地下埋藏着一个瑰丽异常的世界，它的壮观、它的美到无法用语言完全形容，只有到了那里，你才能亲自体会到什么是"大自然的伟大"！

美丽的极光在冰岛的上空飘荡。

47 冰岛

冰与火的交响曲

在这里可以体会真正的冰火两重天……

地理位置：欧洲北部

探险指数：★★★★

探险内容：冰川、火山

危险因素：冰层破裂

Tips

冰岛通信设施齐全，在邮局、加油站和部分商店均可以买到多种面额的电话卡，如今中国国内最普遍的智能手机、3G 手机都可以直接带到冰岛使用。

冰岛属寒温带海洋性气候，变化无常。因受墨西哥湾暖流影响，较同纬度的其他地方温和。夏季日照长，冬季日照极短。秋季和初冬可见极光。每年 6~9 月以及 1~3 月是最适合旅游的季节。

冰岛是北大西洋中的一个岛国，位于北大西洋和北冰洋的交汇处，靠近北极圈，为欧洲第二大岛。岛上遍布壮观的火山、冰原、瀑布、温泉与湖泊。在冰岛以雷克雅未克为中心，你可以去附近的蓝湖和黄金三角，如果有足够的时间，最好能自驾环岛一周，这样可以看到与欧洲大陆截然不同的神奇景色。

全岛大部分面积都被茫茫冰雪覆盖，这也是其得名"冰岛"的原因；全岛有 100 多座火山，整个国家都建立在火山岩上，最高峰华纳达尔斯赫努克火山高达 2119 米，它因此又被称为"冰火之国"；冰岛还是个多温泉的国家，几乎到处都有热气腾腾的温泉，给这片被冰雪覆盖的王国增添了片片生机。冰岛的山也颇有独特之处，这里的山岩大多裸露，呈现出蓝色、黄色、鲜红色、粉红色等多种颜色，若是乘飞机远远望去，游人一定会感觉仿佛来到了一个色彩缤纷的魔

岛上绿草如茵，美丽的小房子古朴而典雅。

冰岛是一个瑰丽异常的世界，壮观、美到无法用言语形容。

幻王国，不由得想去那些迷人的山中探个究竟。冰岛的水与欧洲其他地方相比，更加晶莹剔透，更加凉沁灵动，它们从高山冰川下汇集，奔腾而下，映着柔和的阳光，色彩斑斓，远望而去可见彩虹横跨，光影飘摇，美不胜收。静谧的湖泊，冲天而起的喷泉，各有各的

冰岛独特的间歇泉。

特点，各有各的美，无一不让游人流连忘返。

冰岛属寒温带海洋性气候，变化无常。又因受墨西哥湾暖流的影响，较同纬度其他地方又显温和。夏季的日照时间长，而冬季日照时间极短。在秋季和初冬的时候可看见炫美的极光。冰岛四面环海，海洋之畔拥有广阔的草地，从高处俯瞰，无边的蓝色大海和长条形的碧绿草地相互交合，打造出一条迷人的蓝绿长绸。

你永远不知道应该将冰岛定义为何种温度。一面是冰点，北极圈内的岛屿，蔚蓝冰河上的浮冰寂静如斯，凝固的风景似乎从未受过惊扰。一面是沸点，喷着热气的火山，让这里泥浆翻滚，冒着气泡的温泉热气腾腾。板块交接之地，仿佛是地球千百年来冰与火反复交战令大地蒙受的创伤，留存下的风景美得动人心魄。

冬季是北极光登场的时节，瑰丽的绿、黄、紫、红色光带在天际间轮番演出，如梦如幻。那些从山崖上跌下的冰瀑，在这些极光中流光溢彩，仿佛降落到人间的童话世界。

喜欢探险的旅游爱好者请到这里来，自驾环岛聆听冰与火之歌，感受奇幻岛屿的独特温度。

绵延的山峰，清澈的河水，风景这边独好。

48 火地岛

遥望南极洲

它不仅是旅游胜地，也是人们认识大自然的课堂。

地理位置： 南美洲最南部

探险指数： ★★★

探险内容： 观赏冰川、穿越荒原

危险因素： 山路险远、严寒

Tips

若前往火地岛和大冰川，那里大部分时间是冬天，夏季是最适宜的时间，但也不要忘记带上棉衣。

在近距离观看火地岛的冰川时，应保持足够的安全距离，几乎每年都有游人在海上观看冰川被砸伤的报道。

火地岛的荒原上分布着大面积的沼泽地带，游人前往穿越探险时，最好有经验丰富的向导，地图要尽可能地精确，以免陷入草地沼泽之中，发生危险。

火地岛位于南美洲最南部，隔麦哲伦海峡同南美大陆相望，最窄处仅 3.3 千米，其周围分布着数百个小岛和岩礁。

火地岛原为印第安人奥那族的居住地。1520 年航海家麦哲伦探险到达这里。著名的生物学家达尔文环球考察时也曾到达过这里。1880 年后由于牧羊业兴起和发现金矿，智利和阿根廷开始移民，岛南端的乌斯怀亚为阿根廷火地岛区的行政中心，也是世界最南的城镇。

特殊的地理位置、神奇的自然和人文景观，吸引了世界各地的旅游者来此观光。为了保护当地脆弱的自然环境和民族风情，阿根廷在这里建设了火地岛国家公园。这是世界最南端的国家公园，充满大自然气息，雪峰、湖泊、山脉、森林点缀其间，极地风光无限，景色迷人，到处充满着奇妙色彩。来这里探险游览，沿途山明水秀，生机洋溢，还有多种野生动物和珍稀鸟类。这里雨水充足，秋天时候山坡落叶一片火红，完全保持自然景观的原始风貌。树林中以寒带树木居多，树种不多，且东倒西歪，自生自灭，既有刚刚吐出的青翠，也有早已腐朽的枯枝。常见路边的许多树枝上长着一种寄生菌，嫩黄色，一窝一窝的。据说当年生活在火地岛的土著印第安人，就是采摘这种"野果"充饥的，也因此被称为"印第安人面包"。另有

一些枝杈上，长满金黄色的树挂，仿佛一盏盏挂着的灯笼。

火地岛国家公园里，还保有小火车和火车站，是

过去犯人伐木时运输用的，当然也是世界最南端的火车站。火车站现改为博物馆，不过里面的服务员，仍然穿着当时犯人穿的囚服装扮，很热情，也很滑稽。

沿着这里的山路攀行，景色随着行程回转展现出迥然不同的风貌，大片大片的绿色，时时变换不同的主题。有时，眼前是一泓清澈的湖水，静静地倒映着雪山的倒影，湖畔绿草如茵，有几个游人一动不动地坐在湖边垂钓，四周静悄无声，只有林中的鸟语偶尔打破这湖上的静寂；有时，潺潺的流水在山谷中奔腾，一座木桥横跨两岸，在对岸的林中空地，游人搭起帐篷，点起篝火，正在那里野炊；密林深处，建有一栋栋旅馆和酒吧，那些陶醉在大自然怀抱里的游人可以住宿，尽情享受大自然的情趣。甚至还看到森林里有

山峰与白云融合在一起，美丽的房屋沿水而建，令人心旷神怡。

一座小小的教堂，据说那是为虔诚的教徒预备的。

动物不算特别多，飞禽有信天翁、野鸭和黑啄木鸟，兽类主要是南美驼、狐狸、海豹，此外还有从北半球引进的兔子和当地的一种蛙类。最有趣的动物还是海狸。漫游时，经常可以看见海狸筑起的堤坝，这是海狸用树枝堆起来的，筑在小河沟里，由于堤坝淤塞河道、截断水流，成片的树林因此被水淹没，以致枯萎死亡。在有海狸的地方，往往可以看见枯死的树木。

纵贯美洲大陆的泛美公路（阿根廷 3 号公路）的起点就在火地岛国家公园内。由这里出发可以到达阿根廷首都布宜诺斯艾利斯，之后沿美洲大陆西海岸向北，直到美国的阿拉斯加州北冰洋边上的普拉德霍湾。公路两旁是一眼望不到边的美洲山毛榉，这是南美寒温带典型的、分布极普遍的树种。间或也有野樱桃、桦、杜尔瓦树等寒带树木。无论是晴朗的日子还是阴霾满天时，这些树木的色调总是那样阴郁、灰暗，给人一种深沉的感觉。

火地岛的冰川风光别具一格。冰川奇形怪状，雪山重峦叠嶂，湖泊星罗棋布。最大的法尼亚诺冰川湖方圆数百平方千米。周围群山环抱、森林密布，湖水清澈且宁静，风光秀美。火地岛的夏天是最美的，白天长达近 20 个小时，半夜 23 时太阳才落入海面，凌晨 4~5 时，太阳又升起。由于岛上的动植物资源保存较好，岛上有不怕人的海豹和企鹅，有优良品种的羊和众多的野兔，茂盛的山毛榉树构成了森林的主体。在岛南面的比格尔海峡一带，还时常有巨大、珍贵的蓝鲸出没。另外，火地岛的土著奥那族人的流浪式生活和风俗也独具特色。他们的房子非常简单，就是在地上插几根木棍，再搭上几张骆马皮，很像所说的窝棚。

火地岛的景色是迷人的，很多人来到这里进行野外探险活动，走过那些树木稀疏的山谷、乘船近距离观赏岛屿南部那些巨大的冰川。这里不仅是探险旅游胜地，也是人们认识大自然的课堂。

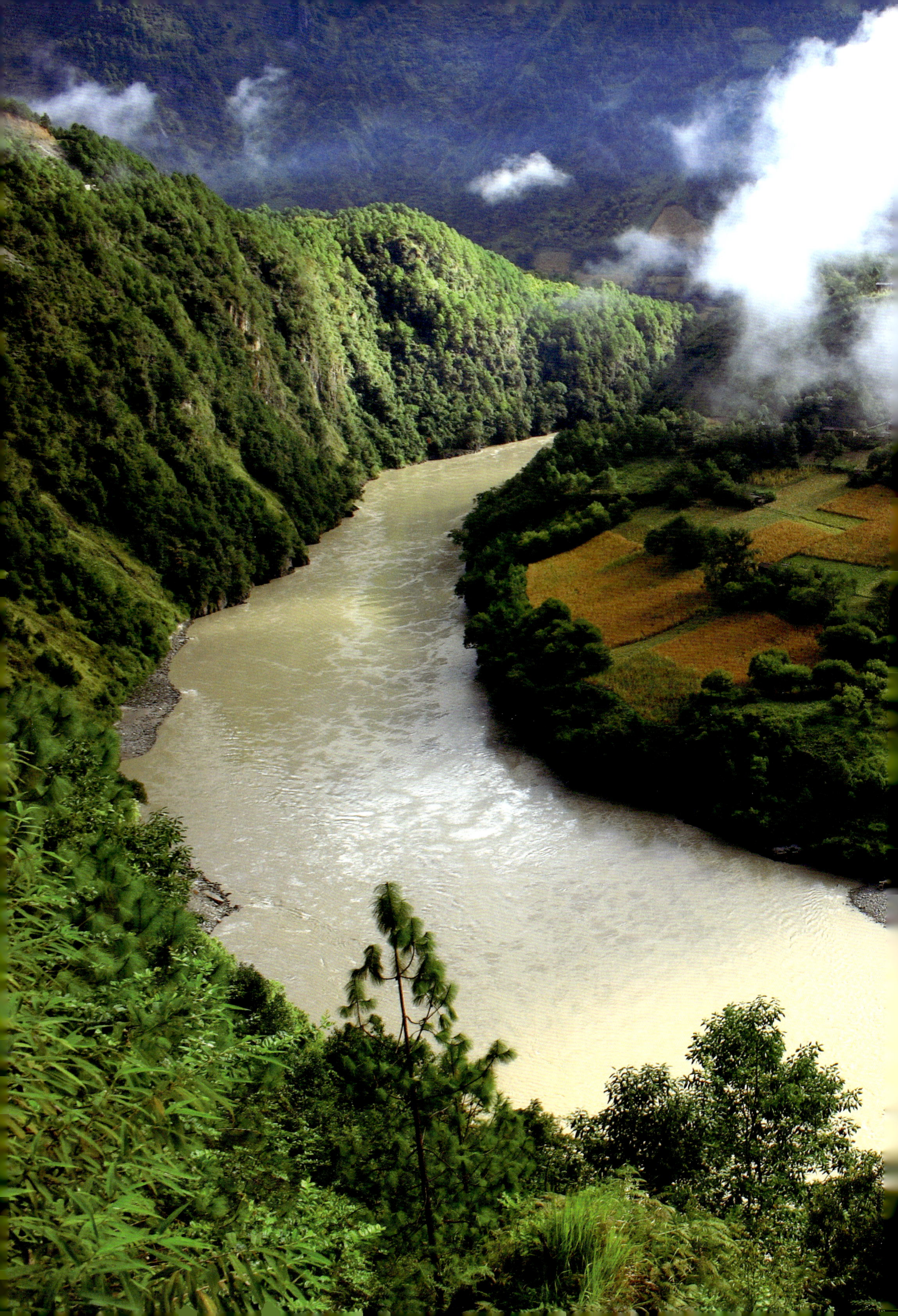

第四章
峡谷览胜

　　因为挤压，许多巍峨的山脉屹立在大地之上，等着人们去攀登、探索；因为撕裂，无数巨大的峡谷暴露在大地之下，等着人们去发现、跨越。由于地势较低，这些巨大的峡谷成为大自然的画布，千百年来风和水在这些峡谷中塑造了无与伦比的壮美景观。那些奇形怪状的土丘，那些恢宏剧场般的石林，那些闪闪发光的彩色岩层，那些神秘莫测的山洞都是它们的杰作。多变的地形，湍急的谷底流水，又使它们成为探险者的乐园，峡谷穿越、漂流、攀岩、滑翔，如果喜欢这些运动，就去拜访这些幽深的大峡谷吧！

大峡谷，宛若仙境般七彩缤纷、苍茫迷幻，迷人的景色令人流连忘返。

49 科罗拉多大峡谷
大自然最磅礴的画卷

依太阳光线的强弱，大峡谷中岩石的色彩时而是深蓝色，时而是棕色，时而又是赤色，变幻无穷，彰显出大自然的斑斓诡秘。

地理位置： 美国亚利桑那州

探险指数： ★★★★

探险内容： 险滩漂流、攀爬岩壁

危险因素： 深渊、急流

Tips

除冬天外，其余时间均适宜旅行。大峡谷的海拔较高，有呼吸和心脏病的游客可能会感觉不适。

在公园内住宿或露营需要提前预订。在预订时要说明是在大峡谷北缘还是南缘住宿。露营地通常很快客满，所以需要尽量早些预订。

公园内有班车提供大峡谷南北之间的交通。但班车服务时间为每年的 1 月 ~10 月 15 日。建议参加当地旅行社的一日游。坐大巴单程要 4.5 小时，130~150 美元。坐直升机，300~450 美元。

门票：每人 12 美元（步行进入）。一次购票可使用七天，包括大峡谷的北缘和南缘。

在美国亚利桑那州西南部，一道深深的峡谷将大地分开，仿佛世界忽然在这里裂开了。这就是被誉为世界"七大奇景"之一的科罗拉多大峡谷。大峡谷全长 440 多千米，平均宽度达 16 千米，深度超过 1600 米，这里拥有整个美国最博大、最壮丽的景色，很多人认为，这里才是美国自然景观最典型的代表，这里才是美国真正的象征。

1903 年美国总统西奥多·罗斯福来此游览时，曾感叹地说："大峡谷使我充满了敬畏，它无可比拟，无法形容，在这辽阔的世界上，绝无仅有。"1919 年，美国政府将大峡谷地区辟为"大峡谷国家公园"，1980 年它被列入世界遗产名录。大峡谷分为南北两岸，都是经一千多年河水冲刷而成的红色巨岩断层，从谷底到顶部分布着从寒武纪到新生代各个时期的岩层，层次清晰，色调各异，并且含有各个地质年代的代表性生物化石，被称为"活的地质史教科书"。

大自然用鬼斧神工的创造力将这里镌刻得岩层嶙峋、层峦叠嶂，平台般的两岸夹着一条深不见底的巨谷，卓显出无比的苍劲壮丽。更为奇特的是，这里的土壤虽然大都是褐色，但当它沐浴在阳光中时，依太

阳光线的强弱，岩石的色彩则时而是深蓝色、时而是棕色、时而又是赤色，变幻无穷，彰显出大自然的斑斓诡秘。这时的大峡谷，宛若仙境般七彩缤纷、苍茫迷幻，迷人的景色令人流连忘返。峡谷的色彩与结构，特别是那气势磅礴的魅力，是任何雕塑家和画家都无法模拟的。

峡谷中被风化的每一处岩石都好像是一幅精美的画，置身其中，犹如来到仙境一般。

从高空俯瞰大峡谷，云雾缭绕，山顶忽隐忽现，壮观无比。

大峡谷除去它雄伟壮观的一面，还有很多千回百转的通幽曲径；两崖壁立千仞，夹持一线青天的景色在令人惊叹之余，也会让人觉得前面似乎就有当关之勇夫。另外的一些由水流冲击而成的岩穴石谷，形状千奇百态，色彩通红如火，每一处岩石都好像是一幅精美的画，置身其中，犹如来到仙境一般。

科罗拉多大峡谷面积广阔，无人能一眼看遍其全貌。只有从高空俯瞰，才有可能稍加完整地欣赏这条大地的裂缝。真正身临其境的人，只能从峡谷南缘或者北缘欣赏大峡谷的一部分。这倒是应了"不识庐山真面目，只缘身在此山中"的道理。

美国作家约翰·缪尔在游历了大峡谷后写道："不管你走过多少路，看过多少名山大川，你都会觉得大峡谷仿佛只能存在于另一个世界，另一个星球。"此言不虚。科罗拉多大峡谷是自然的奇迹，到了这里，你才会意识到自己的渺小，抑或是人类在大自然面前的渺小。站在峡谷边缘，你会惊异这片土地怎么就被鬼斧神工地劈开在你面前，露出里面斑斓的层层断面。峭壁下的深渊深不可测，尽管有护栏围着，但是来自那深渊的魔力仍然让人胆寒，不敢正视。你会疑心自己到了地狱门口，而阎王正笑着端详下一个猎物。或者你会觉得自己已经走到了世界的尽头，孤单地把整个世界抛在了身后。它带给你一种难以名状的震慑，所谓人类的历史，时间的流逝，在这道鸿沟面前似乎也只能归于一粒沙尘。

很多人难以抵挡一探究竟的诱惑，选择骑骡子或骑马去谷底闯荡。如果真的下到谷底，就会发现这里又是另一片天地。你体验到的不过是当年西部牛仔驰骋荒原的生活。美国西部片里常出现的牛仔骑马挎枪，策马飞奔在寸草不生的红土地上的情景就是当年大峡谷地区的写照。很多西部片都在这里取景，因为这里有最纯粹的西部风情。

自1869年首次有人在科罗拉多大峡谷开始漂流，100多年来无数的探险家来到大峡谷里挑战险滩，搏击急流，在这里诠释着一种冒险精神。2002年，美国《国家地理》杂志的野外记者和编辑们进行了一次权威评选：在美国最刺激、最富有挑战性的100项探险活动中，沿科罗拉多河乘橡皮筏全程漂流大峡谷名列榜首。由于漂流大峡谷既是最刺激最有挑战性的探险活动，又是美轮美奂的旅游享受，成为世界各地无数喜爱旅行冒险的人们梦寐以求的事。

游人登山观看山鹰飞翔，巨大的山鹰在空中翱翔。

科尔卡大峡谷

探险外星谷

50

它神秘、雄奇、粗犷，
又生机勃勃……

地理位置： 秘鲁

探险指数： ★★★

探险内容： 峡谷穿越

危险因素： 崖高路险

Tips

快流扒艇是当地最惊险刺激的项目,建议胆小和不习水性的游客尽量不要尝试。

峡谷内,早晚温差很大,且飞禽较多,注意多备件长衣和大檐帽。

科尔卡的手工艺品是旅行的最佳纪念品:彩色的边缘绣花,白铁制成的物件,蜡烛和雕刻的木。

科尔卡大峡谷是一个横穿安第斯山的峡谷,距离阿雷基帕城市大约 4 小时的车程,峡谷四周是安第斯山高原和雪山。到科尔卡去,一般都会穿过盐泽和浅洼地布兰卡自然保护区,游人可以飞驰而过,尽情地享受南半球的宽犷与美丽,也可以停下步子,近距离观看南美驼羊和多种安第斯山动物。

置身科尔卡峡谷之中,四面望去,绿荫掩映山峦,群峰负雪美如画卷。高高的崖壁,如矗立的绿屏,上面长满浓密的热带植物,走近时,还可以清晰地分辨出那些苍老的藤萝,细嫩的蕨类、苔藓。丛林生物啼鸣不停,猴子们在枝头跳来跳去,毛色鲜艳的犀鸟在树冠觅食。密树丛中,潺潺绿潭,宛如碧玉杯中的美酒,似乎还能嗅到轻轻地香气。

奇瓦伊小镇就坐落在科尔卡大峡谷之中。在这里,探险者们可以略作休息,享受温泉和尝试这里的美食,当地的淡水鱼鲜嫩无比,配上特有的麻辣作料,真可称为世间珍青。谷底的溪流流水湍急,岩石密布,凡是到这里来的探险者,几乎都会挑战穿越这个峡谷的河流。在快流中漂流,享受刺激和激情。

在科尔卡峡谷上的山脉间分布着 86 座死火山。当飞机在这些火山的上空飞行时,圆形的火山口连成一片,活脱脱就是科幻电影中的外星景观。火山周围或是山麓,或是原野,或是已经固化的黑色熔岩。一些仙人掌和粗茎凤梨属植物在它上面生长,形成一片荒凉又生机勃勃的典型南美景象。在奇瓦伊有个叫"山

鹰十字架"的地方,这里是观看山鹰飞翔的最好的地方,俯瞰众多火山星罗棋布,巨大的秃鹫、山鹰在空中翱翔。

在火山谷与太平洋之间,有一条满布沙石的酷热沟谷,名为托罗穆埃尔托沟谷,很多人将其称为"外星谷"。这里,无数白色巨砾散布谷内,不少石砾上刻有几何图形、太阳、蛇、驼羊以及头戴怪盔的人。这些图案和符号是谁的杰作呢?有人猜测巨砾可能是火山隆起留下的,可是,谁在上面刻上图案呢?有人认为 1000 多年前,某些游牧部族从山区往海岸迁移,

在这里居住，留下了石刻图画。有人推测，头戴怪盔的人是外星人。难道在 1000 多年前，就曾有人目击过外星人？人们不得而知。

在科尔卡，当地人有自己的传统节日。他们最大的特色就是制造手工艺品。如彩色的边缘绣花、白铁制成的物件，蜡烛和雕刻的木制工艺品等。这些手工艺品或色彩艳丽，或形象逼真，充满艺术美感。当地的歌舞也是旅游者们必看的表演节目，穿着传统彩色装饰的当地人，会在皓月当空的晚上，围着篝火载歌载舞。在欢快跳动的火焰之中，跳动的舞者、跳动的饰品、跳动的音符交汇成一曲动感十足的歌在安第斯山的群峰间激荡，人们坐在这里听着就心神飘荡了，仿佛也化身为这里的山鹰，在群峦之间翱翔，在歌舞的河流中飘荡……

科尔卡大峡谷横穿安第斯山脉，是世界上最深的峡谷之一。其中一侧是火山谷，矗立着很多锥形火山口，从空中俯瞰让人感觉像到了外星球。峡谷中散落着一些白色石砾，上面雕刻着连考古学家都不能解释的几何图形，为大峡谷增添了一份神秘气息。

攀爬陡峭的峡谷崖壁、巍峨的死火山，在峡谷底

俯视大峡谷，神秘、雄奇、粗犷，峡谷中的河流宛如巨龙从天而降。

部的急流中漂流，顺着峡谷中升起的气流滑翔都成了科尔卡大峡谷最具魅力的探险活动。尤其是滑翔，越来越受到探险者们的喜爱，他们说，在科尔卡大峡谷，人能真正地化为苍鹰，真正地体会到飞行的魅力。在那些峡谷宽阔的地方，谷底的暖气流上升，形成一股向上的风，这正是滑翔机最适合的地方。有些经验丰富的滑翔者在这里能在空中滞留几个小时，整个过程中可以尽情地享受飞行的乐趣，尽情地欣赏科尔卡大峡谷壮丽而神奇的景色。当然，其中也会存在一些危险，那些杂乱的气流、陡峭的岩壁，都需要滑翔者利用经验和技能去克服，虽然每年都会有滑翔事故，但这些挡不住探险者飞行的梦想，无数人来到这里，让生命在激情中燃烧。

科尔卡峡谷有自己独特的魅力，它神秘、雄奇、粗犷，又生机勃勃，去秘鲁探险，科尔卡峡谷是不能错过的地方！

奇瓦伊小镇坐落在大峡谷之中，象征翱翔展翅之城。

风景如诗如画，平静下来的雅鲁藏布大峡谷，会让你沉浸其中，流连忘返。

51 雅鲁藏布大峡谷

地球上最后的秘境

这里没有现代城市的喧嚣，没有灯红酒绿的应酬，没有世俗中的客套与奉承，有的只是蓝天，白云，高山，绿树。

地理位置：中国西南部

探险指数：★★★★

探险内容：攀爬高山、探索谷底

危险因素：山高坡陡、江流汹涌

最佳徒步时间：6 月初～10 月中旬，10 月以后由于大雪，墨脱会封山至来年 6 月，无法进出。4 月和 10 月是进入墨脱的最好季节，在这两个月里在大峡谷一带雨水较少，无塌方、泥石流的危险。

峡谷票价 155 元，途中可以访问门巴族村落，欣赏原始森林，最后可以乘车由排龙到米林，由米林到山南地区的加查，途览雅鲁藏布江大峡谷风光。

雅鲁藏布大峡谷是世界上最深，最长，海拔最高的河流大峡谷。它的发现，成为 20 世纪最伟大的地理发现之一。大峡谷位于中国西藏雅鲁藏布江下游，峡谷两侧高耸的南迦巴瓦峰和加拉白垒峰直入云端。独特的水汽通道作用造就了峡谷奇特多样的景观，这里是世界上生物多样性最丰富的山谷地带，大量珍奇的动植物栖息于此。

仅仅在汽车上观看，雅鲁藏布大峡谷的奇美就足以震撼人心了，它仿佛是被一把不知多大的宝剑，将巍峨连绵的山岭一劈为二。那些雪峰、川壑，都忽然间被分为了两部分，只能隔着大峡谷遥遥对望。汽车沿着川藏公路前行。首先到达的是林芝。茫茫林海衬托着花的海洋。这里的树木种类很丰富，有香蕉树、棕榈树等。林芝冬季平均气温在零摄氏度以上，夏季在 20 摄氏度左右，冬暖夏凉，成为全国闻名的避暑胜地，越来越受到旅游者们的青睐。

一路上青山，却没有绿水。雅鲁藏布江水有些昏黄，如黄河之水一样。大约是因为环境遭到严重破坏，土壤流失。车窗外经常可以看到苍老的古树上挂着很多哈达，这些曾经洁白的哈达被山风撕裂，呈现出无比的沧桑。

混浊的河水在曲折的河道里流淌，平缓而宁静。岸上是丛生的植物，春意盎然。逶迤的群山下，一座座漂亮鲜艳的小屋夹杂其间，各种家畜随意地游荡，

似乎这里的天地就是自己的乐园。这里没有现代城市的喧嚣，没有灯红酒绿的应酬，没有世俗中的客套与高耸的峡谷，我们看到的是时间沉淀下来的底蕴，激荡的河水，我们依然能感受到它所蕴含的活力。

奉承，有的只是蓝天、白云、高山、绿树。呼吸一口夹杂着雪峰凉味的空气，都觉得美极了。

眺望远方，云雾缭绕，高峰都很模糊，一阵山风过后，那些圣洁的雪山隐约可见。如同头顶白纱的美丽少女，在日光下双眸烨烨生辉，顾盼间让游人神魂颠倒；又如娇羞的新娘不敢摘下头顶的红罩头，风吹过，露出桃花般娇羞的俏脸。

在藏族地区，最常见的是玛尼石。它们按不同的形状垒成尖锥形堆放在路边、桥梁、山脚、墓地等地方。在一些神山堆放的玛尼石一般是白色的，表示他们对神灵的崇拜和敬畏。白色在藏族人的眼中象征着纯洁无瑕、坦诚善良。

滔滔大河突然转了一个直角，令人惊叹不已，令人不可思议。门巴族向导说："那是雅鲁藏布江在追赶弟弟妹妹呢！"传说冈底斯神山有三个儿子、一个女儿，老大叫雅鲁藏布江、老二叫狮泉河、老三叫象泉河、小妹叫孔雀河。有一天，冈底斯把他们叫到跟前说："现在你们都长大了，'好儿女志在四方'，正是你们闯荡天下、开阔眼界的时候了。"于是四兄妹各自奔流而去。老大雅鲁藏布江流到这里的时候，思念起弟弟妹妹。当天上的苍鹰告诉他弟弟妹妹都向南边流去以后，雅鲁藏布江焦急万分，立即卷起巨浪，拐了一个弯，向着印度洋方向匆匆忙忙呼啸而去，于是便形成了雅鲁藏布大峡谷。听了这美丽的传说，再看那好像被雅鲁藏布江冲刷出来的峡谷，你不能不为这大自然的鬼斧神工叫绝。

雅鲁藏布大峡谷里最险峻、最核心的地段，是从白马狗熊往下长约近百千米的河段。在此河段，冰川、绝壁、陡坡、泥石流和巨浪滔天的大河交错在一起，环境十分恶劣。2000年曾有7名探险者想穿越这段

峡谷中的一块贫瘠土地，宛如一片花的海洋。

谷地，在途中遇到雪崩，2 人不幸遇难，其他队员在外界援助下才得以脱险。其他如车辆滑下山沟、被泥石流阻挡的事故几乎每年都会发生。正因为在雅鲁藏布大峡谷中探险，存在着无数的危险和困难，那里的许多地区至今仍无人涉足，堪称"地球上最后的秘境"，是地质工作少有的空白区之一。但正是神秘使这里成为所有探险者的乐园。

　　厌倦了世事的喧嚣，背起探险装备，出发吧！走在雅鲁藏布大峡谷的小路之上，翻过崎岖的岩石，听着滔滔江水奔流不息，看着巍巍雪峰屹立无声，你会忘记所有的烦恼，想要时间就这样停止，自己也永远停留在这蓝天白峰之间……

云雾缥缈，恍若仙境一般。

成千上万红色和橙色的岩柱上覆盖着白色，如同童话故事中的冰雪王国。

52 布赖斯大峡谷

色彩的海洋

成千上万红色和橙色的岩柱上覆盖着白色，如同童话故事中的冰雪王国。

地理位置： 美国犹他州

探险指数： ★★★★

探险内容： 骑马穿越峡谷、探索岩洞

危险因素： 土石滑落

Tips

在布赖斯大峡谷中参观时,一定要遵守旅游规则,很多地方景色虽然壮丽,但却潜藏着危险,如土壁坍塌等,禁止游人进入的地方切不可私自乱闯。

在峡谷之上俯瞰峡谷时,没有栏杆的地方不要距离崖壁边缘太近。

冬季参观大峡谷时,一定要穿防滑鞋,尤其在上下崖壁时,防滑鞋十分必要。

骑马穿越峡谷时,有熟悉地形的向导,否则最好沿着道路前行。

1875年,一个叫埃比尼泽·布赖斯的摩尼教先驱来到了科罗拉多河北岸的一片峡谷中,在这片被他称为"一个养不活一头牛的地狱"的地方建立起了一个牧场。虽然环境恶劣,生活艰难,布赖斯还是坚持了下来,因为他发现这个峡谷本身就是个奇迹,这里虽然没有平坦的、长满鲜草的牧地,也不能做种植庄稼的良田,但这里有令人震撼的美,那种让灵魂都感到颤抖的景色,让他深深地爱上了这片荒芜的土地。后来,人们以他的名字来命名这个大峡谷,将其称为"布赖斯峡谷",并一度将峡谷的美景印在邮票上。

1924 年,这里成为美国著名的国家公园之一,并以怪石林立、色彩鲜艳而扬名。自布赖斯发现这个

石壁、土丘,或稀或茂的森林,草地、戈壁,清风拂面,让人顿时神清气爽。

美丽的峡谷，100多年过去了，越来越多的人了解了它，越来越多的人慕名来到这里，欣赏这令人灵魂感到颤抖的美景。看到它的人，无不为它的瑰丽、神奇而惊叹，他们感叹大自然的神奇力量，那种超出人类想象的创造力，也感叹布赖斯的幸运，竟然发现了这么一个巨大的"艺术天堂"。

山谷中的岩石经受了数千年的风霜雨雪侵蚀，呈现出各种各样的怪状，有些地方土柱、石柱林立，如同茂密的森林，有些地方土丘连绵，如同规模庞大的城堡群，有些地方则布满了各种象形的奇石，或如狮、虎、象、熊等动物，或如松柏杨柳等树木，更有的仿佛参加舞会，正在狂欢的人群，有人曾形容布赖斯峡谷的一处景观"直立的红色岩石就像站在一个巨型碗中的人群，令人惊叹不已"。

这里的岩石在风雪中消磨，很多矿物质元素在土石中积累了下来，呈现出深浅不同，光泽各异的色彩，在这里你可以看到红、淡红、黄、淡黄等60多种色度不同的颜色，每当阳光照射之时光彩变幻，溢金流彩，娱人眼目。

若是冬天游览这里，你会受到更大的震撼，这个时候的布赖斯峡谷简直就是一处仙境，成千上万红色和橙色的岩柱上覆盖着白色，如同童话故事中的冰雪王国。游客可以沿着观景车道驱车前往游览这里的冬季胜景。各式各样的小路从陡

山谷中的岩石经受了数千年的风霜雨雪侵蚀，气势宏大。

峭的峡谷底部向上延伸，像塔一般直上青云。越野滑雪者可以穿梭于熊果树、矮松和美国黄松之间，沿着峡谷边缘行进，大胆的游客还可以冒险沿着陡峭的小路向下到达峡谷底部，从下面仰望那些高高的彩色石柱。

这些奇形怪状的岩石和色彩鲜艳的土丘还只能算是小美，微观的美。如果你从远处，从高空俯瞰，你就会发现整个大峡谷的壮丽，你会被那种迎面而来的宏伟的色彩海潮淹没。远远望去，高原仿佛连续的五个大台阶，人们形象地将它们依次命名为巧克力崖、朱崖、白崖、灰崖、粉崖，它们一层层上升，露出30亿年的彩色沉积层。科罗拉多河和支流把大地开膛破肚，把最久远的秘密也掏出来，搁在丰沛的阳光下炫耀。台地的边缘被销蚀成粉色石林，群群簇簇，千形百状，蔚为壮观，伸展出去竟有数十千米。

布赖斯峡谷的彩色崖壁之间还分布着众多洞穴。怪石幽径，彩壁笋林引来无数探险者在大峡谷的崖壁间攀爬，寻找、探索这些神秘的洞穴。穿越峡谷也成为人们青睐的探险活动，冬季游人可以在厚厚的积雪上滑行，乘着雪橇在松林小路间飞驰；其他季节，可以骑着健壮的马匹，体验美国西部牛仔们的生活。布赖斯峡谷范围很大，单单靠步行，是很难欣赏到全部美景的，于是骑马就成了这里最好的参观方式，那些彩色的石壁、土丘，或稀或茂的森林，草地、戈壁，从马蹄旁飞过，清风拂面，让人顿时神清气爽。

可以说，布赖斯大峡谷到处都是美丽的，处处透着震撼人心的美，让人久久沉浸在幻想的世界中，被美所淹没。

江水被山谷所挟持，在此拐了一个大弯，急流飞涌，壮观无比。

53 金沙江虎跳峡

金沙水拍云崖暖

江流与巨石相互搏击，山轰谷鸣，听者无不色变，见者无不胆寒。

地理位置： 中国云南省

探险指数： ★ ★ ★ ★ ★

探险内容： 漂流、峡谷穿越

危险因素： 激流险滩、泥石流

Tips

虽然虎跳峡属于香格里拉，但如果要去虎跳峡还是从丽江出发，因为这条线路程近，路况好。从丽江坐车到达虎跳峡可以在两个地方下车，一个是虎跳峡镇，另外一个是大具，最好是从前者下车，这样可以节省路费，因为在大具下车以后进入虎跳峡还需要缴纳玉龙雪山门票和丽江古城保护费。

虎跳峡附近城镇上的居民大部分都是藏族，所以当地的节日大部分都是藏族举办的。游人在参加这些节日活动，参观寺庙的宗教场所时要尊重当地人的风俗习惯、宗教习俗。

虎跳峡的木雕艺术是纳西族人特有的，其中最出名的是东巴木雕。这种木雕使用杜鹃木雕刻，雕刻形象生动、手法娴熟，是当地旅游最好的纪念品。

在云南省纳西族自治县龙蟠乡东北部，距中甸县城 105 千米处，长江忽然遇到了玉龙、哈巴两座大雪山，江水被山谷所挟持，急流飞涌，势如猛虎下山，形成了著名的虎跳峡。虎跳峡分为上虎跳、中虎跳、下虎跳 3 段，共有 18 处险滩。江面最窄处仅 30 余米，海拔高差达 3900 多米，是世界上最深的峡谷之一。

虎跳峡以奇险雄壮著称于世。从丽江大具进峡，沿小路绕至山脚，到达下虎跳。继续前行，沿着盘山小路攀缘而上，在陡峭的山坡上有一小村，名为"核桃园"。此处可做休息之所，这里的居民多以石板盖屋，别具风情。在这里借宿，当深夜来临，在熊熊燃烧的火塘边躺下休息时，江水的奔腾，劲烈的江风和松涛声混成一片，少了白天的喧哗，在夜晚显得特别神秘，隐隐地使人感到狂涛冲击山峡而发出的微微颤动，好像睡在波涛中航行的船上，有一种异常的新鲜感觉。

过核桃园村，在崎岖的山路上徒步前行。不久，一个巨大的深沟会突然出现在你面前。耸入云端的哈巴雪峰，好像被神灵当头劈了一斧，留下了一道斧劈刀切般的深谷。江边的绝壁上，隐约可以看出一个由风雨剥蚀而成的纳西族妇女侧影。在当地还有关于她的传说故事。传说她骑着白马，在山间巡视，每遇有凶恶的野兽出来伤害人畜，便会高声呼唤。当地人称这个背影为"阿昌本地米"。神奇的想象，给山川增添了迷人的色彩。

再往前便是中虎跳了。这里的景色和下虎跳相比，更加雄壮。河崖或直刺青天，或斜扑江口。浩荡的江水，遇到危崖的挤压与阻拦，似乎变得怒不可遏。它聚集力量，向崖石不断发起冲击。一时间，狂涛汹涌，飞瀑腾空，空谷轰鸣，声震山谷。江底惊涛裂岸，崖远眺，江流与巨石相互搏击，山轰谷鸣，听者无不色变，见者无不胆寒。

头山泉喷泻。当你沿着壁间蹬道小心攀行时，常常会遇到从头顶掠过的飞泉流瀑，犹如进入水帘洞中。

沿路前行，几十厘米宽的小径忽升忽降。脚下是深不可测的悬崖，谷底发出惊涛骇浪的轰鸣，头上是呼啸而过的劲烈江风。一不小心碰落一块石头，很久才见到它落进江心激起的浪花！走过有斜坎的陡壁，一道银流，闪入眼底，这便是上虎跳了。上虎跳距虎跳峡镇9千米，是整个峡谷中最窄的一段，峡宽仅百余米，两岸危崖壁立，江心有一个13米高的大石——虎跳石，巨石犹如孤峰突起，屹然独尊，江流与巨石相互搏击，山轰谷鸣，气势非凡！江水从巨石两边倾泻而下，风驰电掣，奔流而去。相传老虎可以蹬踩这块巨石跳过金沙江。

走在峡谷之畔，只见两山挟持，宛若铁门。一块青黑色巨石屹立中间，似凶神恶煞的把门将军。金沙江从他的两侧越过断崖，凌空飞下，以雷霆万钧之力冲向崖底，又弹跳而上，形成万朵雪白晶莹的浪花，旋即化作银雨万千，润湿了周围的岩石草木。断崖之下，千波万涛，沸沸扬扬，回旋翻滚，如千百条蛟龙搅湖闹海，又似万匹银马奔腾驰骋。游人面对这壮丽的情景，这雄伟的气势，不禁豪气满怀，不由得想到

高耸的峡谷，水面开阔，水流从黝黑的峡谷中溢出。

毛主席《长征》中的诗句："金沙水拍云崖暖，大渡桥横铁索寒。"

金沙江漂流是最危险的探险运动之一。当年立志漂流长江的尧茂书乘着他的"龙的传人"号，成功地闯过了通天河，胜利完成了长江上段人迹罕至、气候极为恶劣的航程，却在这里触礁身亡，可谓壮志未酬身先死，留下世人无数叹息。在他之后，无数次漂流活动在金沙江中举行，其间有十多名漂流者，在漂流活动中遇难，其中包括对漂流活动进行采访的新闻记者。虽然他们的生命被汹涌的江水，险恶的大峡谷吞没了，但他们用生命燃烧起激情，他们对探索中华民族母亲河长江的热情激励了无数后来者。

现在虎跳峡已开辟成为云南丽江地区的一个旅游景点，中外游客络绎不绝。这里竖立着两座纪念碑：一座是中国人首漂虎跳峡纪念碑，碑石刻着当年首漂者的姓名；另一座则是竖在桥头当年遇难的新闻记者的纪念碑。无数游客都在这两座纪念碑前留影，怀念探险先驱们。但要想真正体会惊险的漂流行动、亲自感受漂流过程中的刺激与悲壮，还得亲自走上皮艇，亲自在礁石、激流间穿梭。

怒江水犹如猛虎下山，愤怒地咆哮着扑向巨石，水花迸射，惊涛拍岸，山谷轰鸣，震耳欲聋，响彻云霄，蔚为壮观。

怒江大峡谷

54 人在画中游

美丽的怒江波涛汹涌，滩多水急，怪石嶙峋，在峡谷坚硬的腹地里不停地奔腾着。

地理位置：中国云南省

探险指数：★★★

探险内容：峡谷穿越、漂流

危险因素：谷深、水急

Tips

昆明—六库—福贡—贡山—丙中洛,是最常见的自驾游怒江大峡谷的线路。对普通的背包族,艰苦点的可以搭长途车自助背包游,奢侈点的几个人通过旅行社租辆越野车。

从六库到丙中洛都有柏油路,但因为山体塌方的事情常有发生,驾车一定要小心慢速注意力集中,最好请一个当地陪驾。

怒江大峡谷的冬季是一年中最漂亮的时候,此时两侧的雪山银装素裹,怒江江水碧波万顷,原始森林五彩斑斓,构成了一幅美妙的画卷。

横断山脉上,大山之间同向流淌着怒江、澜沧江和金沙江,这就是著名的"三江并流"。这些大山大河在这片土地上构成了高山峡谷群的天然奇迹。

在这里旅游,你能欣赏到各种美景。这里有四季如春、充满浓厚历史氛围的城市,有被少数民族风情萦绕的村寨,常年负着白雪的神山圣峰,有被种种传说神化了的巨大洞穴。城市的文明和大自然的美景对旅游爱好者来说都是不容错过的。去过昆明,游过大理,怒江大峡谷自然也不会错过。

怒江大峡谷是云南境内最雄伟的大峡谷之一。从六库出发,沿着怒江一路北上,四周都是崇山峻岭,时时可以看到深深的峡谷中一道大江蜿蜒奔涌。如果是在正月,还会赶上傈僳族一年一度的澡堂会。澡堂会,其实就是傈僳族的狂欢节,距今已有一百多年的历史,是怒江地区傈僳族独具特色的传统盛会。他们在岩壁下、石洞里、石缝中铺上干草,铺开被子,这就是他们临时的"家",在这里进行露天宴,下到烫人的简易石砌温泉澡池中,洗去污垢,舒展筋骨,然后聚在一起谈天说地、对歌跳舞。男男女女、老老少少相聚在热气腾腾的温泉水中一边搓洗、一边说笑、嬉戏打闹、其乐融融,人与自然和谐共存。期间除了用温泉洗浴,还举行上刀山下火海表演,射弩、荡秋千比赛等,更有通宵达旦的赛歌,而且一唱就是三天。美丽动人的情歌在峡谷中飘荡,谁听到了都不由得心醉;身手俊俏的青年男女在秋千上表演绝技,让人看得眼花缭乱。

古时候,没有能力建造跨江的大桥,溜索是生活在怒江两岸人们的渡江工具。由一根长长的、粗粗的铁索,从江这头拉到江那边。人们要想渡江,就要从铁索上"溜"过去。从溜索上渡江是一项惊险刺激的体验,来到怒江大峡谷的游客一般都不会错过。一切准备就绪,从江上溜过去,江水在身下发出怒吼,仿佛波涛都能擦到衣角了。在岸上不觉得江水有多急,

怒江水滋润了一方水土,当地少数民族喜庆丰收一幕。

波涛汹涌，滩多水急，怪石嶙峋，在峡谷坚硬的腹地里不停地奔腾。

有多大，看着钢索和水面离得很远。可一旦到了江中，孤身悬于溜索之下，才觉得它是如此的恐怖，摄人心魄。

如果说溜索能使人感到惊险万分，那么怒江第一湾则会使人目瞪口呆，说不出任何溢美之词来。当你面临怒江第一湾时，你才发现，它的壮阔和雄美根本无法完全用语言来描述。江面之上波涛汹涌，四周崇山环绕，云雾缥缈，巨大的山体或隐或现，半遮半掩；忽而云开雾散，山势扑面而来，磅礴巍峨，令人怦然心动。

峡谷两岸高山耸峙，山腰怪石壁立，直插江底，江心礁石林立，江水跌坎起伏，声势浩大，一路向前。攀上"怒江老虎跳"旁的岩石上俯瞰下面，江中盘踞一块巨石，横卧江中。被困的怒江水犹如猛虎下山，愤怒地咆哮着扑向巨石，水花迸射，惊涛拍岸，山谷轰鸣，震耳欲聋，响彻云霄，蔚为壮观，令人震撼。电影《怒江魂》就是在此取景拍摄的。

继续沿江北上可以见到飞来石：在一个院落中，在一块灰色的巨石基上，高高地竖着一块黑色巨石，此巨石上尖下大，竖得很巧妙，就像个大盆景。但盆景巨大，靠人力是无法搬动这块巨石的。巨石上面镌刻"奇峰出奇石，险情出险缘，巧难又巧合，绝缘配姻"。据说竖立的巨石是一次雨天，忽然从山上滚落下来的，不偏不倚地和平放的石基合为一处。

因为落差极大，怒江具有丰富的漂流资源。它波涛汹涌，滩多水急，怪石嶙峋，延伸在峡谷坚硬的腹地。游人可以乘着橡皮艇在时而湍急时而平缓的水流中顺流而下，天高水长，阳光普照，两岸青山相拥，风光秀丽。"荡舟清波上，人在画中游"，漂流于蓝天远山之间，紧捉艇绳，碧波弄潮，在与大自然抗争中演绎精彩的瞬间，令人叹为观止，流连忘返。

深谷逶迤，高山连绵，雪峰穿天，密林如海的壮景。

55 喀利根德格大峡谷

魔鬼峰下觅幽境

深谷逶迤，高山连绵，雪峰穿天，密林如海，喀利根德格大峡谷随时等着探险者来参观。

地理位置：尼泊尔北部

探险指数：★★★★

探险内容：峡谷穿越

危险因素：洪水、泥石流

Tips

每年的 10 月到 11 月是旱季，也是一年中的旅游旺季；12 月到次年 1 月，能见度不错，但比较寒冷：如果在廉价旅馆里没有供暖设施，那么夜晚会特别难熬。对徒步旅行者来说，要做好充足的准备，因为这个季节经常会遇到下雪天。

这里有众多的户外项目可供选择，蹦极，高山滑翔，漂流比较刺激，但危险系数也较高，建议一定要选择有口碑的户外旅行社且安全装备要齐全。

千万年前，喜马拉雅山地区发生了强烈的地壳运动，导致南北方向形成了很多裂谷。这些裂谷被水流冲刷，沟谷越来越深，形成了众多极其壮观的大峡谷，位于尼泊尔北部的喀利根德格大峡谷就是其中之一。

喀利根德格大峡谷的两旁是安纳布尔纳峰和道拉吉里峰，这两座山峰海拔都在 8000 米以上，最近距离仅 30 多千米。在这两座世界上最雄伟的山峰之间，喀利根德格大峡谷显得极其幽深，最深处达到 4400 多米，是世界上最深的峡谷之一，同时也是人类了解最少的大峡谷之一。

安纳布尔纳山脉主峰以锐利挺拔的角峰著称。因其南缘的鱼尾峰峰顶分裂为二，状似鱼尾而故名。该峰山势峭拔，虽海拔仅 6607 米，但至今尚未被人类征服。安纳布尔纳峰是世界上最早被人类登顶的海拔超过 8000 米的山峰，但代价也极其惨烈，最先登顶的两名法国探险家因为冻伤被切除了全部脚趾和手指。

道拉吉里峰海拔高度达到 8172 米，因其山势险恶，使人望而生畏，故又有"魔鬼峰"之称。道拉吉里峰山势比安纳布尔纳峰更加险恶，直到 1960 年才有人类首次登上顶峰，是世界十大高峰中最后被征服的一座。从 1950 年到 1959 年，法国、瑞士、奥地利和阿根廷等国家的登山队几次尝试对该峰进行攀登，但所有从北壁登山的尝试都以失败而告终，十几个勇敢的登山队员永远埋葬在了它厚厚的雪堆之中。

正是因为被这样险峻、雄伟的两座大山所挟持，喀利根德格大峡谷成为世界上最壮观的大峡谷，也是最神秘的大峡谷之一。除了那些专门的科研者，几乎没人会到大峡谷中去进行探索。然而，正是这种神秘性，吸引了无数探险家对它产生了浓厚的兴趣。

因为长期以来几乎没有人进入，里面到底是什么样子游人大多不了解，就连当地的导游进入这条大峡谷都怀有一种抵触的心理，在他们的心中喜马拉雅山中那些高高的雪峰是神灵的象征，是正义和光明的守护者，是圣山，而这些雪峰之下深不见底的峡谷却是被光明遗忘的角落，是毒蛇猛兽的聚所，是被禁锢的魔鬼的殿堂。

更有一些上了年纪的尼泊尔老人会告诉你，这些幽深的峡谷就是死亡的象征，他们会给你讲述很多他们听到过、经历过的古老的关于大峡谷的传说。有贪婪的人进入峡谷中寻找灵药、宝藏，却不知道那是魔鬼对人类的引诱，这些人大多一去不复返了。其中最著名的一个故事是：古时尼泊尔的一个王族在战乱中被打败了，逃入深不见底的大峡谷之中，后面有众多的追兵，为了躲避追杀，逃跑的人将自己的灵魂出卖给了被压在雪山之下的魔鬼，他们获得了无尽的力量，杀死了所有追杀他们的人，然而，他们自己也被永远禁锢在大峡谷之中，千百年来受到无尽的折磨，那些峡谷中传来的轰隆隆的山崩、洪流的声音，就是他们痛苦挣扎的结果。

当然，这些传闻只是当地人因为害怕大峡谷而臆造出来的。它们吓不倒探险家，挡不住探险者的脚步。

峡谷中探险，既是考验探险爱好者的勇气，又是一项极限刺激运动。

但大峡谷中充满种种危险却是真实存在的。因为两侧高山的阻隔，喀利根德格大峡谷中的大部分区域气候湿润，温暖，茂密的热带雨林覆盖了整个谷底。要想穿越首先要克服的就是这些丛林。丛林中生满了吸血的蚂蟥，一不小心就会钻到探险者身上，痛痒异常。谷中那些险峻的悬崖，经常发生崩塌事故，尤其是在雨季，高山上的雪水，汇聚起来的雨水一起在大峡谷底部奔流，此时想在峡谷中前进几乎不可能。

但在危险之外，这里也能欣赏到难见的美景，深谷逶迤，高山连绵，雪峰穿天，密林如海……喜马拉雅南坡的独特气候也造就了这个峡谷的生物多样性，从小小的山地麻雀，到威武的金雕；从山林中跳来跳去的松鼠，到徘徊深谷中的野象，色彩斑斓的云豹；从点缀在草地上的山菊花，到生长了千百年的巨杉，只要你敢于深入探索，就都能看到这些精灵。

苍翠欲滴的浓茂植被，蜿蜒的小道，波光潋滟的湖面，构成一幅山水画。

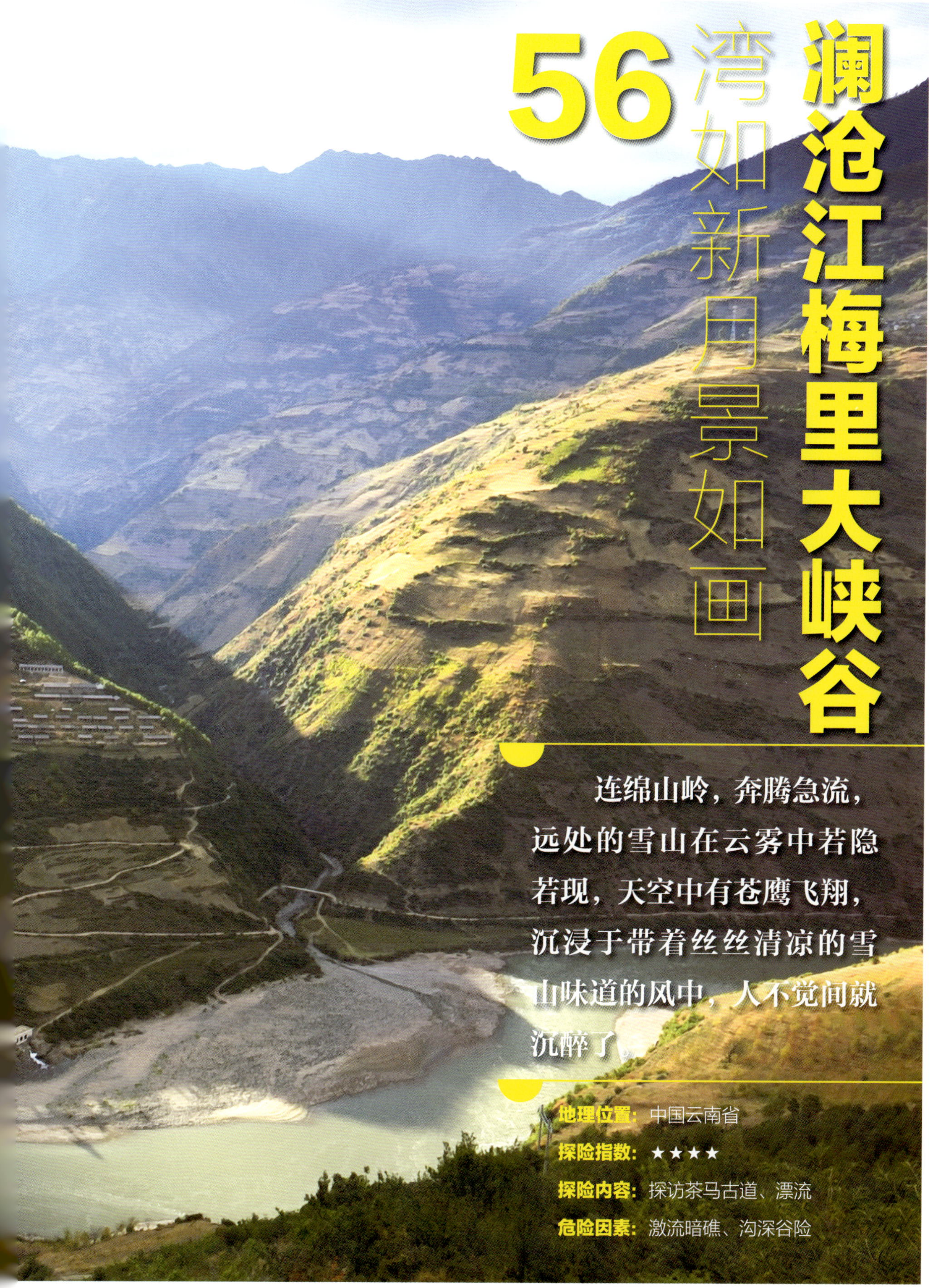

56 澜沧江梅里大峡谷

湾如新月景如画

连绵山岭，奔腾急流，远处的雪山在云雾中若隐若现，天空中有苍鹰飞翔，沉浸于带着丝丝清凉的雪山味道的风中，人不觉间就沉醉了。

地理位置：中国云南省

探险指数：★★★★

探险内容：探访茶马古道、漂流

危险因素：激流暗礁、沟深谷险

Tips

峡谷中地势险要，很多地方比较湿滑，游人最好穿攀山用的防滑鞋。此外，雨衣、驱蚊剂等也是必备用品。

穿越大峡谷时，如果需要从江边的陡壁上攀爬时，最好用绳索将探险队员连在一起，这样可以避免很多意外伤亡事故。

到德钦地区旅游最好在 1~5 月前往，夏季雨水较多，路况不好。乘坐香格里拉开往德钦的客车，每天四班，均在上午发车，行程 4 小时，最好提前订票以免耽误行程。

在云南迪庆德钦县境内，澜沧江遇到了兀立在此的梅里雪山，江随山转，回环激荡，形成一处长达 150 千米的澜沧江梅里大峡谷。当地藏语称这段河为"达曲"或"雅曲"，是"月亮河"的意思，因此，这个峡谷也被称为"月亮湾大峡谷"。江面海拔在 2000 多米，直线往上到海拔 6740 米的卡瓦格博峰，谷地海拔高差 4700 余米，如此陡峭的高山纵谷地形，如此奇异绝妙的地理构造，实为举世罕见。大峡谷从江面到顶峰的坡面更是长达 14 千米，其中有些坡近于垂直，甚为壮观。

澜沧江梅里大峡谷向来以沟谷深长、江流湍急而闻名世界。汹涌的澜沧江水在这里，绕着梅里雪山画出一道道弯，江水澎湃激荡，日日不休，冬日清澈而流急，夏日浑浊而汹涌。狭窄的江面，狂涛击岸，涛声如雷，所有邻近观赏者，无不心惊胆战，被大自然的雄伟而征服。

其上游的阴风口岩墙，是一处摄人心魄的景观。在这里江水将山岩劈成两半，奔流而下，江两岸的岩石平直如墙，长约 100 米，从水面垂直而上，高 200 余米，江面宽不到 50 米，可谓"抬头一线天"。这里江水如万马奔腾，掀起排排巨浪，猛力向岩墙撞击，发出巨大的轰鸣。过去，人们在东岩的岩墙上凿石穿木，修成栈道，北通西藏及印度。此栈道极为险要，有不少马队和商人不慎跌落江中，葬身鱼腹。

澜沧江由西藏入梅里峡谷后，江面束窄，水流湍急，无以为渡，历史上全靠竹篾溜索过江。历史上人马财物坠江损失不计其数，但因其为滇藏交通之咽喉，有"溜筒锁钥"之称，往来客商不得不冒着生命危险在此渡江。面对这滔滔的洪流，人类没法在这段江上开辟舟楫之便，千百年来人们跨越这条汹涌深邃的大江靠的就是篾索桥。因为这种桥结构十分脆弱，往来客商登上桥时，无不战战兢兢，可以说当年茶马古道上的行人到了澜沧江，便如到鬼门关一样，那在怒涛之上、在山风之中摇摇晃晃的篾索桥不知夺去了多少人的生命。

1974 年滇藏公路通车穿越梅里大峡谷，越来越多的游人来到这里，欣赏它的壮丽景色，大峡谷内的各种自然景观，使游历之人大开眼界。

因为道路十分险峻，很多来观赏大峡谷的游客，只能在峡谷两壁上的公路上欣赏这里的景色。在有些宽广缓和、景色优美的地点，游人可以下车，欣赏连绵山岭，奔腾急流，远处的雪山在云雾中若隐若现，天空中有苍鹰飞翔，这里的风从梅里雪山而来，带着丝丝清凉的雪山味道，让人不觉间就沉醉了。

专门探险的游人，可以从公路下去，到更接近江水的地方去触摸大峡谷。这里江水声势更加浩大，更加震撼人心。流水冲击着顽石，如雷声般在耳边不断轰鸣，坡陡的地方游人必须借助专业的攀山工具才能越过，脚下滚滚洪流，看起来就让人发憷，穿越峡谷的风，一股一股的，大时让人站不稳，即使最有经验的探险家到了这里也会犹豫要不要绕路。

这里的急流险弯也成了漂流运动最具挑战性的地

苍翠欲滴的浓茂植被，蜿蜒的小道，波光潋滟的湖面，构成了一幅山水画。

方，在滚滚洪流中，人很难把握好方向。置身于大峡谷之下，身边就是波涛汹涌的澜沧江，陡峭的崖壁险峻如屏，有些地方竟然看不到天空，湍急的水流把崖壁侵蚀地千疮百孔，轰隆隆咆哮的涛声就足以让人心惊胆战了。漂流艇放入江水中，就如一片枯叶被水流抛来抛去。漂流时更像个没头的苍蝇一般乱撞，艇上的人只能抓紧绳索，随着湍急的水流忽上忽下、忽左忽右地在波浪中起伏。任波浪劈头盖脸地砸在身上。遇到跌水、旋涡则更是无法控制，只能将自己的命运交给这莽莽江水……

没有到过澜沧江梅里大峡谷的人，很难感受到它的魅力。只有当你站在海拔4292米的白马雪山垭口，俯视雄险如削的深峡幽谷，倾听身下汹涌澎湃的水流，眺望晶莹峻峭的梅里雪山群峰和郁郁葱葱的茂密森林时，才能深切地感受到那种巨大的震撼！

俯瞰大峡谷，青翠的植被郁郁葱葱，感受大自然最纯净的气息。

57 佩特罗斯大峡谷

血与火的印记

在氤氲的月色中，相互依偎，许下一生的诺言；在青翠的草地上，欢笑跳跃，留下最快乐的时光……

地理位置： 卢森堡

探险指数： ★★

探险内容： 古堡探奇、徒步穿越

危险因素： 迷路

Tips

卢森堡有很多著名的教堂，都是观光胜地，游人在进入这些宗教场所时应注意言行，尊重他们的宗教习惯，保持安静，衣装整洁。

进入古堡参观时要自觉保护文物古迹——不要在古堡的墙壁上乱写乱画。

佩特罗斯大峡谷旅游业发达，到处都有修建精致的道路，出行比较安全，但当地雨天较多，游人最好穿防滑鞋，以免在光滑的石板、草地上摔倒。

佩特罗斯大峡谷中，淅淅沥沥的小雨润湿了空气，润湿了大地。云黑压压的样子，遮掩了天空的明亮。只有在远处的天底，露出一条明亮的缝隙。整个世界笼罩在雨雾之中，平添了一丝别样的情怀。

在佩特罗斯大峡谷漫步雨中，感受着大自然纯净的气息。仰望着雨天，看不到雨丝有多细，只是感受到丝丝凉意从天空降下，融进血液里。到了这里就收起雨伞，尽情地享受大自然的恩赐，尽兴地呼吸天地间最新鲜、最闲适的空气吧。

雨中的卢森堡，与晴天时的感觉截然不同。没有了喧嚣，一切都在雨丝中沉默。牵着心爱人的手，一起在街头行走。走过马路，去欣赏雨中的塑像。看着她在雨中全身铺满金黄色，在雨中显出一种难得的圣洁。拿着丝巾，轻轻地为爱人拭去额头的水珠，在浪漫的细雨中许下一生不忘的愿望。

街头矗立着一座金身女郎的雕像，她手中拿着一支美丽的花环，美目巧盼，令人怦然心动。古朴的建筑，狭窄的街道，为老城增色不少。一个美丽的女子躺在棺木上，旁边是她的爱人吗？鲜血从男子的头颅上流下，渲染了胸前大片的皮肤。女子安详地睡着了。男子嘴唇透露出浅浅的微笑，那么温柔。双眼注视着女子，爱意浓浓。没人能在这些雕像面前无动于衷，

没人能不停下脚步，静静地听他们诉说几百年前发生在这里的凄美的爱情故事。

佩特罗斯大峡谷是新老城区天然的分界线。长长的大桥把新老城区连接在一起。沿着古老的台阶，向峡谷深处走去。雨水浸润的台阶，并不特别难走。相反，

城市中没有了昔日的喧嚣，一切都是那么清新。

在雨天的峡谷，多了一层幽深、神秘。

卢森堡在历史上一直被视为军事重地，前人们依借峡谷的天然岩石建造了众多壁垒、炮门和秘密通道的佩特罗斯要塞。古堡下面修建有20多千米长的地道、暗堡，这些地道暗堡是从坚硬的岩石中开凿，工程颇为艰巨，其中地下防御通道是建立在几个不同的地层面上，并同时向下延伸40米，工程可谓复杂。古堡在历史上曾数次经历血与火的考验，世界大战期间，有几万人在此躲避空袭。

很多游人喜欢到古堡之下那幽暗、长长的地道中去探险，走在那些斑驳的地道之中，仿佛还能听见几百年前的呐喊声，脚步声在空荡荡的地道中回荡，让人感到一种深深的历史沧桑。地道互相连同，向四处扩展，如果不看那些指路牌，很多人都会迷失在其中。在游人稀少之时，地道中一片寂静，似乎还能听到空气流动的声音，很多来过这里的游客都说，在那里行走时，有一种难言的恐怖感，生怕米诺斯的牛头怪忽然从哪个角落中冒出来。

到了卢森堡，人们总是喜欢将佩特罗斯大峡谷和蒙蒙的烟雨联系在一起。也许太多的战火让这个地方充满了种种伤感，太多悲伤的爱情故事，让这里时时都会落下情人的眼泪，也只有雨才能体现出佩特罗斯大峡谷最典型的气质，只有在雨天才能看到佩特罗斯大峡谷最真实的一面。

在雨雾的笼罩下，四周到处是湿漉漉的，但大峡谷显得特别壮阔。到处都可以听到潺潺的流水声，但又看不到明显的河流，四处寻找，才发现，溪流在茂林的遮掩下若隐若现。那些饱经沧桑的古堡，高高地屹立在风雨之中，在雾气的掩映中更显得古老，更显得巍峨。长长的大桥，横跨峡谷，在桥下，有专为大峡谷观光游览而设的露天火车"佩特罗斯快车"。乘坐此车，可以快速地游览峡谷。车上还提供各种语言详细解说峡谷中的军事遗迹和自然美景。

每年有无数情侣来到这里度过最难忘的岁月，他们在蒙蒙细雨中漫步，携手而行；在氤氲的月色中，相互依偎，许下一生的诺言；在青翠的草地上，欢笑跳跃，留下最快乐的时光。美丽的大峡谷，曾是古时的战场，如今却成为情侣谈情说爱的地方，昨天和今日在这里相聚，战火和爱情在这里融合，让人到了就不想离开……

两条河流像两条巨龙在幽深的鱼河峡谷内蜿蜒而来。

58 鱼河峡谷

参加峡谷马拉松

几撮绿色孤独地点缀在灰黄色的天地之中，让鱼河峡谷显得更加荒凉。

地理位置：纳米比亚

探险指数：★★★★

探险内容：远足

危险因素：悬崖、野兽

Tips

鱼河峡谷内没有固定的设施，因此远足者必须自行携带住宿帐篷，否则就只能露宿野外了。

由于夏天会遭遇到洪水和极度炎热的天气（白天 48 度，夜晚 30 度），因此进入许可证只会在 5 月 1 日至 9 月 15 日之间发放。在达到霍巴斯开始远足之前，必须先从纳米比亚旅游野生动物保护局获得许可证，并且团队人数不得少于 3 人，不得多于 30 人。

所有的远足者必须在 12 岁以上并且拥有健康证明。

非洲中部的纳米比亚可以用"惊艳"一词来形容，红色的沙漠，绿色的草原，蓝色的大西洋在这片土地之上相互映照；野性、粗犷、沧桑在这里交融成一首首动人的曲调，通过奥万博族传统的歌声远远传开。这里有很多著名的国家公园，其中南部的艾艾斯／希特斯韦特跨国公园景色独具特色，世界闻名的鱼河大峡谷就位于其中。

鱼河大峡谷，地貌与著名的美国大峡谷地区非常相似。整个大峡谷区无人居住，其内部几乎是生命的禁区——除了罕见的荆棘灌木和沙漠蜥蜴。

鱼河大峡谷位于鱼河流域，这是纳米比亚最长的一条河流，河流的上游贯穿白云岩地层，6 亿 5 千万年前地球板块运动，形成了大峡谷的雏形。鱼河是条季节性的河流，它深深地影响着两岸的自然景观，影响着两岸所有的动植物，每当雨季来临的时候，黑色的云团会划过高原的上空，暴雨将干旱的高原变成一片水泽，雨水从沟沟壑壑中汇入大峡谷里，鱼河周围泛滥成一片汪洋，那些荒芜的土地上，忽然间冒出一片片新生的植物，仿佛这里从来就是生机勃勃的。然而，雨季很快就会过去，那些忽然冒出的植物，在炽烈的阳光中很快枯萎，汹涌一时的鱼河也变成了一条

不绝如缕的小溪。那细细的水流似乎随时都会渗入干涸的黄土裂缝中，随时都会断掉。

在一年的大部分时间中，整个大峡谷给人的感觉就是萧瑟和荒凉。一排排被雨季洪水侵蚀的斑驳的土丘、岩石暴露在炽烈的阳光下，仿佛一处巨大的蒸炉。放眼望去，到处都是这样的死寂，到处都是寸草不生。偶尔在河水积聚的地区，生长出一丛丛植物，但并未给大峡谷带来多少生机，在这里看不到别处那种鸟群如云，兽群如潮的场面，几撮绿色孤独地点缀在灰黄色的天地之中，显得更加荒凉。

在大峡谷两端，植物渐渐增多，荒凉的沙土高原，逐渐被稀草地取代，草地上的树木也逐渐增多，梨白、

峡谷中几撮绿色孤独点缀其间，凸显凄凉。

金合欢、鹤望兰、野生梅、珊瑚树都开始出现。这里还有一些小型哺乳动物如猫鼬、岩狸、野兔、老鼠、蝙蝠、非洲野猫、条纹臭鼬、开普敦豪猪等，游人还可以看到众多的黑长尾猴在树间跳跃。

鱼河大峡谷巨大的规模和崎岖的地形，吸引了世界各地的游客来体验和探险。鱼河大峡谷徒步探险路线居于非洲南部徒步探险路线前列，背包客可以沿河道行走。其间还可以随时攀上峡谷边缘陡峭的崖壁俯瞰峡谷景观，沿着深深的蜿蜒长河，整条路线从鱼河大峡谷的最北点一直通到艾艾斯温泉。许多游客选择徒步探险鱼河大峡谷，这至少需要五天才能完成。

2011年8月27日，在鱼河大峡谷举行超级马拉松比赛，自此以后，每年都会在这里举行，会聚了世界各地的马拉松和远足探险爱好者。

峡谷在晚霞的映衬下，好像披上了一件美丽的绸缎，奇美无比。

塔拉峡谷形成的巨大悬崖，高高的山林，黝黑的森林，一起构成了
最壮丽的景观。

59 塔拉峡谷

巴尔干画廊

峡谷深处，河水奔流，落差高时翻着白浪冲击而下，缓时又平静得看不出一点点波动。

地理位置：欧洲巴尔干半岛

探险指数：★★

探险内容：峡谷穿越

危险因素：急流、旋涡

在 20 世纪 70 年代，一部前南斯拉夫电影《桥》曾给当时的中国人留下了永远难以磨灭的印象，很多人被这个影片中的激烈情节所吸引，然而你知道这座桥在哪吗？其实，电影中的桥确实存在，它就是位于欧洲最深的峡谷——塔拉大峡谷上的塔拉河大桥。大桥全长 366 米，初建于 1940 年，在第二次世界大战期间被炸毁，后于 1946 年重建并保留至今。1980 年，大桥所在地杜米托尔国家公园被联合国教科文组织列入《世界遗产名录》。

杜米托尔是一座美丽绝伦的天然公园，在浓密的松林中点缀着清澈的湖水，隐藏着大面积的特色植物。一系列的纪念物和旧式村庄表明过去的历史、精神和艺术在这个井然有序的生活中继续着。

塔拉峡谷最高处的悬崖壁高 1300 米，是欧洲最深的峡谷，经历了几百万年形成的巨大悬崖，高高的山林，黝黑的森林，一起构成了这里最壮丽的景观。

一些 2000 多米高的山峰，构成了这个地区最重要的骨架，他们一路延伸到迪纳拉山脉。喀斯特地形在此广泛分布，它们被水侵蚀成戏剧般的景象。在那些高岭之上，白色的岩石间，长满稀疏的草丛、灌木，山地羚羊、鹿在峡岩间跳跃，棕熊、豹子在树木间穿越，

杜米托尔是一座精美绝伦的天然公园。

金雕、白头雕在空中盘旋，荒凉萧瑟，却又生机勃勃。峡谷深处，河水奔流，落差高时翻着白浪冲击而下，缓时又平静得看不出一点点波动。尤其位于冰川侵蚀地形上的那些湖泊，清澈见底，美如珍珠。峡谷周围被茂密的松树林包围，旁边是深邃清澈的湖泊。春夏时节，鲜花香气飘满峡谷，河畔长满了丛丛番红花，蜂蝶翻飞，美如仙境，那些积雪融化形成的瀑布从两岸的高崖泻入塔拉河中，飘飘洒洒，如纱如雾；若值深秋之时，层林尽染，透着亮黄色的白桦，暗绿色的松柏相互间缀，湍急的水流声哗哗作响，好像在为这浓妆艳裹的峡谷歌唱，眼前的一切，好似一幅大自然之秋的"华彩乐章"；冬季到来，细雪飘下，林谷尽白，一座座农舍散落在峡谷两侧的山坡上，宏伟的塔拉峡谷大桥飞架在两岸的峡岩之上，站在桥上，峡谷的美色尽收眼底。

塔拉峡谷以天然美景而成为著名观光旅游胜地，溪边钓峡鱼，洁白清澈的溪水上筏舟均是深受游客喜爱的项目。穿越塔拉峡谷是当地最具热门的探险旅游活动，塔拉峡谷在群山环抱中，一条激流从峡谷间穿过，由于塔拉河穿过峡谷，峡谷和河流的完美结合使得塔拉峡谷有一段是可以泛舟的，泛一缕轻舟在水上，是何等的畅快。泛舟也是观赏塔拉峡谷的一种方式，在小小的舟上，抬头观赏高 1300 米的峡谷，一眼望不到顶，树林、草地、山间红顶白墙的小房子构成最美的山间景色。在短短的几个小时里，游客就能充分感受到峡谷的壮观、泛舟的刺激与乐趣。

此外，塔拉峡谷周围还有众多人文景观，如建于中世纪的圣彼得保罗教堂遗迹。教堂中保存下来的断断续续的三层壁画可以追溯到公元 9~10 世纪和 12 世纪初，纪念碑的墓石则可以追溯到 17 世纪到 19 世纪。

另外，在一个小山的顶部还有一座修道院，整个修道院结构很复杂，它包括：圣乔治教堂，食堂，修道士住所，水库以及四周有塔的围墙。教堂本身有点西方罗马式的风格，但壁画则是拜占庭式。

如果你喜欢美丽的峡谷景色，喜欢在高崖之间漂流，喜欢参观古老的中世纪遗迹，塔拉峡谷绝对是不可错过的景点。

沟壑万丈，气势磅礴，蔚为壮观，吸引着很多爱好探险的人。

布莱德峡谷

60 在山巅飞驰

它美丽又富饶，那儿的每一寸土地都让人想放声高唱，那儿的每一片树叶都让人心动不已，那儿的每一天时光都充斥了新奇与欢乐。

地理位置： 南非

探险指数： ★★★

探险内容： 峡谷穿越

危险因素： 道险路滑

布莱德大峡谷两侧没有围护栏杆，游人在谷上观赏美景时一定要和峡谷边缘保持足够的安全距离；观光道路中弯路、斜坡较多，车速不宜过快。

峡谷之下，岩石流过水的地方十分湿滑，在谷底进行穿越探险的游客应穿防滑鞋，在经过瀑布、探索洞穴之时，还应备有雨衣。

在非洲的最南端，有一处和非洲其他地域截然不同的土地，这就是南非。提到南非人们很自然地想到钻石，其实这里的景色也独具特色。这里有浪涛汹涌的海滩，造型奇特的桌山，充满欧洲风情的城市开普敦，还有众多各具特色的国家公园。非洲总是给人一种很贫穷、原始的感觉，但南非除外，在这里你能看到的是灿烂的阳光，热情的笑脸，淳朴的人民。它美丽又富饶，那儿的每一寸土地都让人想放声高唱，每一片树叶都让人心动不已，每一天时光都充斥新奇与欢乐。

其中布莱德峡谷是南非最具代表性的景点之一，它位于南非克鲁格国家公园西边的布莱德河峡谷自然保护区。大峡谷的景色壮丽非凡，看到布莱德河与1000 米高的大峡谷交织在一起的壮观景色，任何人都会被它震撼。

到此游览过的游客常说，这个峡谷可以媲美美国的科罗拉多大峡谷，峡谷沿保护区的纵向开通马路线，是很好的驾车游览线路。乘车行驶在路线上，窗外就是大峡谷壮丽的景色，道路旁就是绿色自然的植被，天空很近，云像揪碎的羊毛被神随意地扔在蓝色的穹幕上。怪峰奇石矗立在山谷之上，像戏台、像城堡、像层层叠叠的书页、像巨大的汉堡包……三茅庐是这种怪峰的代表，远远望去，三座平顶石峰并立在峡谷之旁，侧壁露出光秃秃的巉岩，顶部覆盖着稀疏的植物，正如土著人的茅草小屋一样。

从峡谷的公路上，俯瞰谷底，山水勾连，很多陡

淙淙的小溪，从浓密的森林潺潺流出，黝黑的岩石似乎在见证着这里的一切。

峭的小山如同屏障般从地下冒出来，上面长满郁郁葱葱的植物，它们不和其他的山峰连在一起，仿佛一堵墙，忽然不知被什么力量撞碎了，断成一段一段的，漂浮在大峡谷底部的绿色海洋之中。这些墙一样的山有的横着、有的竖着、有的平倒在地上，还有的折出

几个弯，扭曲地堆在那里，让人浮想联翩。

公路在峡谷上蜿蜒盘旋，车奔驰在上面，忽高忽低，一会儿仿佛要驶入深渊之下，一会儿又仿佛要飞到云层之上。接近底部，车辆从绿色的丛林间穿行，停下来可以听到树林中各种鸟的鸣叫，可以看到鱼一群群地在湖泊河流中掀起片片涟漪。在峡谷之上时，车窗外就是深不见底的巨大沟壑，很多地段路旁都没有设置栏杆，即使下了车，大多数人也不敢靠边缘太近，生怕被一阵忽来的风推下万丈深渊。

在布莱德河和楚尔河交界的地方，有一处美丽的瀑布，此处的悬崖如同阶梯一样，流水从扇面落下，层层叠叠泛起无数白沫，这里的岩石被千百年的水流侵蚀得奇形怪状。布莱德河与楚尔河分别是幸福河与伤心河，这个称谓来自早期荷兰移民，曾经在这里，移民部落中的青壮年去寻找新的宿营地，他们离开家族约定于三个月之后回来，但逾期未归，他们离去的那条河就是伤心河，水势浩大，那是等候的家人日夜流泪而致。最后，勇敢的人们终于找到了新的资源，

山谷中的岩石经受了数千年的风霜雨雪侵蚀，当阳光照射之时光彩变幻，溢金流彩，璀璨夺目。

迎接他们回来的另一条河，就是幸福河了。两河交界的地方，冲蚀出了这样的壶穴，就是幸运壶穴了。据说在这里的桥上向幸运壶穴中投掷硬币所许下的愿望都能实现。

保护区沿着峡谷设立了3条徒步游览路线，无论探险者想从哪个方位观看峡谷奇观都能得到满足。路线上有温泉旅游区，有美丽的瀑布群，有幽静优美的山庄，有传统的小村落，淘金时期的小镇，有充满各种神奇传闻的回声洞穴，水库、隧道、花岗岩石林，几乎所有你能想到的峡谷景观在这里都能看到，都能沿着徒步探险的道路到达。

对大多数探险者来说，只要不是专门攀爬那些陡峭的悬崖绝壁，布莱德峡谷探险是比较简单安全的，游人需要注意的仅仅是那些流过水而变得十分光滑的岩石。但每年都有探险者在这里摔伤，因为大峡谷的景色太迷人了，很多人因为过于沉迷美景而被脚下的巉岩绊倒。

站在上帝之窗，遥望布莱德大峡谷，群峰如层层屏障，苍翠的大地和湛蓝的天空远远地连在一起，美景绝眦，心神皆宁，让人久久不愿离开。

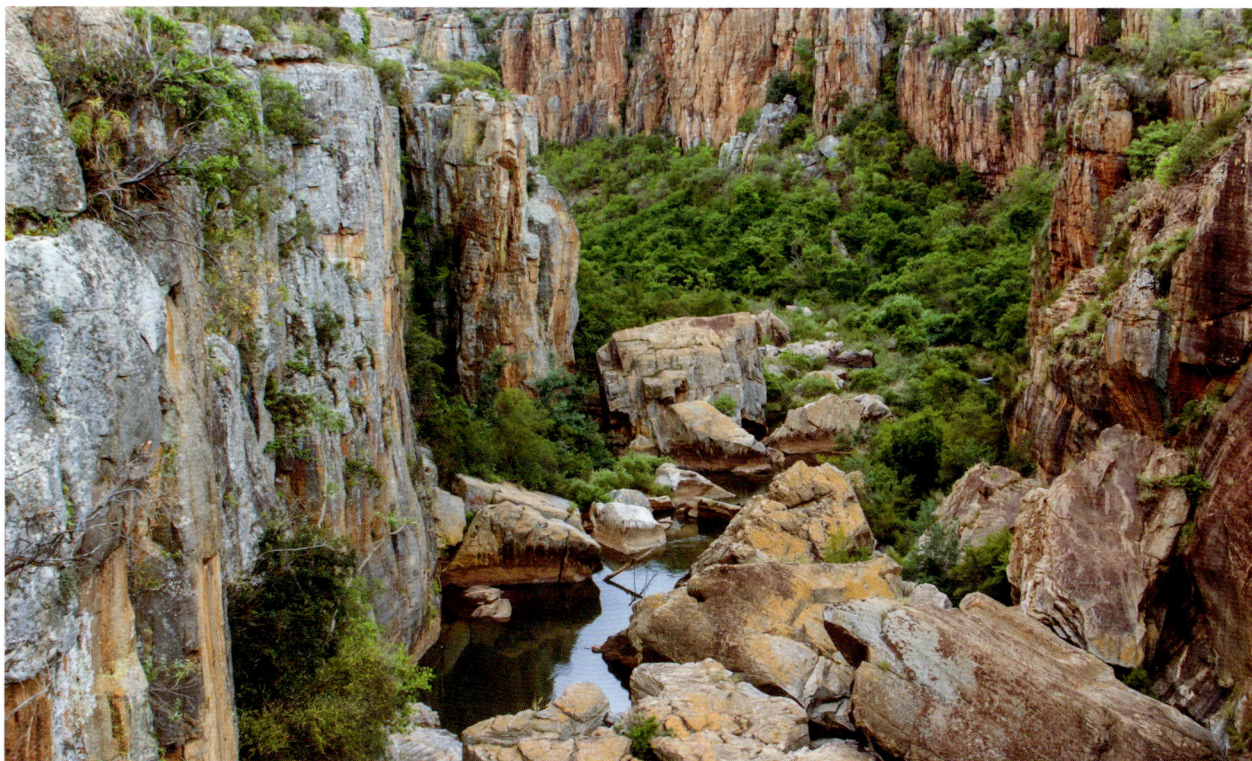

铜峡谷在西班牙语中叫"德科布峡谷"，远眺，似乎道出自然岁月的沧桑，记载了它自然地质的变迁。

61 墨西哥铜峡谷

乘火车，看峡谷

行走在峡谷之畔，随处可见怪峰奇石、飞瀑澄湖、古松枯柏，尖顶白色教堂、红墙绿瓦的别墅、幽深的洞穴、破败的木屋和废弃的矿山点缀在其中。

地理位置： 墨西哥齐瓦瓦省

探险指数： ★★★

探险内容： 攀爬岩壁、峡谷穿越

危险因素： 山路崎岖陡峭

Tips

在铜峡谷中能遇到很多印第安人部落，他们和大部分人印象中的可能不同，这里的印第安村落大部分都"现代化了"，但他们仍然保留着一些古老的手工传统，那些草制编织品，木雕作品都是很好的旅游纪念品。

在峡谷底端探险穿越时游人要时刻注意两边的地形，大峡谷很多地方曾出现过崩塌。

墨西哥高原西南部的奇瓦瓦州有无数座2500 米以上的山峰，高峰之间夹着众多幽深的峡谷，铜峡谷就是其中最著名的一条。

铜峡谷在西班牙语中叫"德科布峡谷"，由于河流的强烈切割作用，加上西马德里雷山脉的抬升，形成了非常庞大的沟壑和峡谷，其深度超过了美国亚利桑那州的大峡谷。峡谷两侧的悬崖峭壁多铜绿色，故人们称它为铜峡谷。一般人们所说的铜峡谷共包括六条主要的峡谷，加上那些和它们相互连接的峡谷、沟壑，整个峡谷则更大，大得几乎没有人能说出一个确定的界线。

铜峡谷地处干旱地区，峡谷高处的山坡上树木并不多，但谷底的气候温和，并有足够的水源滋润，所以生长着非常茂密的热带植物，放眼望去郁郁葱葱。这里本来居住着 50 个印第安部落，由于 17 世纪西班牙人的入侵，以及美国和墨西哥在此修建铁路，而使大量的土著迁徙他处，至今仅有 10 个部落还生活在这片土地上。自然和历史在大峡谷中共同绘制了一幅壮丽的画卷，不但有优美雄浑的自然风光，还有独特迷人的人文景观，行走在峡谷之畔，随处可见怪峰奇石、飞瀑澄湖、古松枯柏、尖顶白色教堂、红墙绿瓦的别墅、幽深的洞穴、破败的木屋和废弃的矿山点缀在其中。

铜峡谷的边缘在很多地方几乎都是垂直的石壁，

那些层层叠叠的岩石宛如书页一般，常有被风吹得扭曲成各种奇状的树木从岩穴间伸出，如同书本中夹杂着的标签。悬崖最上端，很多巨大的岩石平台悬空而置，站在悬崖边缘，俯瞰峡谷中的深谷裂缝处委婉泛光如银的细线，那是切割出峡谷的乌利奎河。目光所及皆是峰峦起伏、巉岩裸露、孤峰、峭崖、青山红岩，逶迤绵延与朦胧霭霭的天际相连。山坡上被大自然伟力冲刷出的沉积岩露出它深沉的"皱纹"和粗糙的"脸庞"，道出其自然岁月的沧桑，记载了它自然地质的变迁。

在悬崖之上，常常点缀着一些红顶黄墙的建筑，这是塔拉胡马拉人经营的旅馆。对往来的游客、探险者，旅馆老板们都十分热情，在这里游人能进行休整补充，并品尝到美味的墨西哥食品，在旅途中于此休息一晚，绝对是正确的选择。吃完晚饭后，漫步在峡谷边，俯瞰乌利奎河中月光点点，仰望天空群星璀璨，在这人烟稀少的峡谷之巅，观看美丽的星空绝对是一生难忘的体验，群星仿佛就在头顶，伸手可及，躺在平滑的岩石之上，你似乎能听到它们眨着眼睛在诉说着什么。被太阳晒了一天的巨石板，暖烘烘的，那种感觉比躺在柔软的床上都要舒服得多。

沿峡谷行走，可见许多枣红色且枝干光滑的树，当地人将其称为"醉树"，据说小鸟吃了它的果实便会醉倒。在峡谷的很多地方，到处遍布岩石和沙砾，绿色几乎消失殆尽了，但不知为何从地下冒出了众多尖粗的仙人掌刺，令人敬而远之，但它却是土著人的生活依靠，他们称"哪里有仙人掌，哪里就能居住"。

在铜峡谷，游人可以登上悬崖高处极目远望，也可以低头俯瞰深不见底的谷底，可以徒步穿越，也可以骑马、乘空中缆车，无论采用何种探险方式都能欣赏到大自然赋予铜峡谷的那种独特的自然景色；荒芜原始中的粗犷幽寂、裸岩巉峭中的奇美天姿、峰峦叠嶂中的雄伟气势。最简洁的观看峡谷风景方式是乘坐观光火车。

奇瓦瓦太平洋铁路是墨西哥唯一一条保持营运的观光铁路，从奇瓦瓦出发，经过埃尔堡垒、铜峡谷，到达洛斯莫奇的线路，被称为"世界上最美丽的铁路"。

火车在落差 900 ～ 1200 米的铜峡谷上疾驰，透过窗外，美景迎面扑来，从不间断。当火车爬升到高处时，峡谷的壮丽景色尽收眼前，丛丛带刺的仙人掌，被高山的阳光照得闪烁金光，犹如锋利的金针。当火车行驶在山腰中穿峡谷过隧道时，带有弧度、色彩美丽的车厢依山势而缓缓游动，枝丫耸立犹如枝枝擎天巨臂的仙人掌，在车身下向它肃立起敬。千年的古树伸展枝叶为它遮阴，亿万年的皱褶山崖不是注目相送就是俯首称臣，让它随意在自己的脊背上通行。火车驶到低处，那高山峻岭下的满片农田，辽阔的高山牧场，热带山谷、果园、湖泊、市镇历历在目，呈现一派沙漠上绿洲特有的悦目清新景色。

庞大的沟壑和峡谷，两侧多悬崖，山路崎岖陡峭。

乞力马扎罗山就在这片裂谷上，神秘而美丽。

62 东非大裂谷

野性的「疤痕」

群峰上覆盖着茂密的原始森林，野花布满山坡；近处是广袤的草原，其间散落着翠绿的灌木丛，青草依依，花香弥漫，闪闪的波光耀人眼……

地理位置： 非洲东部

探险指数： ★★★★

探险内容： 断裂带

危险因素： 猛兽、深谷

Tips

沿海地区是举世闻名的斯瓦希里烹饪的发源地，这是一种中东及非洲烹饪的结合，又含有沿海地区的风味，喜欢美食的游客切不可错过。

去肯尼亚的旅游者不用对讨价还价有所顾虑，这是意料之中的，很少会被认为是一种冒犯。开价常常被故意抬高，并被认为是漫长讨价还价过程的第一步。

东非大裂谷是世界上最大的断裂带，这一点毋庸置疑，从卫星图片上看它就好比地球上一道巨大的疤痕，当乘飞机穿越浩渺的印度洋进入东非大陆的赤道上空时，从窗口向下望去，你会看到一个巨大的裂谷地带横亘在眼前，顿时会觉得造物主的伟大和神奇。这就是著名的"东非大裂谷"，亦称"东非大峡谷"或"东非大地沟"。这条峡谷长度相当于地球周长的 1/6，气势异常宏伟，景色蔚为壮观，从过去到现在不知使多少人为此着迷。

东非大裂谷是一个水资源非常丰沛的地方，大大小小共有 30 多个湖，非洲大陆上最多的水源都汇聚在这里，例如马加迪湖、坦噶尼喀湖、马拉维湖、图尔卡纳湖和阿贝湖等。这些裂谷带的湖泊，水的颜色

角马过河的壮观景象。

大裂谷壮观而美丽的景象吸引着前来探险的人。

是湛蓝的，边际十分辽阔壮美，形式千变万化，不仅是人类旅游观光的胜地，而且还因为湖区水量丰盛，滋养了湖泊旁边的土地，因此植被茂盛，吸引来众多的野生动物，如大象、河马、非洲狮、犀牛、羚羊、狐狼、红鹤、秃鹫等都在这里栖息。这里已经被坦桑尼亚和肯尼亚政府辟为野生动物自然保护区，位于肯尼亚峡谷纳库鲁近郊的纳库鲁湖，是一个鸟类资源丰富的湖泊，平常这里会有 5 万多只火烈鸟聚集，最多时可达 15 万只。每当成千上万只鸟儿组成大片的队伍整齐划一地掠过那湛蓝的水面时，"哗啦啦"的翅膀有节奏地拍打出翅膀合奏曲，远远观望，一片霞红。

在东非大裂谷露出真面目之前，人们凭着超强的想象力，幻想那里是一条狭长的、阴暗的、狰狞的断裂带。但当你来到裂谷之后，你看到的远比想象的震撼。群峰上覆盖着茂密的原始森林，紫色的、淡黄色的小花儿遍布在山坡上。近处是广袤的草原，其间散落着翠绿的灌木丛，青草依依，花香弥漫，闪闪的波光耀人眼，仔细一看，原来是掩藏在青草深处的湖水。高处白云萦绕在山与水之间，"疤痕"底部平整坦荡，山涧幽芳，绿色葱茏，宛如人间仙境。那些美丽的湖泊，无疑是大裂谷中最耀眼的明珠。形容它们最好的词大概就只有"完美"才恰当，这里湖、光、山、色无一不自在随意，恰到好处的人为痕迹犹如锦上添花，轻描淡写不露痕迹地将随手拈来的田园诗风格揉到一起，渗透般释放出柔和而深刻的华丽感。

千百年来，东非大裂谷这道美丽的"疤痕"从没有让到过这里的人失望，总是给予惊喜和感动，这是一片未开垦的处女地，提醒着人们伤疤也有它独特的美丽。

成群的长颈鹿群在这片土地上繁衍生息。

身处栈道绝壁，天空如同一线，雾霭蒙蒙，恍如不在人间。

恩施大峡谷

63 清江八百里

身处栈道绝壁，天空如同一线，雾霭蒙蒙，恍如不在人间。

地理位置： 中国湖北省

探险指数： ★★★

探险内容： 攀登悬崖、峡谷穿越

危险因素： 崖壁湿滑、坍塌

Tips

恩施由于其特殊的地理环境，当地餐饮既有蜀地麻辣特色又具潇湘咸辣风格。特别是颇具土家族和苗族特色的风味小吃更是吸引了不少的游人，比如有"格格"、合渣、腊肉、土豆干等。

恩施大峡谷由三座山连成，路程较长，爬完全程须 4~6 小时，爱美女士建议穿上运动鞋，方便舒适。如果有老人小孩及身体较弱者，建议在山下买根木拐杖，很结实，不刺手。零食、水等建议自带，因为越到山顶价格越高，可以翻几倍。

中途没有捷径下山，也不走回头路，所以实在走不动的朋友可以坐滑竿（还是自己走比较好，锻炼身体）。临下山的地方可自费坐电梯，但电梯不到山底。

恩施大峡谷绝壁百里，瀑布千丈，独峰傲啸，美不胜收。你可以漫步原始森林，可以徜徉曲折溪流，可以饮酒远古村寨，欣赏那些层层叠叠的峰林、近乎垂直的断崖、气势雄伟的绝壁。这里如同一张张山水画卷，惊险和瑰丽相互交融，磅礴和幽静共存共生。这里被誉为世界上最美丽的大峡谷，"八百里清江，每一处都是风景"，"即便走马观花也令人如痴如醉"——这就是恩施大峡谷。

恩施是一座山城，高矮不一的建筑坐落在群山峻岭间的谷地中。每当夜晚降临，灯火辉煌，虽没有大都市的繁华，却有和大都市同样的风采。清江自北向南穿城而过，三座大桥将两岸的街道连接在一起。六角亭、舞阳坝一带是老城区，街道狭窄、曲折，但不影响商业的繁华。驻足在灯火辉煌的街头，望着夜空的明月，一刹那，仿佛街灯都成了星星，而游人则漫步于天上的街市。逛久了，路边有很多餐馆，这里的口味接近川渝，以酸、辣为主，让很多人大快朵颐。

恩施大峡谷长有 100 多千米。在这里，大自然用鬼斧神工的力量，创造了一个个引人入胜的美景。自然景区主要由大河碥风光、前山绝壁、大中小龙门峰林、板桥洞群、龙桥暗河、云龙河地缝、后山独峰、雨龙山绝壁、朝东岩绝壁、铜盆水森林公园、屯堡清

恩施大峡谷的几个大字苍劲有力，凸显它的神奇。

江河画廊等组成。除了幽深秀丽峡谷外，最大的景观特色是两岸典型而丰富的喀斯特地貌；有天坑，地缝，天生桥，溶洞，层层叠叠的峰林，还有近乎垂直于大峡谷的断崖。

很多人将恩施大峡谷与美国的科罗拉多大峡谷相比。论壮观，科罗拉多大峡谷与施恩大峡谷在伯仲之间；论美丽，恩施大峡谷则远胜于科罗拉多大峡谷。恩施大峡谷属温带季风气候，夏无酷热，冬少严寒，日光充足，四季分明。水资源丰富，河床落差大，径流量大，水能资源十分丰富。峡谷内动植物资源也十分丰富，这和荒凉的科罗拉多大峡谷形成鲜明对比。

在山底仰望天空，只见一道白，曲折蜿蜒在头顶。

若隐若现的迷雾笼罩峡谷，置身其中如仙境般如痴如醉。

观赏恩施大峡谷与别处峡谷不同，需要攀爬四座山，才能尽览峡谷美景。对探险者来说，登山并不是什么难事。登上第一座山观望峡谷，与山底又不相同。虽有雨雾遮掩，峡谷中的绿色植物也还是能看清。

在栈道上行走，脚下是深不见底的深渊。栈道下岩石上的树木横向生长，多么顽强的生命！离开栈道绝壁，天空如同一线，雾霭蒙蒙，恍若不在人间。天色暗下来了，不是因为时间已晚，而是由于乌云密布。一炷香似乎也不再燃烧，看不到香头的火光……

传说在峡谷中曾经生活过一支神秘的民族。他们有可能是尚未被其他民族同化的巴人后裔，也有可能与以狗为图腾的瑶族有关。后来这支民族神秘地消失了。他们神秘的文化一直吸引着探险爱好者前来，一窥究竟。

峡谷中景点众多。云龙地缝，两岸陡峭，飞瀑狂泻，缝底流水潺潺；上通天水暗河，下联莽莽清江。它是世界上唯一两岸不同地质年代的地缝。峡谷四周重峦叠嶂，巨壑环抱；其内流水淙淙，飞瀑跌落。雄奇险峻之美景，厚重悠远之人文，人与自然和谐地结合在一起。

绝壁长廊，又称"绝壁栈道"，是人工修建的一条海拔1700米，净高差300米的山腰栈道。这条栈道汲取了古蜀栈道的建造方法，采用现代建筑技术，集科学和景观于一体，磅礴大气，安全可靠。在这条栈道上，你可以一路欣赏武陵风光。

鞠躬松在喀斯特地貌中，一般有绝壁者无峰丛，有峰丛者无绝壁。而这里却两者兼有。黄山有迎客松，张开臂膀迎接客人，而恩施鞠躬松则"俯首甘为孺子牛"，愿为恩施的景观添砖加瓦。

施恩大峡谷险峻的悬崖，成为世界各地探险者挑战勇气的最佳场所。2012年4月，40岁的美国探险奇人迪恩·波特来到恩施大峡谷，挑战高空无保护走扁带。在160米高空，软绳行走41米，刷新了他自己创造的34米软绳行走纪录。

此外，重装徒步，探索谷中洞穴，谷底露营都是兴起的热门探险活动，如果你想在体验探险的过程中还能欣赏到如画的美景，恩施大峡谷一定不可错过！

苍翠欲滴的植被，游人置身于大峡谷，无比清凉。

豫西大峡谷

64 中原第一漂

漫步豫西大峡谷风景区，只见青山如黛、幽谷叠翠、银练飞泻、野花丛生，宛如一幅山水画卷。

地理位置： 中国河南省

探险指数： ★★★

探险内容： 漂流

危险因素： 暗礁、跌流

Tips

多带一套更换的衣服，因为漂流不可避免会"湿身"，上岸后没有干衣服换会着凉的。

参加漂流不要穿皮鞋，平底拖鞋、塑料凉鞋和旅游鞋都是不错的选择。

漂流前要把贵重物品放在景区提供的免费寄存柜寄存，太名贵的服装鞋帽最好不要用于漂流，电子产品不能随身携带，以防丢失或浸水。

悠久的历史，古老的文明，经历风雨侵蚀，依然光彩闪耀。一条峡谷，就像满载时光的长河，在这条长河里充满了梦幻色彩。记忆在时光里留下痕迹，时光在记忆中永恒。乘坐橡皮艇，在峡谷中漂流，在满载时光的长河中留下更多的欢声笑语……

走进豫西大峡谷，就踏入了中原大地西部。豫西大峡谷风景区，位于豫、秦、晋三省结合部的三门峡市卢氏县官道口镇境内，这个城镇具有 2000 多年的历史，是河洛文化发祥地的重要组成部分。大峡谷呈东西走向，像一条由西向东延展的飘带，两侧山峰最高海拔 1372 米。和其他著名的大峡谷比起来，豫西大峡谷显得十分袖珍。但狭长而深邃的峡谷河流滩多水急，大大小小的瀑布以及 300 多个潭池构成了这里绝美的景色，每当汛期来临，潭上飞珠溅玉，雾气腾腾，声响如雷，气势磅礴；风和日丽时节，瀑布则如白练悬空姣美绝伦。漫步风景区，只见青山如黛、幽谷叠翠、银练飞泻、野花丛生，宛如一幅山水画卷，给人以极好的视觉享受和心理享受。峡谷内几处悬崖绝壁势如刀削，两旁植被丰茂，满谷苍翠，石峰形态各异，峰峰相连如画卷，畅游期间移步换景，别具风韵。每逢云蒸雾绕之时，山峰宛如空中楼阁，点缀于缥缈云海之间。

充足的水流，多变的地形，使这里具有国内顶级的漂流，集"岩洞漂流、暗河漂流、峡谷漂流、瀑布漂流、回旋漂流"五大特色于一体，漂流河全程 6 千

米，穿越 3 处岩洞，经过 2 处回旋漂流，飞跃白龙瀑、九曲瀑、大淙瀑……惊险、刺激、紧张、快乐……漂流的万般感受让你一次体验，保你一路欢笑一路尖叫，彻底释放你的夏日激情！在豫西大峡谷漂流是一种惊险刺激的享受。穿上救生衣，拎着船桨，坐在橡皮艇里，往河道漂去，紧张和不安顿时将内心充满。当橡皮艇进入河流中，水流迸溅到脸上、身上的时候，一丝丝凉意驱走了心中所有的焦虑。

有些河道里的水很浅，但是却有突起的石块挡道，倘若不能掌握好方向则会与石块相撞。虽然不会有什么危险，但是若不及时划走，后面的橡皮艇可能撞上，艇中的人就会被撞得七仰八歪。有些地方则河水深急，坡度极大，橡皮艇上下翻飞，左右摇晃，惊叫声，欢呼声都被埋在水花深处。到流水跌落处，心悸的尖叫，铺面的浪花，激起的水柱，混合在一起。声音从浪花

乘坐橡皮艇，在峡谷中漂流，是探险者喜爱的一项运动。

中穿越，飞向远方。漂流是如此的刺激和好玩。似乎在流水中，再年老的人也会变回孩童。

在人工修建的隧道中滑行，更是充满了勇气的挑战。隧道中漆黑一片，什么都看不到，唯有流水声和人们的尖叫声，不绝于耳。一路上跌跌撞撞，感受到的是无尽的惊险刺激。然而，美妙的时刻总是如激流飞快流逝。只是过了数十秒，隧道就到了尽头。

结束了漂流，去欣赏瀑布。很远就能听到瀑布的轰鸣声。在阳光的照射下，如水帘悬于空中。极速的流水从空中摔下，在石块上碎裂成无数的珍珠。水雾在周围弥漫，缥缥缈缈，如在梦中……

大淙潭瀑布，溪水从天而降，似一条舞动的白练，飞珠溅玉。声势宏伟，远听如雷，近听如鼓。瀑布下是一深潭。潭水清澈，潭中鱼鳖甚多。这里风景迷人，虽无漂流之惊险，但有飞瀑之壮美，深潭之幽静。一动一静，构成一幅和谐的画面。

景区中还有很多温泉，如著名的汤河温泉等。绿山碧水，俊峰峭立，环境清幽，温泉天然溢出。

那些和光武帝刘秀相关的景区，如卧龙溪、沸水潭、刘秀湖等，几乎每个景点都有一段传奇的故事，历史和自然在这里相互交融，让人回味不已。

山峰宛如空中楼阁，瀑布穿流而过，别具风韵。

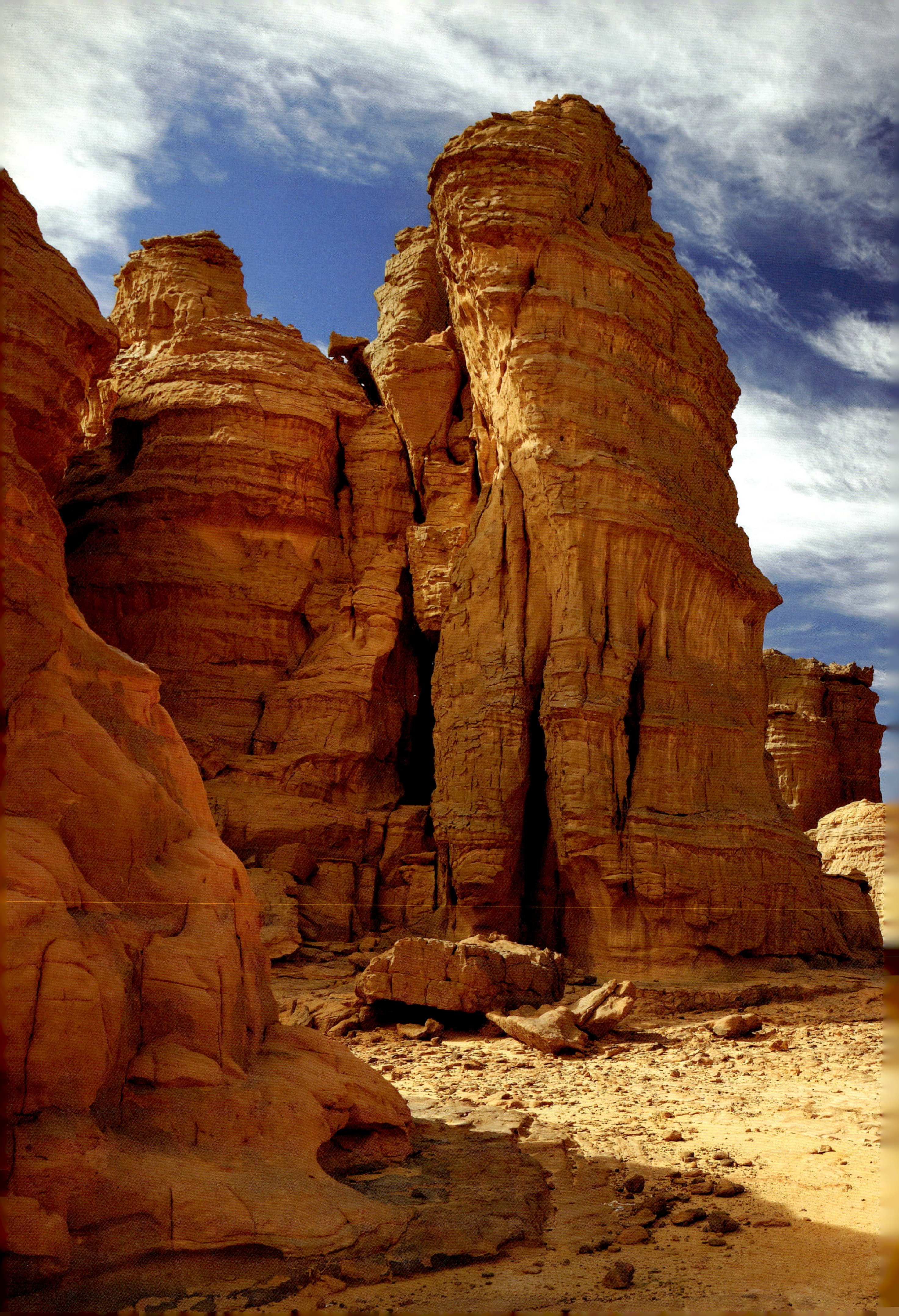

第五章
荒漠禁区

　　提到沙漠很多人心中所能想象的就是莽莽黄沙，其实除了壮美的沙海、恢宏的日落日出，沙漠里还有很多美景：生命短暂却灿烂异常的花朵，铺满湖面的闪亮盐壳，千年不干的沙间湖泊，神秘诡异的雅丹魔鬼城。那些除了沙漠之外的高山原野、高原草地更是明湖清流、雪峰冰川美景不断。没有亲自到过那里的人很难想象它们真正的面貌，如果你有探险的热情，不妨到这些荒漠中来看看。

穿行在锡克拉玛干大沙漠中的行人，无比的潇洒与自由，也是一项无比刺激的探险运动。

塔克拉玛干沙漠

死亡之海

65

沙漠中的雅丹地貌，让人不由得惊叹大自然的鬼斧神工，仿佛腾起的苍鹰、出水的蛟龙、下山的猛虎都一下子凝固了，忽然被剥离了生命，凝固成一堆堆巨大的雕像。

地理位置： 中国新疆维吾尔自治区

探险指数： ★★★★★

探险内容： 沙漠穿越

危险因素： 干旱、沙暴、流沙

塔克拉玛干沙漠，最佳旅游季节为秋天到第二年春天，此时气温较为合适，且极端天气相对较少，但就是此时进入大沙漠也应注意关注天气预报。

沙漠极为广阔，其中大部分地方荒凉无比，都是莽莽黄沙，游人一定要以安全为主，除了带好通信设备和必要的食物、水外，还应到当地相关部门备案，以备发生危险时能够获得及时营救。

如果我们可以将造就地球形态各异的神秘力量称为造物主，那么造物主的力量真是太伟大、太神奇了。他不仅造就了奇妙洞穴，巍峨的山峰，还造就了苍茫大漠。塔克拉玛干沙漠就是造物主对地球恩赐的最好证明了。

在世界各大沙漠中，塔克拉玛干沙漠可以算是最神秘、最具有诱惑力的一个了。维吾尔语中将其称为"进去出不来的地方"，人们通常称它为"死亡之海"。它位于中国新疆的塔里木盆地中央，是中国最大的沙漠，也是世界最大的流动沙漠。整个沙漠东西贯穿，长约 1000 千米，南北宽约 400 千米，面积达 33 万平方千米。沙漠里亦有少量的植物，其根系异常发达，超过地上部分的几十倍乃至上百倍，以便汲取地下水分；那里的动物有夏眠的现象。对沙漠旅人来说，骆驼是唯一的伴侣。

由于地处欧亚大陆的中心，四面为高山环绕，塔克拉玛干沙漠充满了奇幻和神秘的色彩。这里有变幻多端的沙漠形态，有丰富而抗盐碱风沙的沙生植物，有消失在历史深处的丝路、古城，有规模庞大的油田，有分布在地下河流之上的美丽绿洲，还有顽强地和环境抗争的野生动物等。

在这片荒凉的大漠里，几千年来悠悠的驼铃声和一个个曾经喧嚣一时的名字，都随着时光的流逝悄然消失，留在了厚厚的古籍里抑或是后人的想象中。这里原本汇集了天山南坡、昆仑山北坡的所有水系，但无论是塔里木河还是车尔臣河、克里雅河、尼雅河、安迪尔河，都没能走出这片死亡之海，甚至这些河流所孕育的繁盛一时的西域 36 国，以及连接丝绸之路的城镇、佛寺、驿站，也都像这些河

沙漠内唐僧师徒取经的雕塑。

穿行在沙漠中的一支驼队。

流一样，散落并渗透到塔克拉玛干沙漠中了。古代文明消失了，在这片散发着死亡气息的流沙里，只剩下风沙里的胡杨，在赤日炎炎，满目荒凉之中，将岁月的寂寞站成了一尊雕像。浩瀚的沙漠中，谁也不知道会遇见什么，在这片充满了传奇的地方，无数个活生生的历史变成了谜，埋藏在沙漠的心里。

沙漠中的雅丹地貌，让人不由得惊叹大自然的鬼斧神工，仿佛腾起的苍鹰、出水的蛟龙、下山的猛虎都一下子凝固了，忽然被剥离了生命，凝固成一堆堆巨大的雕像。好像是传说中的魔法，也许魔法一旦散去它们又会生龙活虎地腾空而起，奔向远方。

塔克拉玛干沙漠流动沙丘的面积很大，沙丘高度一般在 100 ~ 200 米，最高达 300 米左右。沙丘类型复杂多样，复合型沙山和沙垄，宛若憩息在大地上的条条巨龙，塔形沙丘群，呈现出窝状、羽毛状、鱼鳞状，变幻莫测。人在沙漠面前显得如此渺小，微风过后，脚印完全归于平静，在大自然面前，无论是谁，都会把一切归还于本真。

乘车行驶在黄沙之间，莽莽沙山如波如浪，萧瑟西风如哭如泣。丝路古迹早已深埋于黄沙下，沿着地图上那些粗糙的箭头，徒劳地想找到那些被岁月吞没的故事。偶尔看到一片残破的断壁土丘，停下来触摸它们被风沙刮刻的斑驳表面，心中涌起说不出的失落。再辉煌的城邦千年以后不过是一片黄土，那些匆匆地在世上驰骋的人啊，又奔向何方？

从汉唐时行走于西域和内地的商人，到清朝末年的中外寻宝者，再到今日的旅行者、探险家，无数人怀着无数不同的梦想，来到这片浩瀚的充满野性的土地上，这里有数不尽的财富，有让世界震惊的文物，有燃起生命激情的火种。可又有谁知道那些埋在黄沙之下的累累白骨，曾经都是充满梦想的勇士，也许他们每个人都有一个精彩的传奇故事。

奔驰在沙漠公路上犹如荡舟在海洋，苍茫天穹下是一望无际的黄沙，缥缈间带给人们一种震撼的力量，远远望去那泛着浓厚金黄的胡杨林，是一辈子都难以忘怀的。面对此情此景，每一位游人都感慨人生得失无偿。

塔克拉玛干，一个让人魂牵梦萦的地方！

巴德兰兹劣地是由于地质作用形成的洼地。

66 巴德兰兹劣地

『恶名』背后的美景

随着太阳的东升西落，无数的岩丘从淡红色变成光彩夺目的金黄色，令人叹为观止。

地理位置： 美国南达科他州

探险指数： ★★★

探险内容： 荒野穿越

危险因素： 崖壁陡峭

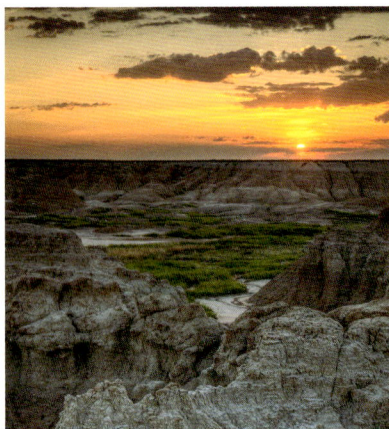

Tips

美国国内航班对行李的限制很严格，所以托运的行李用一个大箱子为好，第二个箱子需要加收 25~100 美元不等的手续费。

劣地公园中游览最好采用自驾游的方式，可以在附近租车，若没有熟悉路线的导游，一定要一张劣地公园的游览地图。

"巴德兰兹"来自音译，意思是劣地。在世界上许多地方都发现过劣地，这种地质构造通常在半干旱气候中形成，以无数峡谷、山脊以及稀疏的植被为特征。美国南达科他州的这片劣地最具代表性，也是最先使用这一称呼的地区，因此"巴德兰兹"就成了这里的地名。

巴德兰兹劣地既没有广袤的平地可供耕种，也没有一望无际的草场用于放牧，甚至连可以栽种果树的山地都没有。然而，正如中国的哲学家庄子所言"无用之用是为大用"，在巴德兰兹劣地获得"恶名"多年以后，人们发现了它的价值，这里有奇形怪状的土丘、巨石，这里有四通八达的沟壑、峡谷，还有众多珍贵动植物……这里成为最著名的国家公园之一、全世界旅游者心中必须一见奇观之地。

整个巴德兰兹国家公园约由刀锋般的山脊、深沟、狭窄的平顶山以及一望无垠的沙漠组成，在通往公园的路上，四周都是一望无际的草场，几乎没人能意识到那里为何会忽然出现一片完全不同的广阔土地。车子走着走着，你会忽然发现数十米高的岩石宫殿在大草原的天空下若隐若现——仿佛海市蜃楼一般，一转眼自己不知何时已经置身于千奇百怪的石塔和壮丽的广袤的草地上，风化作用下凸起的岩石堆纵横横交错。

拱壁之间了。

从日出到日落，从春天到冬季，劣地之上，时时处处都闪着迷人的光辉。随着太阳的东升西落，无数的岩丘从淡红色变成光彩夺目的金黄色，令人叹为观止。这里并非寸草不生，在岩坡上有一些刺柏攀附着，小溪旁与盆地中也有顽强的小草、白杨和野花。春天绿草初生，和荒凉的土丘形成鲜明对比；夏天酷热难当，偶有倾盆大雨；冬季则冰冷彻骨，萧瑟寒风，穿越沟谷、土塔群发出阵阵低吼，仿佛一首荒凉冷寂的美国西部歌谣。

公园最重要的地理造型就是石墙。在巴德兰兹国家公园，水是雕刻土地的工具，而风正是塑造这一切奇观的艺术大师：风吹起粗沙和灰尘不断地"打磨"岩石，被风带到岩石缝隙中的水分，年复一年地霜冻与解冻将岩石塑造成各种形状。

除了瑰奇的地貌，那些美丽的动物也为这片劣地增添了种种迷人景色。在无边的草地上，可爱、优雅的叉角羚羊在游荡；落基山大角山羊站在高高的土丘上，俯视着自己的领地；草原狼在城镇、村庄般的怪石墙间乱窜，寻找着自己的猎物；苍鹰在天空中盘旋，发现目标便俯冲而下……整个巴德兰兹充满了动感与野性。

巴德兰兹国家公园在历史和地理方面都是独一无二的。有人曾经这样评价过巴德兰兹国家公园："它有一个恶名，但绝对是个好地方。"相信任何来过巴德兰兹的人对这句话都会点头称是。

游客在巴德兰兹劣地可以沿着道路欣赏两边的美景，也可以走下观光车，进入那些峡谷、沟壑中去探险，去触摸它那彩色的岩石，探所那些藏在悬崖峭壁下的神秘洞穴，寻找不知被埋了几千万年的动物化石。一般游人可通过驾车来往于巴德兰兹国家公园各个景点之间，但有些喜欢徒步的探险家也选择徒步穿越整个劣地。离开了道路，行走在那些迷宫般的沟谷之中，四处都是色彩斑斓，在荒野中还会和羚羊、山羊们不期而遇，如今这种方式，越来越受到探险爱好者的青睐。

塔尔沙漠中的当地导游。

塔尔沙漠

67 另一种南亚风情

当驼铃响起，居民牵着心爱的骆驼归心似箭，经过远处的沙丘，只留下两行脚印。

地理位置：印度河东部拉贾斯坦邦

探险指数：★★★

探险内容：穿越沙漠、欣赏古堡

危险因素：炎热、沙漠毒虫

Tips

探险塔尔沙漠的线路一般以德里、亚格拉、斋普尔构成的"金三角之旅"为基础,延伸到西部若干个城市,准备十来天假期即可。

斋普尔向西,可以尝试印度火车,体验"西行慢记"的味道。

在斋普尔,即使不想购物也要去参观那里的市集,因其位于印度丝绸之路的中枢,为进入西部的重要门户,至今仍是印度重要的贸易中心和商品集散地。

塔尔沙漠是世界上最小的沙漠之一。面积约59万平方千米的土地干旱少雨,虽然夏季季风的湿润气流在它的东边不远经过,但是却没有一滴雨水降落下来。这和南亚其他雨水丰盛的地区形成鲜明的对比,在印度半岛边缘创造了一道与众不同的景观。

塔尔沙漠为印度大沙漠的延伸部分,海拔100～200米。其主要为沙质荒漠,由沙丘以及陡立的荒芜丘陵构成,地势起伏不平。沙丘在不断移动,形状和大小不断变化。较老沙丘则已固定或半固定,有些高达150米。沙漠中有季节性盐湖及干河道,地下水位很低且多为咸水。大部分地区无植物生长,少数耐干、热的植物可以生存。

塔尔沙漠和印象中其他地区的沙漠不同,这处沙漠显得极其特殊。塔尔沙漠上空的空气浑浊不堪,尘埃常常遮住了阳光,整片天空灰蒙蒙一片,夜间也很难见到星空。然而,就是这样一处沙漠景观,也同样拥有着十足的魅力。

塔尔沙漠特征为普通的土沙漠,沙丘特征不明显,每年有半年处于干旱状态,干硬土地连绵不断,少有山脉,整个地区缺乏水源,导致自然风光一般化。区域内大部分公路平缓,笔直延伸,公路两旁稀疏的植被给人几分苍凉感,眼前突然出现的色块使人兴奋,忽如一见的城堡、庙宇,使人内心顿时豁然开朗。

塔尔沙漠壮阔而美丽，脚印蜿蜒远去，像是一条通往远方的路。

尤其是当屹立高地的雄伟宫殿与山野湖泊相映，身着五颜六色纱丽的妇女穿梭其间的景致出现时。当车子邻近齐沙默尔古城时，荒漠末端突然露出一座建立在沙砾上的城堡，被昏黄的聚光照明灯包围着，泛着沉甸甸耐人寻味的光泽，恍惚中以为这城堡是被灯神搬到沙漠中来的。

萨姆沙丘是塔尔沙漠附近最受欢迎的游览点之一，这里的景色似乎是从撒哈拉大沙漠移植过来一般。此处的日出、日落是印度西部最迷人的景色：红色的太阳、红色的云彩，红色的沙丘，让人看了就再也忘不掉。

塔尔沙漠地区自古以来散落着诸多小公国，遗留了一批基本保持完好的城堡宫殿、王陵庙宇，这些建筑像珠宝般镶嵌在广袤的大漠中，闪烁着光芒。在这一地区，几乎看不到殖民色彩的文化，只有浓郁的中世纪情调，镂空和弧形的技巧经常出现在宫殿寺院甚至村落民居，本土印度教的传统文化和伊斯兰文化融合在一起，形成了印度西部缤纷又充满迷蒙的色彩。

贾沙梅尔堡，是这里人文景观最具魅力的代表。它像一位坚韧的使者，守候着这座荒漠之中的"金色之城"。整个古堡为黄色沙岩建造而成，具有悠久历史，是拉贾斯坦邦最古老的城堡之一，斑驳的古墙壁见证了这里数千年的历史，见证了巴蒂人与莫卧儿王朝、拉索雷王朝相互之间的无数次战争，见证了在这片土地上无数次悲欢离合，盛衰兴废。

在塔尔沙漠地区旅游是一种全方位的享受，美丽的自然景色，美味的印度食品，迷人的印度姑娘，令人痴迷的印度文化，种种体验会让人感觉沉浸在美的海洋之中，不愿离开。骑着骆驼穿越沙海，是很好的探险方式。这里不像穿越塔克拉玛干、撒哈拉大沙漠那样危险，是沙漠探险"菜鸟"们的训练场，在欣赏美景之余，那些经验丰富的向导，会热情地教你如何在炎热的沙漠中保持体力，如何减少水的消耗，如何与骆驼们进行更好的沟通，如何躲避那些沙漠中忽然出现的风暴……如果喜欢沙漠探险，不妨从塔尔沙漠开始吧。

"消失的仙湖"上荒无人烟，成为后人冒险的乐园。

68 罗布泊

消失的仙湖

沧海已为桑田，绿洲被黄沙吞没，村子、湖泊都消失在历史深处，只剩下这干枯的胡杨树，千年不朽，对后人倾诉往日的辉煌。

地理位置： 中国新疆维吾尔自治区

探险指数： ★★★★

探险内容： 穿越沙漠、参观罗布人村落

危险因素： 流沙、风暴

Tips

进入罗布泊后就只能露营了，沙漠里昼夜温差较大，而且夜间时常会有风沙侵袭。

一定要多人多车结伴而行，备足至少 15 天以上的水和食物，并根据个人身体状况自备药品，因为万一遇到特大沙尘暴，逗留时间肯定会延长。

性能良好的越野车或骆驼等交通工具，维修工具，卫星电话、GPS 等是必备的；司机最好熟悉路线并精通汽车维修。

罗布泊，位于塔里木盆地，被喻为"消逝的仙湖"。这里曾经湖清草美，飞鸟成群；这里曾经人声鼎沸，商旅"丝绸"；这里曾经万家灯火，楼兰城立。然而，因为人为地破坏和自然原因，现在它寸草不生，荒无人烟，成为一块冒险之地。更令人唏嘘的是，罗布泊原名罗布淖尔，先秦时的地理名著《山海经》称为"幼泽"，意为多水汇集之湖。

如今，罗布泊大部分地方早已干涸，变为了一片片戈壁荒漠。行走在罗布泊的荒漠中，到处都是胡杨，它们有的挺立在戈壁中，粗大的枝干上，长着细细的枝条，明明很古拙，却又透着股初春的新奇，让人想到那些擦红施粉的古稀老太太，俏皮得可爱；还有些倒在地上，干枯的木段散落一地，不知是根，还是枝；有些胡杨皮肤皲裂，沟壑纵横，而有些则郁郁葱葱，朝气勃勃，正是"病树前头万木春"，让人感慨岁月如斯，盛日难持。

触摸着沙漠上的那些枯干，斑驳的树皮上传来无尽沧桑，仿佛听到它们在诉说着千万年前此地的辉煌，那时这里湖泊充盈，林木蔽空，水鸟在湖畔栖息，狍鹿在林间嬉戏，勤劳的罗布人驾着小舟捕捞肥美的大鱼……可如今，沧海已为桑田，绿洲被黄沙吞没，村子、湖泊都消失在历史深处，只剩下这干枯的胡杨树，千年不朽，对后人倾诉着往日的辉煌。

神秘的罗布泊，村子、湖泊早已消失在历史深处。

寻找着那些干涸的湖泊，拾起被黄沙烤得滚烫的贝壳，放到鼻下，却没有一点腥气了，也许它们早已在烈日、风沙中晒了千年，早就忘了湖泊是什么味道了。夕阳西下时，古烽火台进入眼中，孤零零的土丘矗立在荒漠之中，不知曾有多少戍边青年在此奏响羌笛，吹出一段江南小调；多少青年，在月下，弹着胡地的琵琶，想着长安城中倚窗西望的佳人；多少刀光剑影从这里掠过，多少鲜血从这里渗入地下。

今天，那些千年前的繁华之地，孤单单地矗立在荒漠之中，任由后人感慨、悼念。离库尔勒60千米处的一座保持较好的古烽火台遗址，有学者根据修建长城的防御意义，认为该烽火台应是西长城的起始。汉代营盘遗址是罗布泊地区中保存较完好的一处古遗

干涸的罗布泊，荒凉的建筑遗址，仿佛为后人倾诉昔日的辉煌。

址。此处有一圆形城墙，直径300米，墙残高近6米，城西有一佛塔遗址，碎土坯形成金字塔形。古城北边两千米处的高台地上，存有佛塔基座，佛塔基座西边则是著名的古墓群，为罗布泊地区最大的墓葬群。在这里能深刻体会它昔日的光耀和繁荣。

罗布泊中雅丹地貌发达，最著名的龙城雅丹属罗布泊地区三大雅丹群之一，位于罗布泊北岸。又被称为白龙堆雅丹，誉为"最神秘的雅丹"，因为极少有人见过它的真貌。这里的土台群皆为东西走向，呈长条土台，远看为游龙，故被称为龙城。

罗布泊是神秘的。人们一直以来都在探究，竟是什么原因使原本是我国第二大的内陆河干涸，借宿在它地盘上的楼兰古国、小河墓地、丝绸之路又是如何倒下？还有它的游移之谜、地貌之谜、"大耳朵"之谜至今仍未破解，也正因为这样的神秘感吸引了一批又一批的冒险家来这里探险。然而罗布泊也是危险的。从彭加木的失踪到余纯顺的遇难，罗布泊"死亡之海"的头衔一点都不需要去质疑。罗布泊并不缺少一具干尸或多一堆汽车的残骸，这并不是什么危言耸听。但这一切丝毫没有阻碍探险者那充满渴望的、坚定不移的脚步，反而激发了他们更强的斗志，征服这个干涸的沙漠，绝对是一种刺激的挑战。

乌尤尼盐原沙漠中的湖泊被冰雪一样的盐覆盖

乌尤尼盐原沙漠

69 明镜映天空

雨后，湖面像镜子一样，反射着好似不是地球上的、美丽的令人窒息的天空景色，在一望无际的白色世界里，你可以感受到世外桃源般的纯净与美丽。

地理位置： 玻利维亚西南部

探险指数： ★★★

探险内容： 沙漠穿越、盐湖上行走

危险因素： 盐湖裂缝

乌尤尼盐沼的条件相当艰苦,海拔高度 3700 米,一万多平方千米的湖区内无人居住,里面光秃秃的,土地盐碱化相当严重,离盐湖很远的地方就开始寸草不生了,几乎找不到辨别方向的参照物。

玻利维亚海拔很高,注意高原反应,如果时间充足应先在拉巴斯逗留一段时间来适应环境。

最好在雨季 (12 月至次年 1 月) 去盐沼,因为形成传说中的天空之镜需要大片平静的水面。

沙漠有着惊人的生物多样性,沙漠有着"古文明坟场"的称号,但新的绿洲文明却散发着它迷人的光辉;沙漠有着"荒无人烟"的孤寂和旅途的"艰辛酷热",但独有的沙漠式奢侈会让你惊叹人类的创造力,惊心动魄的探险又让你有机会钦佩自身的勇气。沙漠有着遥远的路程与未知的茫然,但依然无法阻止每一个自由的心灵。它荒芜,没有边际;它充满危险,魅力十足;它孤独,但足够丰富。茫茫沙海,无数伟大的文明古城在这里繁荣而后消失,财富、梦想、欲望随着历史化为沙尘、诗人、作家、艺术家、探险者、自然和文化研究者、户外运动爱好者,纷至沓来,每个人都变得平等,却如沙砾般渺小。

位于南美洲玻利维亚西南部的乌尤尼盐原沙漠像每个沙漠一样有着"生命禁区"的称号,从名字上看,我们无论如何都难以解释这个沙漠的力量,即使是最善于驾驭文字的人也无法表达清楚自己为何会前往这片沙漠,为何会深深爱着这片沙漠。或者这种无法自拔的情怀,只是因为这个世上总有一种力量在人们心中翻腾,无休止地折磨着渴求刺激与挑战的心灵。

乌尤尼盐原,呈月牙形,是世界最大的盐沼。盐

盐湖边的植物也显得与众不同。

原作为玻利维亚标志性景观以其独特的魅力吸引了世界各地的旅游探险爱好者。沙漠沿岸建有盐场，主要盐场间有公路相通。沙漠广阔且近乎平坦，与天空浑然一体。沙漠中，有几个湖，由于各种矿物质的作用，湖水呈现出奇怪的颜色。四万年以前，这片地区曾是明清湖的一部分。之后，湖水干涸，剩下普波湖与乌鲁乌鲁湖两大咸水湖，以及两大盐原沙漠，即乌尤尼盐原与科伊帕萨盐原，其中乌尤尼盐原的面积大于科伊帕萨盐原的面积。由于雨量稀少，气候干燥，仅在12月至次年1月雨期积水时，经由利佩斯河泄水。每年7～10月为乌尤尼盐沼的旱季，盐沼地表大多很干燥，即使到了雨季，乌尤尼盐沼仍有部分区域干涸。每年冬季，乌尤尼盐沼被雨水注满，形成一个浅湖；而每年夏季，湖水则干涸，以盐为主的巨大矿物

硬壳覆盖了整个湖区。当地人采集了这些矿物质硬壳，用作建筑材料，他们建成的盐房除屋顶和门窗外，墙壁和里面的摆设包括房内的床、桌、椅等家具都是用盐块做成的。

天空之镜是乌尤尼盐原沙漠的美景之一，站在盐沼之中，眼前亮晶晶闪动的不是冰，而是盐。尤其是在雨后，湖面像镜子一样，反射着好似不是地球上的、美丽令人窒息的天空景色。在一望无际的白色世界里，你可以感受到世外桃源般的纯净与美丽。当你漫步在盐沼之中，浸没在纯白的世界里，会彻底被这令人窒息的美丽所折服。

渔岛是盐沼中央的一个小岛，上面长满了仙人掌，是横越乌尤尼盐沼途中重要的休息处所，岛上有一些当地人开设的土产店，没有旅宿设施，一般游客从乌尤尼带午饭过去，在此处午餐。

乌尤尼盐沼虽然海拔高，但是一望无际的白色世界仍然吸引了全球各地的游客。探险家们可以在盐沼中穿越，沐浴在被高浓度的湖水折射得色彩缤呈的阳光中；可以进入当地人利用旱季湖面结成的坚硬盐层搭建的"盐房"；每年4～11月是旱季，湖面变得坚硬无比后，还可以驾车穿越盐湖探险。

穿越盐湖存在种种危险，一万多平方千米的湖区内无人居住，里面光秃秃一片，几乎找不到辨别方向的参照物。而且，因为湖区内磁场的影响，指南针和卫星导航系统有时也会失灵，没有经验的探险者很容易在湖中迷路。而在这里迷路，大多数就意味着死亡。不容易发现的盐壳裂缝、缺口会轻易地将越野车辆吞没，人在炎热的阳光下几乎走不了多远，这里虽然是湖，但那些水却不能饮用——喝了它们只能让人更渴，更快地走向死亡。

尽管这里充满了种种危险，但因为那些瑰丽的景色，每年仍有不少游客前往乌尤尼盐湖探险。

死谷中沟壑纵横的山峦。

70 美国『死亡谷』

彩色的岩石

死亡谷中的山丘，因含有云母、褐铁矿、赤铁矿等丰富矿物质，形成五颜六色的图案，就像是画家恣意挥洒的画作，如同天赐的艺术作品。

地理位置： 美国加利福尼亚州

探险指数： ★★★★

探险内容： 穿越山谷

危险因素： 泥石流、未知的死亡因素

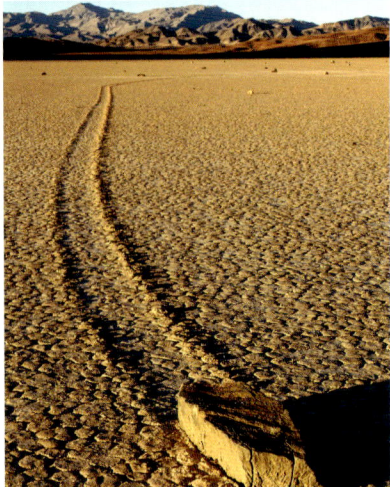

Tips

托马斯·凯勒餐厅是到死亡谷旅游不可错过的景点，它是当代加利福尼亚烹调的中心。餐厅前身是一幢石头建成的百年法式洗衣店，提供非凡品质的法式风格的菜肴。

参观完死亡谷的自然景观，到洛杉矶圣莫妮卡餐厅享用"创意沙拉"，成为很多名人的潮流新热点。

"**死**亡谷"，在美国加利福尼亚州与内华达州相毗连的群山之中，面积达1400多平方千米。峡谷两"岸"悬崖绝壁，地势十分险恶。这里也是北美洲最炽热、最干燥的地区。每逢倾盆大雨，炽热的地方便会冲起滚滚泥流。因为恶劣的环境，整个地区都被神秘和好奇所笼罩着，人们将其称为"死火山口""干骨谷"和"葬礼山"等。但越是奇特的景观、越是惊险刺激就更能吸引游人前来拜访，1933年由美国总统胡佛将其命名为"死亡谷"，并宣布为国家特级保护区，1994年美国将其正式辟为国家公园。

此地还是印第安人的故居，关于印第安人守卫着他们的圣山、杀死进入此地的冒犯者的流言在附近不断传播。最为传奇的是，1849年冬，一列去金山的淘金队伍抄快捷方式横越该谷，但很多人再也没有走出来，没人知道他们到底遇到了什么，是怪兽、恶魔，还是凶残的土著，或是无法解释的自然现象。

如今，开放的国家公园吸引了更多的游客，他们并未遇见任何怪兽和死亡的威胁。相反这里环境十分美丽。如果驾驶登山车走在蜿蜒的公路上，游人会不断地看到紫红色或者橘黄色的山岩，在一望无际的沙漠衬托下，岩石色彩随着阳光的强弱不断变化，变幻莫测，人们称为"艺术家的调色盘"。这些色彩是由矿物质中那些不同元素组成，而且岩石含有毒性，接触多了对人的健康有害。在死亡谷中有一处宽广的沙丘，沙丘上纹路清晰，错落有致，宏伟苍莽，构成一幅令人叹为观止的天然美景，让人们深深体会到大自然神奇的力量。

公园中的魔鬼高尔夫球场是风吹日晒而形成高低起伏、尖顶状结晶的盐地，之所以如此称呼它，是因为它恶劣的地势，除了魔鬼之外，没有人可以在这片

死亡谷美丽的自然景观。

死亡谷中的沙漠和山丘，神秘中透着凄凉萧瑟。

土地上打高尔夫球，若真的到此处打球，那么就得接受一场魔鬼般的训练。

烟囱井附近的沙丘，则是死亡谷国家公园内驾车最容易抵达的地方，来此的游客，都会尝试着体验在沙丘里翻滚的滋味，或是领略由沙丘顶往下滑动的美妙感受。

至于艺术家路，则是一条全长约5000米蜿蜒的单向泥土道路，路途中，有一转口可到达艺术家调色板，此地东侧的山丘，因含有云母、褐铁矿、赤铁矿等丰富矿物质，形成五颜六色的图案，就像是画家恣意挥洒的画作，如同天赐的艺术作品。

死亡谷国家公园不仅景色十分美丽，还是美国著名的爱德华空军基地和太空实验的场所，拜沙漠地带终年不断的强风所赐，高科技的风力发电产业在此蓬勃的发展，而令人赞叹的沙砾地质奇观也成为此地最大的特色。因为气候炎热的关系，吸引各地的游客前来亲身体验它的炙热。

神秘的死亡传闻、瑰丽神奇的景色，每年都吸引众多探险者进入公园穿越山谷。这些探险家们在死亡谷中的确发现了很多奇观异事。在死亡谷最低处，你会看到犹如银带一样的盐溪和恶水河床，这条盐溪水温高达40多摄氏度，含盐量比死海还高几倍，据说里面发现了很多骸骨——有些似乎是人骨，可能是早期进入此地，不小心跌入水中的遇难者。龟裂的恶水河床还有一个奇特的现象，在有些大石背后，可见到明显的滑行轨迹，长长的带有动感的滑行轨迹完全是由大石自行运动的结果，究竟是风力使然还是地震推动，无人知晓，然而，大石滑行的轨迹却从未中断或者停止，总在人们不经意的时候又将神秘的轨迹拖行更长更远。正是这些奇妙的景物，死亡谷深深地吸引着爱好探险的人们！

撒哈拉大沙漠上连绵的沙丘如同月球的表面，在阳光照射下璀璨如金。

撒哈拉沙漠

黄沙千万里

71

撒哈拉沙漠的黄昏时分，晚霞渐渐渲染笼罩，发出金灿灿光芒的撒哈拉显得神秘而庄严。

地理位置： 非洲北部

探险指数： ★★★★★

探险内容： 沙漠穿越、观赏古迹

危险因素： 炎热干旱、毒蛇毒虫

Tips

一般情况下骑骆驼穿越撒哈拉沙漠需要几十天，在此过程中游人必须准备好各种必需品，药物不仅要带人吃的，还要为骆驼们准备，以防它们在路途中生病。

大沙漠深处特别容易迷失方向，不要轻易离开队伍。

沙漠中生活着很多种类的毒蛇、蝎子，在睡觉、扎营时一定要将帐篷封闭好。

撒哈拉沙漠是世界上最广袤的大沙漠，也是世界上自然环境最恶劣最严酷的地方之一。阿拉伯语"撒哈拉"意即"大荒漠"，这片广袤的生命禁区，占据了阿特拉斯山脉和地中海以南，西起大西洋海岸，东到红海之滨900多万平方千米的土地。

古代的撒哈拉并非黄沙漫天，而是一片富庶的土地，河流纵横，大小湖泊星罗棋布，植物茂盛，百花争艳，飞禽走兽出没其间，俨然不同于今天的风沙遍地。当地居民从事放牧业。他们的绘画和雕刻至今仍能在洞穴中看到。后来气候变化，河流干涸，土壤因无水而龟裂，地上几乎长不出任何东西，这个地区也就变成了沙漠。在沙漠的周围，勤劳的各族人创造了古老、精彩的文明。沙漠上有许多绮丽多姿的大型壁画，这些都是远古文明的结晶。1850年，德国探险家巴尔斯来到撒哈拉沙漠进行考察，无意中发现岩壁上刻有鸵鸟、水牛及各式各样的人物像。1933年，法国骑兵队来到撒哈拉沙漠，偶然在沙漠中部塔西利台、恩阿哲尔高原上发现了长达数千米的壁画群，全部绘制于受水侵蚀而形成的岩阴上，线条优美，色彩柔和，形象地刻画出了远古人们生活的情景。壁画群中动物形象颇多，千姿百态，各具特色。有的动物受惊后四蹄腾空，有的势若飞行，有的到处狂奔。一切都栩栩如生，创作技艺之卓越，可以与同时代的任何国家杰出的壁画艺术作品相媲美。

如今，到了撒哈拉地区，游人还能感受到它深深的文化气息。到这里没多久，人们就会本能地取出随身携带的头巾娴熟的缠绕在头上，这样的举动不管是初到撒哈拉的游者还是当地的居民都看不出之间的差别，因为它是所有身处撒哈拉沙漠的人们集体无意识地对撒哈拉的敬畏和膜拜。

一支驼队正在穿越撒哈拉沙漠。

骆驼成为沙漠地区代替游人徒步的重要交通工具。

荒凉的大沙漠中，也藏着很多美丽的景色。非洲的好莱坞瓦萨萨特，是一座由于电影工业而发展起来的小城，是去撒哈拉沙漠的必经之路；在此拍摄的优秀电影作品数不胜数，如今电影城里还保留着《耶稣受难记》《木乃伊归来》《天国王朝》《小活佛》等电影的场景，成为电影迷们寻梦的好去处。

世界五大盐湖之一的杰瑞特盐湖是大沙漠中的一颗灿烂明珠，生活在附近的柏柏尔人中流传着一个古老的传说；这里曾是令人向往的金羊毛的产地，一位名叫司坎德的酋长为寻找金羊毛而不惜背叛埃及法老王来到这里，当他发现法老王派来的追兵就要追上来时，便祈祷上苍用盐把湖水凝固，使自己得以越过湖面脱离险境，可是追兵则因人马众多全部陷没在湖里的泥浆中……如今雨中的盐湖阴森肃萧，似乎要重现传说中的场景。

著名的作家三毛，曾经在撒哈拉度过了一段美好的时光，人们在她的文章之中，能感受到这片狂野的土地所具有的种种魅力，能体会到作者对这片土地深深的热爱。很多中国人到访这里都要去寻找《撒哈拉的故事》中所描述的那些场景。

撒哈拉大沙漠的茫茫黄沙之下，不知埋藏了多少秘密。千百年来无数探险者、寻宝者进入沙海中搜索传说中被埋在下面的古城、王陵。在干旱的荒漠中，只有最有经验的人才能找到绿洲、水源，在这里生存下去。白天的烈日、夜里的严寒、忽然而来的沙漠风暴、凶残的沙漠强盗，探险家如果骑骆驼穿越，差不多在两个月内每天都要对这些致命的威胁担忧不已。

但与危险相伴的是绝美的景色。它们会让你觉得，无论多么危险，这次旅行都十分值得。撒哈拉沙漠的黄昏时分，晚霞渐渐渲染笼罩，发出金灿灿光芒的撒哈拉显得神秘而庄严，如果在凌晨时分，它那种苍茫之美会让初到这里的游客生出虔诚之意。但更多的时候你会发现，在此延续了数千载神话的撒哈拉似乎早已感召了你数千年。你好似受召而来，陡升虔诚之念，只要你有一颗善良敏感的心和坚韧的品格，你就会毫无顾忌地爱上这片沙漠的一切。

一只骆驼队穿行在沙漠中。

72

古尔班通古特沙漠

深入魔鬼城

当那些植物忽然冒出时，这片死寂的沙漠会忽然间戏剧般地变得生机勃勃，充满诗情画意，仿佛一个人间天堂。

地理位置：中国新疆维吾尔自治区

探险指数：★ ★ ★ ★

探险内容：沙漠穿越、探访魔鬼城

危险因素：沙漠风暴、流沙

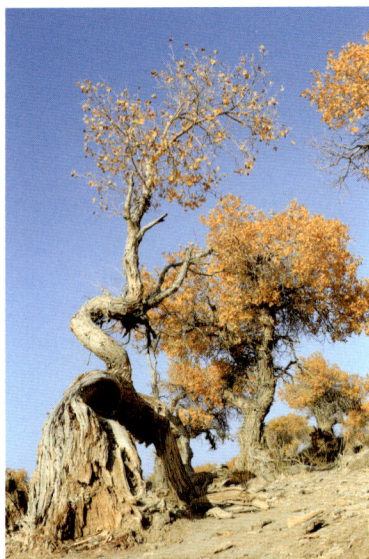

Tips

如果你是喜欢探险的人，那么最佳时间是春夏前往。

住宿的地方很少，最好随身携带帐篷以供在外露宿，如不携带，在外观赏美景也是一个不错的选择。

非常适合野餐，只要带上生食和炊具，这里柴火到处都是，红柳、梭梭枝烤肉、烤囊最香。

古尔班通古特沙漠地处新疆准噶尔盆地中央，玛纳斯河以东及乌伦古河以南，是中国第二大沙漠，同时也是中国面积最大的固定、半固定沙漠，面积大约 4.88 万平方千米。它虽没有撒哈拉沙漠那样的雄伟广阔，但是却同样壮观。沙漠里冬季有较多积雪，春季融雪后，古尔班通古特沙漠里特有的短命植物迅速萌芽开花。这时，沙漠里一片草绿花鲜，繁花似锦，把沙漠装点得生机勃勃，景色充满诗情画意。

游者来古尔班通古特沙漠都有共同的目的，就是看那引人瞩目的春季开花的短命植物群落，还有那白雪皑皑的冬季雪景以及春季的鲜花和夏季的碧绿。当那些植物忽然冒出时，这片死寂的沙漠会忽然间戏剧般地变得生机勃勃，充满诗情画意，仿佛一个人间天堂。每个摄影达人和游客都会为它疯狂。

实际上，古尔班通古特沙漠并不是一个沙漠，而是一个沙漠群，西部为索布古尔布格莱沙漠，东部是霍景涅里辛沙漠，中部是德佐索腾艾里松沙漠，其北部为阿克库姆沙漠。其中，古尔班通古特沙漠所属的位置是准噶尔盆地，属温带干旱荒漠。沙漠的沙粒主要来源于天山北方各河流的冲积沙层。沙漠中最有代表性的沙丘类型是沙垄，占沙漠面积的 50% 以上。沙垄平面形态呈树枝状。其长度从数百米至十余千米，高度 10 ～ 50 米不等，南高北低。

沙漠垦区农牧场呈带状分布在沙漠南缘。在沙漠的绿色通道上，绿洲与沙漠相隔交错，形成了独特的自然人文景观。一边是胡杨、梭梭、黄羊，古老的自然生态；一边是机耕、电井、喷灌，现代的绿洲文明。一边是沙丘绵延、万籁俱寂，生命罕至；一边是绿波万顷，欢歌笑语，生机盎然。

生命与死亡竞争，绿浪与黄沙交织，现代与原始并存，是观光考察自然生态与人工生态的理想之地。有寸草不生、一望无际的沙海黄浪，有梭梭成林，红

巨大的沙丘仿佛直通白云，风沙勾勒出完美的曲线。

绵延的沙漠一望无垠、沙丘上杳无人烟。

柳盛开的绿岛风光；有千变万化的海市蜃楼幻景，有千奇百怪的风蚀地貌造型；有风和日丽、黄羊漫游、苍鹰低旋的静谧画面，也有狂风大作、飞沙走石、昏天黑地的惊险场景。中午黄沙烫手，甚至可以暖熟鸡蛋；夜晚寒气逼人像是进入冬天。茫茫大漠绿洲不仅有各种奇观异景，而且保留了大量珍贵的古"丝绸之路"文化遗迹，著名的魔鬼城就居于这里。

魔鬼城又称乌尔禾风城。位于新疆准噶尔盆地西北边缘的佳木河下游乌尔禾矿区，为一处独特的风蚀地貌，形状怪异。来到乌尔禾魔鬼城的人无不为它的壮观、雄伟而震撼，无不对大自然的鬼斧神工而钦佩不已。这里到处是奇形怪状的土丘，高的有十几米，穿空而立，低的只有一两米，远望如连绵坟包，让人心底生寒。若是到了夜晚，大风吹过，魔鬼城深处呜作响，如鬼哭狼嚎，听者无不战战兢兢，冷汗浃背。

驼铃梦坡沙漠公园是一座天然的荒漠动植物园，位于新疆准噶尔盆地古尔班通古特沙漠南缘的石河子150团场，是一片原始、粗犷、一望无垠的沙漠世界。这里沙丘连绵，沙浪起伏，宛如浩瀚的金黄色海洋。沙生植物以顽强的生命力在这干旱的沙坡上生生不息。百余种飞禽走兽在大漠的草林中安居乐业、生儿育女。

探险家可以在这里乘着骆驼寻找沙漠中的绿洲，寻找消失在历史长河中的古城遗迹，进入神秘瑰丽的魔鬼城中，听听那来自地狱的风声。每个人心里都有一座沙漠，或辽阔、或壮观、或生机勃勃。古尔班通古特沙漠，荒芜中却又充满诗情画意的景象足以折服所有来到这儿的人，我们还有什么理由不喜欢这个地方呢？

沙漠中造型各异的岩石块遍地都是。

岩塔沙漠

沙上石林

73

这片沙漠荒凉不毛，人迹罕至，只见风卷流沙，一片金黄，一片死寂，只有风在呜咽，如泣如诉。

地理位置: 澳大利亚西部

探险指数: ★★★

探险内容: 沙漠穿越

危险因素: 流沙、风暴

在沙漠里容易迷路,一定要带好地图、指南针,最好找当地的导游一起同行。

尖峰石阵的最佳观光时间是每年的 8 ~ 10 月,早晨 7 点从珀斯出发,3 个半小时可以到达沙漠,沿途景色变换,是一段奇妙的探险之旅。

岩塔沙漠,位于澳大利亚西部的西澳首府伯斯以北约 250 千米处,这片沙漠荒凉不毛,人迹罕至,只见风卷流沙,一片金黄,一片死寂,只有风在呜咽,如泣如诉。在这片茫茫的黄沙之中,有成千上万的岩塔,像一个个寂寞无助的孩子,苍凉地伫立在风中,经受着千万年风霜的洗礼,它们景色壮观,奇形怪状,遍布沙漠,景色壮观,使人感觉神秘而怪异。有人形容这种景象为"荒野的墓标",让人感到世界末日的来临。这里地形崎岖,地面布满了石灰岩,只有越野汽车可行驶到这里。黄昏、落日、巨大的岩塔、黑乎乎的阴影,这里为科幻创作描写外星景观的惊险小说提供了最理想的背景。

暗灰色的岩塔高 1 ~ 5 米,树立在平坦的沙面之上。往沙漠腹地走去,岩塔颜色由暗灰色逐渐变成金黄色。有些岩塔大如房屋,有些则细如铅笔。岩塔的数目成千上万,分布面积约 4 平方千米。每个岩塔形状不同,有的表面比较平滑,有的像蜂窝,有的像巨大的牛奶瓶散放在那里,等待送奶人前来收集;有一簇名为"鬼影",中间那根石柱状如死神,正在向四周的众鬼说教。其他岩塔的名字也都名如其形,但是不像"鬼影"那样令人毛骨悚然,例如"骆驼""大袋鼠""臼齿""园墙""印第安酋长"或者"象足"等都非常形象逼真。岩塔已有几万年的历史,从沙中露出来的,帽贝等海洋软体动物是构成岩塔的原始材料。几十万年前,这些软体动物在温暖的海洋中大量繁殖,死后,贝壳破碎成石灰

沙漠中林立的岩塔,从远处看如同一堆堆仙人掌。

沙,这些沙被风浪带到岸上,一层层堆成沙丘。

在冬季多雨,夏季干燥的地中海式气候下,沙丘上长满了植物。植物的根系使沙丘变得稳固。冬季的酸性雨水渗入沙中,溶解掉一些沙粒。夏季沙子变干,溶解的物质结硬成水泥状,把沙粒粘在一起变成石灰

沙漠中沙丘推动作用下形成的沙石块。

石。而一些腐败的植物根系增加了下渗雨水的酸性，加强了黏合作用，在沙层底部形成一层较硬的石灰岩。植物根系不断深入这层较硬的岩层缝隙，使周围又形成更多的石灰岩。后来，流沙把植物掩埋，植物的根系腐烂，在石灰岩中留下条条缝隙。这些缝隙又被渗进的雨水溶蚀而拓宽，有些石灰岩风化掉，只留下较硬的部分。沙被吹走，就露出来成为岩塔。沙漠中的岩塔上有许多沙痕，记录了沙丘移动时的沙层厚度及其坡度的变化，不仅具有观赏价值，也是科学家研究地质变化、古代生态的标本。

岩塔沙漠和海洋相连，在结合处存在众多美丽的海湾景观。沙克湾坐落在澳大利亚西海岸尽头，被海岛和陆地所环绕，以其中三个无可比拟的自然景观而著称。这里拥有世界上最大的和最丰富的海洋植物标本，并拥有世界上数量最多的儒艮（海牛）和叠层石（与海藻同类），沿着土石堆生长，是世界上最古老的生

存形式之一。在沙克湾内，还同时保护着五种濒危哺乳动物。

波浪岩耸立在珀斯以东340千米处的海顿附近，这块单片岩经风沙长期的侵蚀，行成巨大波浪的形状，高15米，长约110米，自然形成的高低起伏，岩石上有很多不同颜色的条纹，像大海中的波浪，极其壮观。游人可随团前往，行程要穿越达令山脉。这里得天独厚的自然风光也是珀斯的旅游胜地。

如果你喜欢冒险，并具有相当多的探险经验，进入岩塔沙漠的内部一定是终生难忘的旅途。游人可以开着汽车行驶在沙漠的公路上，这里平坦无垠，车辆稀少，四周都是壮丽的旷野景观，无论是在风和日丽的白天，还是在月朗星稀的夜晚，驾车在这里都是一种难得的享受。你也可以来一场穿越活动，无论是林立的森林化石，还是灿烂的沙漠落日都会让人深深地着迷。

红色的沙丘，宛如火焰燃烧。

74 纳米比亚沙漠

在沙漠中骑大象

金灿灿的黄金色并不是沙漠的全部颜色，纳米比亚沙漠就是一个传奇，耀眼的红色成了它的主导色。

地理位置： 非洲西南部

探险指数： ★★★★

探险内容： 沙漠穿越

危险因素： 干燥

Tips

纳米比亚沙漠中那些巨大的沙丘不仅景色十分壮丽,而且是滑沙运动的极佳场所,攀爬、滑下,甚至驾着越野车在上面一冲而下,那体会都是无与伦比的。

如果,想了解纳米比亚沙漠的人文地理,那么请跟随旅游团出游。

如果让我们用一个颜色来形容沙漠,首先会想起什么样的颜色? 灿烂如金的黄色! 对! 可是,世界上的沙漠都是这个颜色的吗? 答案当然是否定的! 在非洲西南部的纳米比亚境内的纳米比亚沙漠,它的颜色就是红色的,妖艳的红色。

纳米比亚是个位于非洲西南部的小国,甚至很多人完全没有听说过,但这里拥有着丰富的旅游资源和自然景观,包括最著名的西海岸沙漠和世界上最高的沙丘、大西洋沿岸的欧式城市、精彩纷呈的户外活动、历史悠久的埃托沙野生动物国家公园、北部内陆居住的原始部落辛巴族、能够看到几十万头海狮的十字角、神秘传说中的骷髅海滩、世界遗产地之一的颓废方丹等。尽管在去之前看了不少那里的照片,但当你真的看到红色的沙漠、绿色的草原、蓝色的大西洋……心中仍会感到无比的震撼,不得不为这些极致的自然之美而感到惊讶!

在纳米比亚沙漠惊艳的自然景色中,各种丰富多彩的户外探险活动被陆续开发出来,为全世界游客提供了亲身融入大自然、感受体验式旅游的机会;从最简单安全的海豚游、沙漠越野车探险、骆驼沙漠游,到需要技巧和胆量的户外极限运动,像四驱沙漠摩托车、滑板滑沙、冲浪、帆板、海上滑翔伞、海钓等,也有价格略贵却能带来不同视觉享受的热气球观光和小型飞机海岸线观景等。其中,在海滨城市斯瓦科普蒙德郊区开展的沙漠探险游就是一个老少皆宜,不容错过的经典项目。

纳米比亚沙漠里的苏维来沙丘不仅壮美而且还是世界上最高的沙丘,一些沙丘可达 300 米高。大自然

提供了原料，风来进行雕琢，阳光又为其打上了不断变幻的光影。想要拍摄红色沙丘的美景，早晨和傍晚是摄影的最佳的时刻。

如果你运气好，还能遇见沙漠里的大象——纳米比沙漠是世界上唯一的有大象生存的沙漠。同时，它也是世界上年龄最大的沙漠，成形于八千万年前，许多动植物只有在这里才得一见。纳米比亚沙漠向来以艳丽的红色沙丘闻名。红色沙漠，是因为含有丰富的铁，氧化后沙漠就变成了红色，随着日照角度的改变，沙漠颜色在一天中也在不断地变化，当然，最神奇的时候是清晨或黄昏，太阳斜照，一半真是一道残阳铺沙中，万沙瑟瑟万沙红。

纳米比亚沙漠中的植物，生命在这里顽强地和环境抗争。

黑一半红，黑得沉静，红得妩媚，我们又怎么能错过它呢？

许多年来，地质学家们来此研究，但直到今天，人们对这片沙漠还知之甚少。附近的海域会有南风，并带有大雾，加上强烈的洋流，会导致船只迷路，北面的海滨有许多船的残骸，被称为"骷髅滩"。

纳米比亚沙漠是世界上最干燥的地方之一，在这里存活的植物必然需要多种适应性，百岁兰就是能够忍耐恶劣环境的代表植物。这里生长条件非常恶劣，年降雨量少于 25 毫米，加上来自海边的雾气也只能相当于 50 毫米。仅仅凭借这些微薄的雨水，百岁兰竟然能活到 1500~2000 年，堪称奇迹。

到了纳米比亚沙漠之后，那些在照片里看到的景观根本不值一提。半月状的弧形沙丘和倒影，颜色饱满的乌云和彩霞，渲染着天与地，一道道彩虹随着雨点的脚步，远古石化了的树木矗立在纳米比亚沙漠死亡谷中，红色沙丘成背景。这些景观只有亲临其境才能体会到大自然的神奇。

在顶级的自然经典里坐下来全身心地去感受，这种震撼无法言喻，非亲身经历不能体会，任何文字和图片的表述，在大自然鬼斧神工面前都是苍白无力的。这里有世界上最变幻多彩的沙丘、千年植物，有一边海洋，另一边沙漠的景观；还有酷似月球的地貌，这就是纳米比亚沙漠，一个令游人去了之后还想去的沙漠。

可可西里，绵延起伏的雪山，莽莽峰顶终年积雪，云雾变幻莫测，山地多垂直分布，山麓间草甸繁茂，远眺宛如身披铠甲的勇士。

75 可可西里
拍摄藏羚羊

广袤的草原上到处都开满了鲜花，白色的小花点缀在碧绿的嫩草之中，将这块一望无际的大地毯装饰得美丽绝伦。

地理位置：中国西藏自治区

探险指数：★★★★

探险内容：荒野穿越、观察野生动物

危险因素：荒野、盗猎分子

Tips

可可西里地区的空气新鲜而稀薄，是我国少有的没有环境污染的地区，但是，这里的气压很低，氧气含量仅相当于平原地区的百分之六十左右，人们常常会有气短不适、心跳加快、饮食不振等高原反应。

不要过分接近野生动物，特别是野牦牛，万一见到，一定要离它们远点。另外，黄羊和藏羚羊有与汽车赛跑的习惯。那气氛是很令人血脉贲张的，但最好小心点，很容易出事故。

进入荒野探险的人里最好有各种能干的人，特别是车辆维修、向导和医生，在可可西里地区，想从外面得到支援可太难了。

"是谁带来远古的呼唤，是谁留下千年的祈盼……那就是青藏高原……呀啦索……那就是青藏高原。"正如美丽的歌声所描述的，青藏高原美丽而神秘。它是中国最大、世界海拔最高的高原。

这里的草原是大自然的独创，是当今世界上为数很少的一块未开发的处女地，而可可西里正是这里最美的明珠。可可西里是目前世界上原始生态环境保存最完美的地区之一，也是目前中国建成的海拔最高、面积最大、野生动物资源最为丰富的自然保护区之一。这里又被称为可可西里无人区，最神秘的"死亡地带"。

很多人，提到可可西里，首先出现在脑海中的词就是：空旷、荒凉、神秘。其实这里并非毫无生气的荒野，它也是片富饶的土地，是个充满生机的王国。地势平坦的草原上，牧草丰茂，牛羊成群，大大小小、各具特色的湖泊如高原上美丽的明珠一样星罗棋布。广袤的草原上到处都开满了鲜花，白色的小花点缀在碧绿的嫩草之中，将这块一望无际的大地毯装饰得美丽绝伦。高原的天空蓝得出奇，云朵也白得出奇，湖水在日光下荡漾，蓝天白云倒映其中，仿佛水下还有一个梦幻般的王国。

草原上一群群牦牛慢慢地在缓坡上徘徊，经过的公路伸向远方，仿佛一直通向变幻的云层深处。远处的山上顶着洁白的冰雪，绿色与白色相互交驳。那些矮斤的线条是那么优美，那么柔和，如同画家刚刚用铅笔轻轻勾勒出来。迷人的高原湖泊如同一颗湛蓝的宝石，湖边野花遍地，俯身捡几块鹅卵石，便是旅行中最美的留念。静静的河流如同静止的淡蓝色带子，在风中也不起一点波澜，看到它会觉得仿佛一切都停止了。到了牧区还能看到藏族美丽的帐篷，迷人的姑娘聚在帐篷边翩翩起舞，如同那些野花上跳跃的蝴蝶。羊群散布在草地上，也像一朵朵飘浮在绿色天空中的云朵。幸运的游客还能看到美丽的藏羚羊跳跃着奔向远方，不知道它们是否也在寻找着真正与世隔绝的天

美丽的雪山，遍地盛开的野花，给可可西里这片土地增添了无限的生机。

堂。蓝天、白云、阳光、碧水、绿草、野生动物组成一幅十分和谐的自然画卷。所有到此的游人无不被这里独特的魅力所吸引，沉醉在美丽的高原风景中久久不愿离去。

可可西里地区不仅自然风景壮丽优美，周边的历史文化积淀也极其丰富。这里有很多著名的寺庙，有远古的壁画遗迹。藏族老人几乎都能讲一段英雄萨格尔王的故事，玛尼堆、经幡、古塔随处可见……这也使得这片草原更加美丽迷人，更加神秘。

开阔的灌木草甸上，跳动的精灵在狂野奔跑，这是属于它们的一片绿洲。

可可西里无人区里没有人居住和生活，但却是行者灵魂可以栖落的地方。严格来讲，这里根本不能算是观光地或者风景旅游区，它的美不是走马观花就能领略的肤浅美，不是供游者感官享受的度假天堂，你需要如朝圣者那般虔诚；你需要变成这里任何动植物里的一员，与一草一木、一云一月对话；你需要把自我的欲望扣于大自然的膝下；你需要将自己的心交付给这片土地，才能在高原强劲的心跳声中感受雪域的圣洁与坚韧。

可可西里是一片少有人踏足的秘境，这里是中国最脆弱的"死亡之地"，也是中国最美的"生命禁区"，这里需要人们用爱心和关怀去守护，放下贪欲和畏惧，也许等到这时，这片秘境才真正能够向世人展示其隐匿的壮阔和美好。

如果你被可可西里那种苍凉纯净的美震撼，不妨拿起背包亲自穿越可可西里，去感受圣洁，同时也感受残酷。不少人喜欢选择来这里进行探险和户外生存，不知道这些人是否知道，在可可西里，探险的意义其实就是拯救，拯救藏羚羊，拯救美丽，拯救我们人类自己。因为在这片美丽与苍凉交织的土地上，再也经受不了摧残、暴虐和屠杀了。

雄伟的山脉连绵起伏，山脚下小溪潺潺，牛羊成群。

76 野生动物天堂 阿尔金山荒地

蓝天、雪山、冰川、沙漠、沼泽、草原、湖泊，以及藏野牛、藏羚羊、野牦牛在阿尔金山之下构成了一幅幅迷人的美景。

地理位置： 中国新疆维吾尔自治区

探险指数： ★★★★

探险内容： 沙漠穿越、观赏冰川

危险因素： 流沙、冰崩

Tips

进入阿尔金自然保护区必须在库尔勒新疆阿尔金国家级自然保护区管理处办理通行证，并交纳 1350 元 / 人的管理费。在阿尔金保护区的主要路口都设有检查站。

阿尔金自然保护区内基本没有通常意义上的公路，只有戈壁、草原上的路印作为参考。路时好时坏，时速在 30~50 千米 / 小时。最怕的就是下雨过湿地，十有八九是要陷车的，还有就是过沙子河，水大也是很难通过的。所以，最好两车以上才能进山，还要请有经验的向导带路，沿途没有加油的地方，必须有供给车随行。

阿尔金山荒地是全国最大的野生动物保护区，它的面积足足有一个江苏省大。保护区核心是巨大的山间盆地，这里拥有完整的昆仑山垂直自然景观带，地表、地貌类型复杂，自然景观原始而丰富，不仅有雪山、冰川、河流、湖泊、沼泽、草原等高原风光，还有世界上海拔最高的沙漠、罕见的高原季节河道和亿万年前形成的花岗岩冰蚀地貌等。保护区内涌泉成群，湖泊星罗棋布，风化石山千姿百态，群峰鳞次栉比，为各种野生动物的生存提供了多种多样的栖息环境。

保护区内堪称世界上最美丽的野生动物天堂之一，有着极为丰富的野生动、植物，野骆驼、野驴、野牛、盘羊、藏原羚、藏羚羊、斑头雁、黑颈鹤、雪豹等珍禽异兽在这里自由自在地生活。尤其在那些极其美丽的高山湖泊附近，大量鸟类聚集，它们起飞时铺天盖地，如巨龙扶摇而上，降落时也黑压压一片，宛如乌云压顶。

阿尔金山地区的冰川也是一绝，这里的冰川多种多样，悬冰川、冰斗冰川、山谷冰川、坡面冰川等。大大小小的冰川遍布高峰之上，阳光照射上去时光彩夺目，宛如云间仙阁。

在阿尔金山的阿尔格山中，有一片古老的岩熔地貌，面积约 1 万平方千米，深藏在海拔四五千米的崇山峻岭之中。这一片古老的石灰岩山经过千百年的风吹雨打，溶解冲蚀，呈现出千奇百怪的形状。林立的石峰，有的拔地而起，直插蓝天；有的像骆驼缓步

雪山连绵起伏，山脚下蒙古包点缀在绿草中，成为这里独特的自然景观。

雪山云雾直插云海，令人目不暇接。

而行；有的像长鼻子高高举起的大象；有的像盘旋起伏的苍龙；有的像登高怒吼的雄虎；有的如排排笔架，座座天桥；有的如栋栋庙宇，巍峨的点将台；其他如仙人掌、石旗杆、拴马桩、老鹰、狮子等，数不胜数，惟妙惟肖。这里还有千姿百态的溶沟、石芽、甬道、走廊，到处都透着一股神秘的气息，神秘的美。

阿尔金山下，巨大的沙漠如同黄色的大海，千里黄沙，寸草不生，却又忽然和河流、草地相交接。黄沙倒映在美丽的河水中，映衬着另一侧的灌木、草地，显得格外的神奇，格外的迷人。草原伸向远方，此处的草显得十分细嫩、矮小，新绿中夹着淡淡的黄，让人眼前一亮。草原上水塘遍布，如同颗颗遗落于绿色大毯子上的宝石，因其形状、大小、深浅不同而折射出不同的颜色，从灰色到绿色，再从绿色到深蓝，瑰丽怪异，美不胜收。

冰川密布的木孜塔格冰峰雄壮巍峨，此外阿尔金山地区还有千泪泉、阴阳湖、魔鬼谷等著名景点。在一些山谷中还发现了不少用藏文刻在石头上的密宗咒语，更给这片土地增加了传奇色彩。在湖边徒步是个不错的选择，低低的草坪，亮丽的湖水，浑圆的山包

一路在左右相伴，不时还有水鸟从身边滑过，白云仿佛伸手可及，让人如同行走在画卷之中。

如今阿尔金山成为探险者荒野穿越的胜地，库木库里沙山—阿牙克库木湖—阿其克库勒湖—鲸鱼湖线路每年都迎来无数探险者在这里行进。蓝天、雪山、冰川、沙漠、沼泽、草原、湖泊，与藏野牛、藏羚羊、野牦牛构成了一幅幅迷人的美景。很多到过的人都被它的景色所震撼，说阿尔金山自然保护区是一幅幅色彩斑斓的大画布组成的瑰丽图卷一点也不为过。

但在这美景之中也并非仅仅只是诗情画意，沙漠中会经常刮起沙尘暴，荒原地区的雨雪十分寒冷，且下过雨后的道路湿滑难行，车辆极易陷入其中，这些都是探险者前行的巨大障碍。有时遇到恶劣天气，人们不得不在冰冷的寒风中扎营，忍受高原反应，严寒的折磨。攀登高山、近距离欣赏冰川等更是只有专业探险者才能完成的。但正是这种美景和恶劣环境的交织，才让探险者们更加珍视这块美丽的土地，不断地到这里寻找自己的梦想。

乌云漫天，璀璨如金的沙漠浩瀚千里，风沙将沙漠勾勒出完美的线条，远处依稀的绿洲清晰
可见，乍看，给人一种视觉享受。

卡拉哈里沙漠

视觉的盛宴

77

高大的沙丘密密麻麻地排列着，顶端的沙粒被风吹平，宛如倒立的盘子，沙丘上刮出条纹，从天空俯瞰，相连的沙丘此起彼伏，色彩变换万千，似在给人们献上一场美丽壮观的盛宴。

地理位置： 非洲中南部

探险指数： ★★★

探险内容： 沙漠穿越

危险因素： 沙暴、毒虫毒蛇

Tips

在进入卡拉哈里沙漠探险时,探险者不仅要考虑到干旱、沙暴等气候风险,还要注意应付狮子、毒蛇、豺狼等动物。

卡拉哈里地区昼夜温差极大,即使在夏季也需要保暖衣物。

提起非洲,干旱一词首先映入脑海,干旱的大陆造就了雄伟的撒哈拉沙漠,如此辽阔,一望无垠。可是你知道吗,在我们惊叹这个世界上最大的沙漠的时候,在非洲的中南部还有一片名为卡拉哈里的沙漠,这个美丽的地方也在向我们挥手呼唤。

卡拉哈里沙漠地表起伏不大,遍地是沙的平原,它几乎占据了博茨瓦纳全部、纳米比亚东部的 1/3 以及南非开普省极北的部分。在西南部与纳米比亚的海滨沙漠混为一体。

卡拉哈里沙漠西南部因降水量极低,因而几乎无树或大灌木丛——只有分散的旱生灌木和短草。卡拉哈里沙漠受副热带高气压系统的影响,地面终年干燥,年降水量 125~250 毫米。中部雨较多,有零星树木及若干灌木及草地。北部则根本无沙漠景象。这里有开阔的林地,棕榈树生长在灌木丛中,常绿树和落叶树均长到 15 米高,其中最大又最稀罕的树是猴面包树。奥卡万戈沼泽地滋长着苇草、纸莎草、睡莲和其他嗜水的植物。令人折服的是在如此干旱的环境下,却呈现出一片勃勃生机。

卡拉哈里沙漠的整个西部以长长的沙丘链为特色,其大致呈北或西北走向。沙丘至少长 1.6 千米,宽约数米,高达 6~60 米。每一个沙丘同其相邻的沙丘都由一个宽而平行的凹坑分隔开来,凹坑被当地人称为"街"或"小路",因为每一个凹坑都便于人行走。周围都是一望无际的沙的海洋,在阳光的照耀下,沙粒闪闪发光,如同黄金般耀眼。卡拉哈里沙漠的土

象群在小溪边自由嬉闹,清澈的溪水倒映着他们的身影。

一半是沙漠，一半是绿植，相得益彰美妙绝伦。

壤大多以沙为基础，这些沙土有机物含量低，呈现出美丽的红色。

从来没有水从卡拉哈里沙漠流入海洋，而是每条溪流将其流程结束在略低的凹坑里，这里是没有出口的。当小溪干涸时，由缓慢溪水带来的细小淤沙、可溶钙矿物以及由蒸发水所凝结的盐一起沉淀了下来，其结果是这些地面没有植被，干的时候呈闪闪发光的白色，可溶矿物的胶合活动使其变硬，有时则被浅浅一片不流动的水所覆盖。

卡拉哈里沙漠景色各处不同，游人可以看到广袤无垠的低矮沙丘群，它们寸草不生，如同海浪般远远铺开；水分稍多的地区，地面上会生长出众多的低矮植物，一丛丛、一梭梭、一片片的骆驼刺，忽然又让这片荒芜显出勃勃生机；在那些河流流经的地方，则是完全不同的景象，绿草遍地，树木成林，大象、长颈鹿等在水畔觅食，形成一派草原景观。

很多探险者沿着那些河流进入卡拉哈里沙漠内部，他们发现沙漠中心景色并不像人们所想的那样荒凉、死寂。那里养育着相当数量的长颈鹿、斑马、象、

水牛和羚羊；捕食这些动物的狮子、猎豹、野狗和狐也在其中徘徊；其他动物还有胡狼、鬣狗、疣猪、狒狒、獴、食蚁兽、熊、野兔和豪猪等。

卡拉哈里沙漠的干旱和深沙为早期探险家设下主要障碍。苏格兰的传教士和探险家李文斯顿在当地人帮助下于1849年利用当地的水坑穿过卡拉哈里沙漠。1878—1879年有一队布尔人坐多士兰牛车从特兰斯瓦穿过卡拉哈里沙漠到达安哥拉中部，一路上分别损失约250人和9000头牛，大部分是渴死的。20世纪机动车的引进大大地改善了进入卡拉哈里沙漠的交通，但是即使是在20世纪50年代，广大地区还是无法进入的。不过到了20世纪70年代，整个卡拉哈里沙漠向研究、狩猎和旅游探险开放。

如果你乘坐飞机或者热气球横跨沙漠上空时，你会看到一波接着一波的沙丘好似在不断地移动。沙丘很高，密密麻麻地排列着，顶端的沙粒被风吹平，相连的沙丘此起彼伏，色彩变换万千，似在给人们献上一场美丽壮观的视觉盛宴。

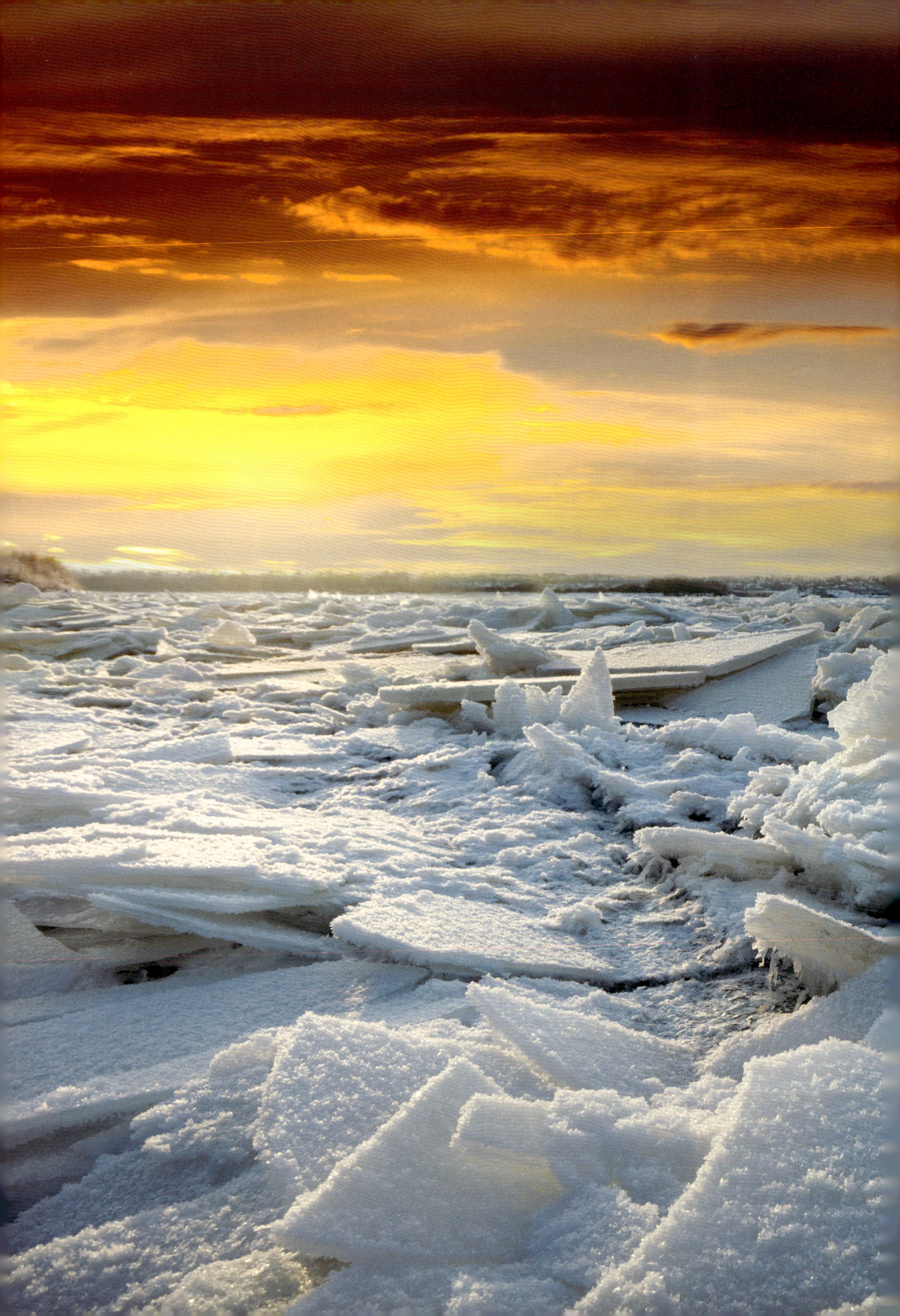

第六章
冰与水的世界

　　水是生命之源，它也是世界上所有美景的精华。宽广的海洋，静谧的湖泊，奔腾不息的河流，激荡飞落的瀑布，丰饶的三角洲，晶莹宏伟的冰川……有水的地方总能让人感到无尽的美丽。

姹紫嫣红的楼阁,成为恒河流域的独特风景线。

78 恒河

古印度的摇篮

乘着一艘小船，在恒河上漂流而下，是了解南亚风情最好的方式，你可以看到那些美丽的河畔雨林，可以随时观览那些包含文化底蕴的古城、古迹，可以欣赏壮丽的三角洲落日、日出景观。

地理位置： 南亚

探险指数： ★★★

探险内容： 恒河漂流、游览三角洲

危险因素： 鳄鱼、洪水

这一地区卫生条件较差，医疗水平落后，游人在进行探险之前备好常用药物。

进入宗教场所应注意尊重当地的宗教习惯，参观之前先进行询问得到同意之后方可进入。在寺庙之中不可大声喧哗。

印度吃饭一般用手抓，但随着旅游业的发展很多景区饭店一般都有为东亚游客准备的筷子，游人面对美食无法下手时，可以向服务生要一下。

"今天早晨，我坐在窗前，世界如同一个路人，停留了一会儿，向我点点头走了。"也许，我们无法做到泰戈尔那样，把世界当作一个路人。因为大多数时候我们都是一个路人，奔波在旅途中，在陌生的地方做客。点点头，然后离开。

恒河在世界地理上来说，并不算大，然而它却衍生了古印度文明，诞生了四大文明古国之一的古印度。它用丰沛的河水养育了印度人民，成为印度人眼中的"圣河"，被誉为"印度的母亲河"。

恒河三角洲面积 6.5 万平方千米，是世界上最大的河口三角洲。其大部分在孟加拉国南部，小部分在印度的西孟加拉邦。大部分地区平均海拔只有 10 米。三角洲汇集恒河、布拉马普特拉河、梅格纳河三大水系，河道密布，多支汊，并游移不定。这些河流注入沼泽地和水道纵横交错的孟加拉湾，构成了世界上最大的水乡泽国美景。该地区的海岸线呈漏斗形，风暴潮不易分散而聚集在恒河口附近，形成强烈的潮水，铺天盖地涌向恒河三角洲平原，很容易引起大面积洪水泛滥。当漫天洪水淹没洼地时，整个地区一片汪洋，茂密的丛林如同从水中长出，人们驾着独木舟从房屋间穿梭，海鱼也随着河水逆流而上，当洪水退去时，丛林的积水中各种鱼聚在一起，只等着人们去拾取。

恒河三角洲周围的森林中，栖息着大量珍禽异兽，包括孟加拉虎和印度巨蟒。南部为沼泽地和红树林，当地称"松达班"。在孙德尔本斯国家公园中生活着恒河三角洲的濒危动物：孟加拉虎、印度蟒、云豹、亚洲象和鳄鱼等，此外3万头梅花鹿使该公园成为世界上最大的梅花鹿聚集地。在三角洲发现的鸟类有翠鸟、鹰、山鹑、啄木鸟和知更鸟。

恒河周边地区人口密集，这里的城市和乡村都透着浓浓的南亚风格，印度教、佛教的寺庙在此随处可见，古朴又精美的彩绘，雕刻遍布寺庙墙壁、梁柱之间，在悠悠的梵音之中，人们过着朴素但快乐的生活。这里的城市，人声熙攘，集市上摩肩接踵，挥汗如雨，叫卖各种特产的声音不绝于耳。乡村则要宁静得多，偶尔看见几个小孩在田野上奔跑，围着巨大的榕树，高高的桫椤互相追逐，天热时，扑通扑通地跳进村边清澈的小溪中，恍如回到二三十年前的中国乡村，让

错落有致的西式风格建筑群，成为当地最有代表性的人文景观。

恒河上的居民楼依水而建，拥挤的小港商业繁忙。

人心中波涟阵阵。

但这片富饶美丽的土地正在不断受到各种威胁。其中最大的挑战之一是海平面上升，这主要是由于该地区地面沉降，部分是由于气候改变。据估计海平面上升50厘米就能使孟加拉国600万人失去他们的家园。温度升高将导致喜马拉雅山脉的积雪和冰川融化速度增快，给恒河三角洲带来更严重的洪水。因为美丽的恒河三角洲，承担了喜马拉雅山92%的融化雪水。如今由于全球变暖，印度恒河三角洲以及南部的洪水暴发频率正从10年一次加快到一年几次，不可预期的洪水和海啸正频频在这片土地上肆虐，涂炭生灵。

乘着一艘小船，在恒河上漂流而下，是了解南亚风情最好的方式，你可以看到那些美丽的河畔雨林，可以随时观览那些包含文化底蕴的古城、古迹，可以欣赏壮丽的三角洲落日、日出景观。

对恒河来说，前来朝圣的人群是它的子女还是路人呢？在河畔，有各色各样的人群，他们做着不同的事情。从早晨的沐浴，到夜晚的降临，甚至在黎明来临之前，他们也会划着船，在恒河中等待日出。乘坐一只船，在恒河里游走，一动不动地坐在甲板上看河岸的人群，有时早晨已经过去，人群却没有完全散尽，依然有人在洗浴。这大约算不得晨浴了。

夜晚降临，恒河岸边依然热闹不止……

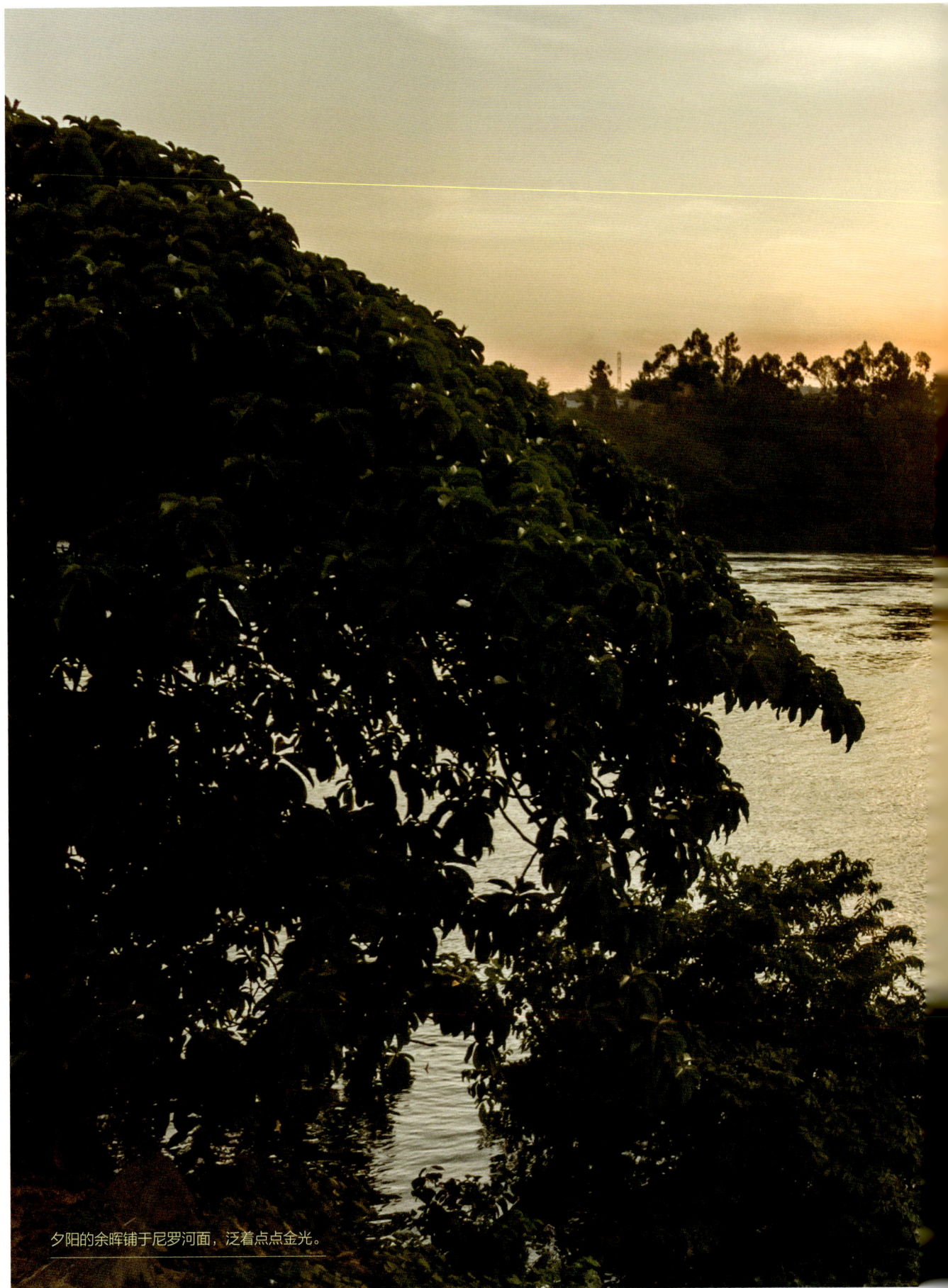

夕阳的余晖铺于尼罗河面，泛着点点金光。

尼罗河

文明的起点

79

黄昏，欣赏尼罗河的晚霞，是一件惬意的事情。太阳失去了炙热的力量，变得温柔起来。它把天边的云彩装扮成火红色，红得鲜艳，红得美丽，红得让人想起新娘的红盖头。

地理位置：非洲

探险指数：★★★★

探险内容：沿河探险、观赏金字塔

危险因素：尼罗鳄、水流险急

Tips

尼罗鳄是世界上最凶猛的鳄鱼之一，体长一般在 4~6 米，经常潜伏在岸边袭击往来的兽类，探险者在尼罗河地区旅行时必须要提防这种恐怖的巨兽。

在尼罗河探险存在着无数危险和困难，疾病、猛兽、犯罪、战乱等都给进入者造成严重威胁，没有充足的准备和丰富的经验切不可轻易前往。

在撒哈拉沙漠和阿拉伯沙漠的挟持中，蜿蜒的尼罗河犹如一条绿色的走廊，充满着无限的生机。尼罗河干流进入埃及北部后在开罗附近散开汇入地中海，形成美丽富饶的尼罗河三角洲。它以开罗为顶点，西至亚历山大港，东到塞德港，海岸线绵延 230 千米，面积约 2.4 万平方千米，是世界上最大的三角洲之一。尼罗河三角洲土地肥沃，人口密集，是古埃及文明的发源地。这里有开罗、亚历山大、孟菲斯、伊斯梅利亚等名城，有金字塔、狮身人面像等建筑奇迹。从地图上看，尼罗河三角洲就像一枝莲花从尼罗河谷地伸展出来。莲花是上埃及的象征，每到秋季，河面都会被莲花映红；莎草则是下埃及的象征，它是古埃及人制作莎草纸的原料。古埃及人想象中的两位河神就是分别戴着莲花和莎草的。

尼罗河三角洲地势低平，土壤肥沃，河网纵横，渠道密布，集中了埃及全国三分之二的耕地。区域内气候炎热干燥，光照强，水源充足，灌溉农业发达，是世界古文化发祥地之一，也是世界长绒棉的主要产地。

尼罗河三角洲的黑土地孕育了埃及 7000 年的灿烂文明。公元前 5000 年，日渐干旱的气候灼烧着埃及地区丰茂的草原，慢慢地，沙漠取代了草场，游牧部落不得不聚集到尼罗河沿岸。他们在此定居下来，耕种、捕鱼。在法老建造金字塔之前，埃及人最引以为荣的是丰饶的尼罗河三角洲。地处亚、非、欧边界，尼罗河三角洲成为兵家必争之地。这里是战场，自古

以来，侵略者总是想方设法地控制这片能为他们带来巨大财富的土地。闪米特人引入骏马和战车，埃及人用它们扩张自己的王国；希腊人创造了亚历山大港，同时也带来古老的文明。

当你站在那些巨大的金字塔面前时，才会感受到人类有多么伟大，在巴黎的埃菲尔铁塔建成之前金字塔一直是世界上最高的建筑。那些巨大的石块，经历几千年风雨侵蚀，斑斑驳驳，将历史的沧桑，凝结得淋漓尽致。拿破仑曾站在金字塔前对他的士兵们说过，"从这些金字塔顶上，人类 4000 年的历史在注视着你们。"站在金字塔前与历史对望，顿感人生不过白驹过隙，数千年在历史中也不过是一刹那，惜时叹世之感油然而生。

金字塔前游人感悟到的是历史的沧桑，在开罗高耸入云的宣礼塔前，则会被人们宗教的虔诚与执着而感动。那些面朝圣地，匍匐礼拜的穆斯林，脸上都透

尼罗河上，游人荡起了帆船，远处贫瘠的荒漠向丰盛的林区过渡。

尼罗河在夕阳的照射下，像是洒下的黄金，耀眼夺目。

着一股虔诚之色。雄浑有力的诵经声传来，即使是无神论者也会被这一场景所震撼。

乘着尼罗河流域独特的独木舟，在长满莎草的河汊中穿行，沙漠、草原、河畔水田尽入眼中，让人不由得想起几千年前，埃及最强盛的时代，河上船如流水，岸上良田千里。巨大的金字塔正在建设，那些建设金字塔的劳工、奴隶们可曾知道，他们建设的不仅仅是一座陵墓，而是一座让后人仰望数千年的伟大奇迹……

在尼罗河地区旅游探险，任何时候都是一种美的享受。清晨，去看尼罗河的日出。此时，天刚亮，尼

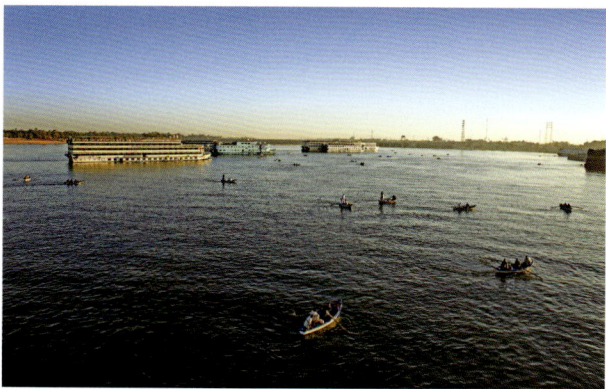

尼罗河开阔的河面上船只如梭，一派美丽而祥和的画面。

罗河上一条船的影子都没有。整条河静极了，只有水在缓缓地流动。岸边的树林里偶尔传来叽叽喳喳的鸟鸣，一些牛马也早早起来，低头啃食青草。一只水鸟在浅水滩觅食，树林里的薄雾，如同轻纱笼罩着，露水从草尖滴落……中午，阳光明媚，一切都是那么的美好。尼罗河上也热闹起来，各色人群开展不同的活动，不远的地方是农田和树林，郁郁葱葱，一片繁荣。黄昏，欣赏尼罗河的晚霞是一件惬意的事情。太阳失去了炙热的力量，变得温柔起来，把天边的云彩装扮成火红色，红得鲜艳，红得美丽，红得让人想起新娘的盖头。夜幕降临，在船上露宿是一个不错的选择。在烛光的映照下，吃一顿简单而美味的晚餐。白天的炎热已经散去，夜晚的凉意袭来，世界美得让人发呆。

随着世界对非洲越来越关注，来到尼罗河流域探险的人也在不断增多。2013 年，英国的探险家利维森木从卢旺达高地沿尼罗河行走，开始了他的徒步游尼罗河探险之旅。利维森木，是一名摄影记者，同时也是一位探险队的领队。他沿着白尼罗河一直走到苏丹首都喀土穆的青尼罗河，整个旅程穿越 6 个国家，途经世界上最偏远的地区。尼罗河流域对大多数人来说还很陌生，它等待勇敢者前去揭开神秘的面纱。

茂密的树林、清澈的河水，散发着原始与野性。

80 刚果河

游西非水乡

在河流和山脉相交的地方，高大的岩石山峰从浩荡的河水中突兀而起，峰回水转，朝时水雾缥缈，晚时彩霞连天，宛如一幅非洲版的三峡景观。

地理位置： 中西非

探险指数： ★★★★

探险内容： 漂流、驾车沿河旅行

危险因素： 毒蛇、猛兽

刚果河流域居民一般会讲法语,游人如果感觉交流不方便最好请一个当地会英语或汉语的向导。

刚果河地区是世界上最贫穷的地区之一,旅行时最好自带食物。当地治安较差,抢劫盗窃案件时常发生,注意自身生命财产安全。

在刚果(金)公开场合是不准男女亲吻的,外来人员也应遵守这个习俗,否则会引起麻烦。

提起非洲,总会想到撒哈拉大沙漠;想到炎热、干旱、寸草不生;还会想起大草原,想起大象、狮子、猎豹、猩猩;想到那里的土著居民以及他们神秘的风俗习惯。但很少有人会想到,在野性沧桑的非洲大陆上也藏着一处江南般的"水乡"。

由于刚果河的存在,中西非洲的大片土地俨然成为一个"水乡"。刚果河,位于中西非,本地人称为扎伊尔,即大河的意思。由于刚果河流经赤道两侧,获得了南北半球丰富的降水补给,具有水量大及年内变化大的特征。刚果河的流量仅次于亚马孙河,为世界第二大河,也是世界上唯一干流两次穿越赤道的河流。

你有没有这样的一种经历:乘坐火车,沿着河流前进。一路上,看它在晨光暮霭里变换色彩,一会儿沐浴阳光,一会儿洗涤星光,不管是波涛汹涌还是和缓平静,它都一直相伴,不离不弃。

绵延逶迤的刚果河自东北向西南奔流而去。河岸两旁郁郁葱葱的原始森林,遮天蔽日。苍茫的森林,覆盖了大地,从空中俯瞰,就像一片绿色的海洋。在森林边缘是断断续续的多草地带。稗草和莎草等草场占据着废弃的河道、河岸边,或者铺满岛屿中心的凹地。

而在河流和山脉相交的地方,高大的岩石山峰从

浩荡的河水中突兀而起,峰回水转,朝时水雾缥缈,晚时彩霞连天,宛如一幅非洲版的三峡景观。在这里乘舟游览的中国游客,都会莫名地涌起种种乡思之情,不自禁地咏诵出"大江东去""长江一线平,暮雨千山静"等诗词名句。

船顺着流水而下,直至看到那些古老的非洲村落、夹杂着西式建筑的小镇以及皮肤黝黑的非洲人才知道,景色虽相似,终不是故乡。但这里的风情景色

背包族也忍不住驻足观望这如画的风景。

微波粼粼的河水，群山四野，宛如一幅山水画。

却处处让人着迷，在失落之中又给人种种安慰。在小城市里行走，看到在这里生活的人民，你会觉得很幸福。这些小城市甚至和我国的村庄一样。这里的人们对中国人很热情，他们甚至会用半生不熟的"你好"打招呼。当地人很淳朴和单纯，几乎过着一种半原始的生活。游人可以在船上继续欣赏岸边美景，也可以到岸上的小镇中感受一下西非的热情。只要你有时间，就能在这里得到各种旅游服务，你可以跟着向导进入河边的雨林中探险，可以跟着渔民乘着他们传统的独木小船到河中打鱼，可以住在原始的草屋旅社中，参加当地的狂欢晚会……

这里的物产丰富，为当地人提供了大量的食物来源。对喜欢吃肉的朋友们来说，在这里会如在天堂。沿岸的老百姓几乎什么都吃，牛羊、鳄鱼、猴子、各种鱼类，甚至豹子都能被当成食物。烤肉是最常用的烹饪方式，在刚果河边行走，你还有可能吃到烤鳄鱼或者烤蟒蛇。

刚果河流域几百年来就是探险者的乐园，从19世纪开始，西方的探险家就对这里进行了各种探索与发现。1816年，一名英国海军军官詹姆斯·金士顿·土克，在加勒比海、亚洲和澳大利亚服役之后，受英国政府派遣，率领探险队前往刚果河。尤其是他要弄清刚果河在何处与尼日尔河相连。土克沿刚果河而上前进了480千米，绘制河流地图，收集一些民族与地理信息。可悲的是在他完成使命之前，却因发烧身亡。他的同伴们把探险日记、所见所闻编成了《1816年南非扎伊尔河探险记事》一书，成为探险家们进入刚果河流域最早的资料。

后来著名作家约瑟夫·康德拉在小说《黑暗的心》中，将这里描述得更加险恶。那里不仅有险恶的自然环境，还有殖民者、野蛮部落等让普通人害怕却令探险家们痴迷不已的广袤的未知世界，激励着后人前去探索冒险。

刚果河是个迷人的地方，这里充满着神秘的未知世界，也充满了让人似曾相识的瑰丽景色，这里有好客的居民，也有令人恐惧的原始部落，有各种美味美景，也有吃人的毒蛇猛兽。这里是个探险者的乐园，它的魅力让人不能抵挡。

飞鸟翔起在湖泊之畔，平坦的戈壁之间流水潺潺。

81 三江源

中华母亲河的发源地

巍峨的雪山静默无言，明亮的冰川灿灿发光，天空湛蓝无一丝尘埃，云朵萦绕在雪峰之腰，飞鸟翔起在湖泊之畔，无垠的草地之上牛羊成群，平坦的戈壁之间流水潺潺……

地理位置：中国青海省

探险指数：★★★

探险内容：寻找江河源头、观览湖泊冰川

危险因素：陷入沼泽

Tips

进入三江源地区探险要注意保护当地的环境、爱护野生动物，尊重当地居民宗教习俗。

探险出发前应充分休息、避免强体力运动、注意防感冒和其他疾病。

西宁等地有很多专门负责到三江源地区探险、旅游的公司，游人出发前应仔细查询所经过的景点，以及公司资质等。

在中国的西南部，许多高大的山脉绵延起伏，巍然屹立，无数高达五六千米的巨大山峰将这片土地装饰得壮观无比。山脉的雪线以上都分布着终年不化的积雪，这里是中国冰川分布最集中的地区之一。河流密布，湖沼众多，也是世界上海拔最高、面积最大、湿地类型最丰富的地区。长江、黄河和澜沧江三条大河都发源于这里，因此人们将其称为"三江源"。

三江源地区如同一个巨大的蓄水塔，长江、黄河、澜沧江就像一条条"输水管道"，源源不断地向下游地区输水，使这里成为我国乃至亚洲的重要水源地，素有"江河源""中华水塔""亚洲水塔"之称。

三江源地区是青藏高原的腹地和主体，以山地地貌为主，山脉绵延、地势高耸、地形复杂。

稀疏的草地穿插其间，若非高原气候明显，这里真如江南水乡。虽然没有江南那花红柳绿的繁华，但却也呈现出一番独特的景色，巍峨的雪山静默无言，明亮的冰川灿灿发光，天空湛蓝无一丝尘埃，云朵萦绕在雪峰之腰，飞鸟翔起在湖泊之畔，无垠的草地之上牛羊成群，平坦的戈壁之间流水潺潺。来到这里旅游探险的游人都说，灵魂可以在这里得到升华，心灵可以在这里得到净化。

那些明珠般的湖泊美不胜收。地处黄河源头的星宿海，藏语称为"错岔"，意思是"花海子"。这里的地形是一个狭长的盆地，东西长 30 多千米，南北宽 10 多千米。黄河之水行进至此，因地势平缓，河

阿尼玛卿雪山是雪域高原的一座神山。

面骤然展宽，流速也变缓，四处流淌的河水，使这里形成大片沼泽和众多的湖泊。在这不大的盆地里，竟星罗棋布般的分布着数以百计的湖泊，大的有几百平方米，小的仅几平方米，登高远眺，这些湖泊在阳光的照耀下，熠熠闪光，宛如夜空中闪烁的星星。

美丽的玛多湖湿地是斑头雁、赤麻鸭、棕头鸥和鱼鸥的主要繁殖地，也是黑颈鹤的主要觅食地。这里水泽光洁，绿草鲜美，风景如画，成为鸟类的天堂，摄影者的最爱。

鄂陵湖、扎陵湖两个湖泊更是美不胜收。鄂陵湖水色极为清澈，呈深绿色，天晴日丽时，天上的云彩，周围的山岭，倒映在水中，清晰可见。扎陵湖东西长，南北窄，酷似一只美丽的大贝壳，镶嵌在黄河上。湖光潋滟，湖心偏南是黄河的主流，看上去，仿佛是一条宽宽的乳黄色的带子，将湖面分成两半，其中一半清澈碧绿，另一半微微发白。

沼泽地区，充沛的水源是动植物的天然庇护所。

阿尼玛卿雪山具有神圣、神秘、神奇的色彩，是雪域高原上的一座著名神山，被藏族人民奉为开天辟地的九大造化神之一，在藏族传统文化中具有举足轻重的地位。每年都有大批信徒不远万里叩着头来这里，祭祀山神，顶礼膜拜。

进入三江源地区探险，可以乘着越野车在大草地上奔驰，可以骑着骏马在河畔驰骋，可以背起背包沿着美丽的河流，寻找母亲河的源头。其间可以尽兴地欣赏那些美丽的湖畔，在如画的湖畔忘记所有的世俗喧嚣；可以仰望那些晶莹圣洁的冰川，让它们将自己的灵魂净化；还可以同藏族拜山的同胞一起瞻仰神圣美丽的阿尼玛卿雪山。

在三江源的探险过程也时时充满着困难，前往的游人必须做好心理准备，高原缺氧、夜晚的严寒是所有人必须克服的。如果想攀登那些冰川、雪山，则探险者必须拥有充足的高山探险经验。即使在路上行走也不能说就是十分安全的，那些平坦的草地上有许多土壤松软的地区，车辆很容易陷进去……然而，正如"世之奇伟瑰怪者，常在险远"，也许这些就是欣赏三江源美景所要付出的代价吧。和那里的美景相比，困难的确算不得什么。

奇形怪状的岩石矗于水中，峭岩上的蔓藤苍翠欲滴。

82 下龙湾
水上桂林

下龙湾，美如浮游在海浪上的一朵兰花。

地理位置： 越南北部

探险指数： ★★

探险内容： 荡舟海上、探索洞穴

危险因素： 洞深路险

Tips

越南语为当地主要语言，但部分景点用英语，有的地方法语也可通行。

存在时差，越南时间比北京时间早 1 小时。

越南是吃的天堂，这里的餐厅和饮食摊处处可见，特别出名的小吃有鸡粉、虾饼、肉粽、灌肠等，游客千万不可错过。

下龙湾，位于越南北部广宁省，为天然形成的自然景观，风光秀丽迷人，闻名遐迩。1994 年，联合国教科文组织将下龙湾作为自然遗产，列入《世界遗产名录》。这里的喀斯特地貌有的一山独立，一柱擎天；有的两山相靠，一水中分；有的峰峦重叠，峥嵘奇特，堪称奇观。因其景色酷似中国的桂林山水，因此被称为"海上桂林"。

下龙湾是越南人的骄傲，关于下龙湾的传说有很多。有的说是神龙帮助越南人民抗击外侵，龙口吐龙珠打击侵略者，龙珠入海，化石耸立。另外一个传说是母龙降落海湾，用身躯挡住汹涌的波涛，使得百姓安居乐业，龙子随同龙母下海，形成附近的小海湾，从传说中不难看出下龙湾在越南人民心中的位置。

下龙湾海面上，山岛林立，星罗棋布，姿态万千，有众多的岛屿和山峰。据说一共有 3000 多座，仅命名的山、岛就有 1000 多座。大自然的鬼斧神工在这里得到了极好的呈现，山石、小岛都被雕刻的活灵活现，有的如直插水中的筷子、有的如浮在水面的大鼎、有的如奔驰的骏马，还有的如争斗的雄鸡。最有名的是蛤蟆岛，其形状犹如一只蛤蟆，端坐在海面上，嘴里还衔着青草，造型栩栩如生。

下龙湾的美由石、水和天色三个要素构成。下龙石岛千姿百态、形色瑰丽，山海相结合造出一幅迷人的水墨画。人们赋予了这些怪石很多意蕴，香炉石表示心灵安宁，斗鸡石象征运动的激情，蛤蟆石寓意富贵吉祥。有一个作家这样写："那些粗糙冷静的石岛好像还要留存、想念不停转变的生活而化身成屋顶、抱小孩的母亲、老人、人面等形象。"

下龙湾的很多岛屿上还有近乎原始状态的热带丛林，门巴岛上树木花草青葱繁茂，还有野猪、梅花鹿等野生动物出没。在若岛，你可以看到一个极讨人喜欢的红鼻猴王国——这里的猴子都是红鼻子、红屁股。

下龙湾小岛数不胜数，小岛上古树参天。

下龙湾绵延山峰矗于水中，游人可以进入溶洞底部观光游览。

岛上的猴子极为顽皮和大胆，见到陌生人，就成群地跑到海滩上跳跃、欢呼。

下龙湾的海绿水清波如同内陆湖泊，又像慢慢地江水随时间不停流淌。这里的四季都很美、春天青翠、幼芽长满石山；夏天凉爽，洁白的阳光闪亮了海面；秋天的夜里，月光镶金似的照下飘扬的山影；在冬天海浪拍打石山，淡淡的雾烟在水面漂浮着，如梦如幻。难怪曾有人这样说过："下龙湾美如浮游在海浪上的一朵兰花。"

游人可以在下龙湾如画的海水中泛舟遨游，欣赏众多不同的岛屿、形状各异的怪石；也可以在干净的浴场中游泳；还可以跟当地的渔民一起去打鱼，体验当地最地道的渔猎生活。当地的烤鱼做得独具风味，爱吃的游人绝不可错过这种难得的美味。

此外，登上那些岛屿探寻神秘洞穴是探险家最热衷的活动。下龙湾巨大的石岛里面蕴藏着许多美丽、迷人的岩洞。其中，木头洞里的钟乳石特别丰富，千姿百态；天宫洞就像美丽、辉煌的宫殿一样，被称为下龙湾的第一溶洞。洞穴内有奇形怪状的石灰岩，因各种原因受到侵蚀而成，这些岩石在彩色灯光的映衬下显得摇曳多姿。惊讶洞，位于下龙湾的无串子群岛上，距离旅游码头约 15 千米。它是下龙湾上最宏大、美丽的岩洞之一，分外、中、内三间。该洞的特色之一是洞顶都是无数的小窝，游客进洞后感觉好像走在云纹密布的天空下。浦浓洞门口弯曲，钟乳石垂下柔曼如柳枝，洞口美得令人惊叹，垂下的钟乳石造型迥异，有的像山鸡、龙、蛤蟆，有的像瀑布，到此洞你好像进入神话世界。其他岩洞也都各有千秋、美得迷人。

乘着小船，在下龙湾绿水青山之间荡漾，登上那些迷人的小岛，进入神秘的洞穴，去发现一个个藏在海上、地下的瑰丽世界。如果你是一个喜欢探险、喜欢发现的人，就赶紧出发吧！

风平浪静的湖面，一弯小岛尽收眼底。

贝加尔湖

北地明珠

83

湖水清澈透明，透过水面就像透过空气一样，一切都历历在目，温柔碧绿的水色令人赏心悦目……

地理位置： 西伯利亚

探险指数： ★ ★ ★ ★

探险内容： 环游湖区、在冰雪间穿越、潜水

危险因素： 冰缝、严寒

Tips

贝加尔湖一年四季都有迷人的景色,游人可以在这里得到各种不同的探险感受。如果想进行冰雪活动就在冬天来,如果想欣赏湖滨景色最好在春夏之交来。

俄罗斯宾馆内不备牙具、拖鞋、香皂,房内无饮用水,如需热水,需付楼层服务员一定金额的小费。

遵守中俄出入境管理条例及海关规定:出入境时携带货币不超过 6000 元人民币、3 万卢布。摄像机、照相机、计算机等贵重物品要如实申报。

贝加尔湖是俄罗斯最大的湖,也是世界上最深和蓄水量最大的湖。它位于东西伯利亚高原的南部,外形像一弯新月,素有"月亮湖"之美称。贝加尔湖,蓄水量很大,占整个俄罗斯淡水储量的五分之四。贝加尔湖的水质非常优良,人们在岸边可以清楚地看到水下 40 米左右的鱼群。贝加尔湖周围地区大陆性气候很强,被群山环绕,冷空气吹不进来,它自身庞大的水量也可以调节周围的气温。因此,这里的气温要比周围其他地区高得多,使得湖区具有丰富的动植物资源。

贝加尔湖湖水清澈透明,景色秀美,被称为"西伯利亚的明眸"。这里也是俄罗斯的主要渔场之一,虽是淡水湖,但湖里却生活着许多地道的海洋生物,如海豹、海螺、龙虾等。由于处于高纬度地区,一年中,贝加尔湖湖面有 5 个月被几十厘米的冰层覆盖。这时天地间白茫茫的一片,行走于湖畔,到处都是冰雪,千里冰原鸟兽绝迹,用"千山鸟飞绝,万径人踪灭"来形容此时的贝加尔湖再合适不过了。湖区强烈的风,扬起巨大的雪片,扑打在脸上,让人睁不开眼,正是这恶劣却雄浑的环境,使这里的人坚韧而顽强。不论天气多么寒冷,当地的渔民都会敲开厚厚的冰层,去捕鱼。

湖沿岸还生长着松、云杉、白桦和白杨等组成

蓝天、白云、沙滩成为贝加尔湖向游客展示的一张名片。

的密林,密林中河汉纵横,植物生长茂盛。这些林中有可以穿行的小路,当秋天树叶刚刚落下时,漫步于这些幽静的小路上,听着各种鸟儿叽叽喳喳地鸣叫,任落叶飘于头顶,阳光透过树梢,仿佛时光也变得光怪陆离。居民们在距河口较远的上游区域修建牧场,成群的牛羊在牧场上啃食野草。贝加尔湖西岸的群山有很多悬崖峭壁,形成了湖畔壮美的山崖景观。被称为贝加尔湖自然奇观之一的高跷树,很值得一看。这些树的根从地表拱生着,成年人也可以自由地从根下穿来穿去。

贝加尔湖地区阳光充沛,雨量稀少,冬暖夏凉,有矿泉 300 多处,是俄罗斯东部地区最大的疗养中心和旅游胜地。西伯利亚第二条大铁路——贝阿大铁路,西起贝加尔的乌斯季库特,东抵阿穆尔的共青城。铁

路沿湖东行，沿途峭壁高耸，怪石林立，穿行隧道约50处，时而飞度天桥，时而穿峰过峡，奇险而壮美。俄国大作家契诃夫曾描写道："湖水清澈透明，透过水面就像透过空气一样，一切都历历在目，温柔碧绿的水色令人赏心悦目……"

贝加尔湖湖边几十米高的山崖，如同垂直的屏障一样插入深蓝的湖水中，这些山崖上大多只生长着稀疏的苔藓植物，裸露的岩石呈现出各种色彩，乘船到达崖下，可以看到巨大的山崖倒影迷离地在水中浮动，飞倦的鸟立在崖间突出的岩石上，低头整理羽毛，偶尔一枝小花忽然从岩石缝隙中伸出，那美简直不可描述。

除了秀美的景色，贝加尔湖还有另外两个名字："凶险之湖""死亡之湖"。贝加尔湖的历史就是一部沉船史。1702 年 9 月 14 日，风暴掀翻了往乌索利耶送物资的大舢板。1890 年，"沙皇皇储"号汽船在暴风雨中沉入湖底。19 世纪末，一队运送银货的雪橇商队从冰面上沉入深渊。1900 年 10 月，商人济良诺夫乘船赴他国做生意，连船带货在风暴中沉没。1903 年 8 月 9 日，湖面上剧烈的龙卷风一天之内使 40 余艘驳船沉入湖中。

冬日的午后，厚厚的冰架在阳光的照射下，晶莹剔透，宛如水晶。

如今，环湖旅行、冰上穿越、潜水成了湖区最热门的探险活动。在夏秋之时，这里气候还不算严寒，游人可以在湖区徒步、乘车旅行，甚至可以在一些高出水面的山崖上进行滑翔运动，在冬季穿越贝加尔湖漫长的冰层是极具挑战性的冒险。此外作为世界上最深的湖，贝加尔湖吸引着无数潜水爱好者到这里进行潜水。关于湖下有沉没的黄金，甚至外星飞船的传说举不胜举。最著名的是沙皇支持白俄军队的几百吨黄金就沉没在贝加尔湖之下，这些传闻吸引了无数探险者、寻宝者来到湖区探索。但那里到底有什么，对大多数人来说还是个谜。

灌木苍翠欲滴，辽阔无垠、微波浩渺的湖水与蓝天相接，美丽无比。

山峰倒映在湖水里，湖水里的小船肆意地游荡，犹如画中奇景。

84 波希涅湖

山水长廊

美丽的波希涅湖静卧在高山之间，如同一颗透彻的蓝宝石。

地理位置： 斯洛文尼亚

探险指数： ★★★

探险内容： 山区穿越、滑雪

危险因素： 陡峭的峡谷、野兽

Tips

游客夏季可以进行各种水上运动当湖面结冰可以滑雪旅游在特里格拉夫国家公园里也可以观赏到美丽的瀑布在一些河流地区也可以沿河流进行极限运动漂流和高速漂流是非常刺激的运动。

特色小吃有马肉汉堡烤肉饼在斯洛文尼亚的餐桌上会有一碗干果干果是美味传统之一。

到斯洛文尼亚旅游最好的季节是7~10月此时天气状况较好适宜在山地间远足。

斯洛文尼亚西北部的特里格拉夫国家公园中有美丽的波希涅湖，每到冬天这里就成了冰雪覆盖的仙境，到了夏天，草地上野花缤纷，环绕着陡峭的山峰、幽深的峡谷和水晶般清澈的溪流。在高山的下部，溪流和瀑布翻滚着白色的浪花，注入山洞和沟渠。低矮的山坡上长满了落叶松和云杉、松树，在那些没有森林的荒凉沙滩上，点缀着稀疏的灌木丛，山坡上到处都能看到美丽的雪绒花。渴望远足的探险者，可以在这里的山涧、溪流中发现那些珍稀的动物。森林之中星罗棋布地散布着大量的山中小木屋，这些是国家公园专门为那些打算在山间过夜的旅行者设立的。

美丽的波希涅湖静卧在高山之间，如同一颗透彻的蓝宝石。沿着湖岸旅行、穿越那些湖畔的森林，寻找山上的洞穴，或是在那些注入湖中的山地溪流中漂流都成了热门的探险项目。一个很著名的旅游点就是波希涅湖的东边，这里有两个村落和不少传统的居所。在这条线路上，靠近尤利安 - 阿尔卑斯山脉时，有一条长 15 千米的小山路，探险者可以沿着这条小山路向前行进，攀爬 600 米左右就会进入旱獭的栖息地，在这里你能轻易地看到这种可爱的动物。再往前行是一段陡峭的山坡，这段路十分考验游人的勇气和体力，

不过这段路到处都是令人屏息的美景，虽然艰险，但绝对不会有一点点的单调。一直前行，会到达一处被称为丹·普拉尼卡的山上高地，这里视野开阔，路途也变得平坦易行，四周的美景似乎忽然冒出来一样，让人瞠目结舌。那些连绵不绝的雪山，远远伸出去，

远处被云雾所笼罩，若隐若现，若是清晨雨后，你会看到那淡雅如水墨画的峦岫，正如诗词中所说的"远山黛眉新"。脚下的景色同样美丽，草地绿得发亮、湖泊澄清明媚、森林幽幽郁郁，水墨画在近处变成了色彩艳丽的油画。坐在清凉的山风之中，不论近观还是远眺到处都是美，躺在稀草地上，蓝天、白云仿佛伸手就能触到……

这种美景连绵不绝，天气好的时候，空气异常清朗，如果有个望远镜，那些远处的城市、村镇都清晰可见，那些没有攀登的高山、没有去探索的峡谷中的美景都可以尽收眼底。高地上既有青绿的草地，也有立满各种怪石的岩石小径。如果游人体力旺盛，还可以游览五彩缤纷的特里格拉夫峡谷。攀爬沃格尔山峰，这座山峰虽然不高但那些陡峭的崖壁很具有挑战性，成为到此探险者的挚爱。此外峡谷中的那些神秘溶洞也都对探险者充满了巨大的吸引力，这些洞穴或大或小，有些大的溶洞中长满了壮观的石柱、石笋和钟乳石，这些大自然几百万年才创造而成的奇观，被探险家们视为不可错过的地方。

经过蜿蜒曲折地穿越再回到波希涅湖边。此时大多数游人已疲惫不堪，但这湖畔的美色会立刻让你忘记旅途中的劳累，让你觉得刚才那些道路上的险阻和这里美丽的景色相比完全算不上什么。嫩绿的草地平坦柔和，群山如臂膀一般将这湖湾紧紧地拥抱。高山深处的瀑布，从这里望去如同条条白练，迎风飘荡，晶莹夺目。草地上矗立着一排排精致的小木屋，湖畔有修好的道路，游人可以租借自行车沿着波希涅湖兜风；也可以在夕阳下，坐在湖边的长椅上欣赏美丽的湖滨日落。最美的是夜晚乘着小船荡漾在平静的湖上，清风徐来，月影摇荡，偶尔山间传来夜鸟啼鸣，在这里创造出一片静谧、祥和、浪漫的世界。

周围的高山滑雪场，十分著名，这里坡度适宜、环境幽雅，每年无数游人专门来到波希涅湖之畔，体验从高处滑下的难忘体验。滑雪场上还有缆车，坐在缆车之上，山峦湖泊景色连成一片，让人流连忘返。

斯洛文尼亚特里格拉夫国家公园，美丽的希波涅湖便位于其中，宛如仙境。

维多利亚大瀑布

疑是银河落九天

85

只有天使在飞过这里
时才能看到这么漂亮的
景象……

地理位置： 非洲南部

探险指数： ★★★★

探险内容： 观赏瀑布、游览瀑布周边山地

危险因素： 水势凶猛、陡崖峭壁

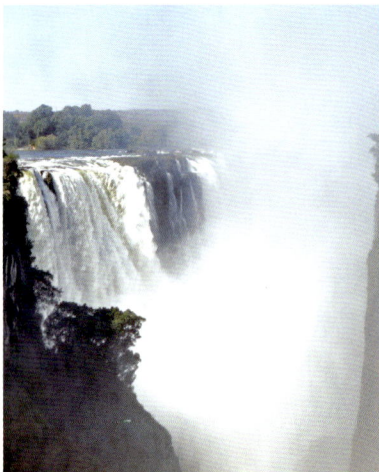

Tips

观看瀑布的最佳季节是在 3 ~ 5 月, 此时瀑布水流充足, 声势最盛。

从津巴布韦首都哈拉雷乘飞机抵达马塔贝莱兰省机场, 再乘车 15 分钟, 就可以到达维多利亚瀑布景区。

为了方便游客, 津巴布韦、赞比亚两国开通了不需要签证的跨境一日游。瀑布区还开发了冲浪、漂流等探险项目。

维多利亚瀑布位于南部非洲津巴布韦和赞比亚接壤的地方, 在赞比西河上游和中游的交界处, 为世界上最大、最出名的瀑布之一。这里属热带草原气候, 天气炎热, 降水充足。地形以山地和丘陵为主, 尤其是多高山。多雨的气候和多山的地形, 为维多利亚瀑布的形成创造了得天独厚的自然条件。非洲第四大河流赞比西河水量充足, 流经赞比亚时, 在大峡谷一倾而下, 急促的河流迸溅出巨大的水花, 于是就形成了世界奇观维多利亚瀑布。

维多利亚瀑布是世界三大瀑布之一, 准确来说是一个庞大的瀑布群。它分为东瀑布、虹瀑布、魔鬼瀑布、新月形的马蹄瀑布和主瀑布五段。位于西边的是气势磅礴、排山倒海、止跌深渊的魔鬼瀑布, 魔鬼瀑布只有 30 米宽, 但水势凶猛、水流湍急、恰如魔鬼一般。中间为主瀑布, 与魔鬼瀑布毗邻, 其水量巨大, 如万马奔腾。东侧为马蹄瀑布, 因被岩石遮挡呈马蹄状而得名。彩虹瀑布为整个瀑布中最高, 且颇具神秘感的瀑布, 游人在这里可欣赏巨帘似的大瀑布, 还可以看到出现在翠谷间的一条一条五彩缤纷的彩虹。游人到此, 恍如置身仙境。东瀑布, 顾名思义, 位于最东端, 最具魅力, 陡崖峭壁, 雨季时候千万条素练般的瀑布一倾而下, 但因其凶猛的气势常常屈服于干旱的季节, 因此名字也很平淡。维多利亚瀑布的宽度超过了两千米, 最高的地方达到了 108 米。

天然形成的自然风光无疑是瀑布吸引游客到来的法宝, 关于瀑布令人神往的传说也为这个地方带来了

神秘与朦胧。非洲独特的民族音乐和舞蹈融入维多利亚瀑布的自然壮丽中, 引发人们无限的遐思。维多利亚瀑布地理位置偏僻, 附近多河流、森林和高山。因此, 如果想要购买当地的特产和手工艺品就只能去距离瀑

气势恢宏的维多利亚瀑布自然景观。

布不远的依靠着维多利亚瀑布的旅游而发展繁荣起来的小镇维多利亚瀑布城。

在大瀑布的上游，乘坐游艇可以看到瀑布的轮廓。赞比西河河面宽，水流平缓，河中有岛，小岛上生活着一群快乐的大象，景色也十分值得一看。魔鬼池位于维多利亚瀑布的最巅峰，是天然形成的。每年的9月到10月水量较少，相对平静，水流不会顺着岩壁流下，成为世界上最高的户外游泳池，极具挑战性，每年都吸引世界各地的勇敢的游泳者在这里游泳，有时候还会趴在池边，感受瀑布从身下飞流直下的刺激，感受"魔鬼游泳池"的意义。

维多利亚大瀑布隐藏在非洲内陆，长时间不为人们所知。1851年苏格兰传教士和探险家戴维·利文斯顿听说在非洲内陆有一个大瀑布并开始寻找这个瀑布。从1852年到1856年他从赞比西河的上游向下探险一直到达海岸。1855年11月他成为第一个看到这个大瀑布的欧洲人。利文斯顿是从上游接近维多利亚瀑布的，在瀑布上方他越过了一个小岛，今天这个岛就叫作利文斯顿岛。利文斯顿在赞比西河上游就已经被其他瀑布的景象所打动，他觉得维多利亚瀑布比上游的瀑布要壮观得多；在一团水雾下赞比西河就像是突然从地面上消失了一般。下大雨后这团水雾在数千米外就可看到。人越走近维多利亚瀑布，其轰鸣之声就越响。这个奇景至今未变。他以维多利亚女王的名字为之命名。他写道："在英国没有这样美丽的景象，没有人能够想象出它的美景。从来就没有一个欧洲人看到过它，只有天使在飞过这里时才能看到这么漂亮的景象。"

1860年利文斯顿与约翰·柯克一起重返维多利亚瀑布并对之进行详细的研究。直到1905年铁路通到维多利亚瀑布，之前外部很少有人到达这里。

瀑布附近有赞比亚国家博物馆——利文斯顿博物馆。在这里可以读到利文斯顿当年的日志，体会他第一次见到瀑布时候的感受，1952年，在此建立的维多利亚瀑布国家公园，也已成为著名的游览胜地。

维多利亚瀑布是自然的奇观，是非洲的骄傲，在遥远的非洲赞比西河上，维多利亚瀑布向世界各地的探险者发出了热情的邀请。

奥卡万戈三角洲沼泽湖泊朝霞漫天群林尽染，一派绿意盎然之景。

奥卡万戈三角洲

86 河流迷失的地方

傍晚时分，夕阳会将整个三角洲染成一片迷人的金红色，牛羊们踏着缓缓的步子，在鞭声中返回，孩子们在村边奔跑，袅袅的炊烟仿佛在吟唱着一首古老的歌……

地理位置： 非洲博茨瓦纳北部

探险指数： ★★★

探险内容： 乘船或热气球游三角洲

危险因素： 沼泽泥坑、鳄鱼猛兽

Tips

河马力量巨大，性情狂躁，尤其是在交配季节，即使人们小心翼翼，也很容易受到它们的攻击，最好的办法就是远离它们的领地。

在乘坐越野车穿越猛兽众多的地方时，一定不要离车太远，注意周围有没有潜伏着的猛兽，以免受到袭击。

从空中俯瞰，美丽的奥卡万戈河如同一条长长的蓝色锦带，蜿蜒盘旋在翠绿的沼泽地上，它被人们描述为"永远找不到海洋的河"。在流经卡拉哈里沙漠后，奥卡万戈河倾入巨大的三角洲，河水四处流散，在两万多平方千米的土地上形成了无数的水道和潟湖。

三角洲的沼泽地是野生动物的天堂，在这里生活着各种野生动物：大象、狮子、斑马、羚羊、长颈鹿、美洲豹、猎豹等在灌木绿地中漫行；鹳鸟、犀鸟、野鸭在天空中飞翔；鳄鱼、虎鱼、河马、水龟等则在各个潟湖、河汊中游荡。每年的三四月，暴雨来临，数以万计的动物纷纷逃离，形成及壮观的群体迁徙景象，而鸟类们则聚集到此，到处啄食着水泽间的小鱼、虫子。洪水退却后，旱季就来了，绿洲一下子变成了泥潭。可怜的河马在泥潭里挣扎；而鳄鱼为求得一些小溪流来生存，在泥潭里窜出一条条深沟；穿山甲和鼠类，则拿出自己钻地的本领，躲进地下去生活；水牛此时会成群结队地远涉他乡寻找新的水源。

奥卡万戈三角洲地区，河汊纵横，池沼遍野，最好的参观方式是乘着热气球，在空中观看蓝河绿地、湖泊森林。仅仅那些水网就足以动人心魄了，它们如同伟大的艺术家，挥笔随意画下的画，峻直的线条颇有些毕加索的风格，这幅蓝底绿线的大画远远地展开，直到海边。点缀在草地上的湖泊和凸起在河道中的绿洲简直如镜了内外相互对应一样，广袤的绿地之上，圆圆的湖泊如绿色大毯之上的监宝石，而泛在水中的绿洲则如同蓝色锦缎上的碧玉。它们相互辉映，美不胜收。

这里的湖水清澈见底，水中漂浮的水莲，远远看去仿佛悬在空中，若是乘着独木舟在这些湖中，还真有种在空中漂浮的感觉。生活在奥卡万戈三角洲的居民们，将热带树木或浆果树的树干掏空，做成一个个简陋而实用的独木舟。他们沿着河岸捕鱼、打猎，采集果食、木槿叶。他们用当地植物酿造的酒清甜甘洌，轻啜一口尽是清香。

三角洲附近有很多原始的部落，他们的屋子用茅草苫蔽，四周用芦苇扎成高高的篱笆，有的几个屋子同处一院，篱笆墙相互交连，真有些北京四合院的味道。这里的人过着极为古朴的生活，每天天刚亮，男人就出去打猎，女人则带着小孩在浅溪中用芦苇编成的渔网捕鱼，不能捕猎的老人和孩子们便赶着牛羊，到绿洲上去放牧。

傍晚时分，夕阳会将整个三角洲染成一片迷人的金红色，牛羊们踏着缓缓的步子，在鞭声中返回，孩子们在村边奔跑，袅袅的炊烟仿佛在吟唱着一首古老的歌……

这片美丽的绿洲吸引了全世界的游人、探险者前来，据统计每年进入奥卡万戈三角洲游玩、探险的人达几十万之多。在这里你可以通过乘坐独木舟、越野车、徒步骑大象或者乘热气球探险。

乘坐越野车是三角洲地区最常见的旅游方式，通往三角洲深处的道路崎岖狭窄，多沙的路面只能容纳一辆车通过，透过越野车的车窗只能看到无边的一米多高的杂草和灌木丛，崎岖小路上不时有动物突然蹿出，给游人打个独特的招呼。巨大的非洲象群时时从车前经过，此时大地都会颤抖起来，那巨大的声势足以让探险者感受到非洲的野性和博大。有时车速慢时，狮子们会跑到车旁，观看这个奇观的铁盒子，它们会攀着窗子或是直接跳上车前盖上，盯着兴奋又惊恐的游人。

如果乘坐独木舟，则沿着水道欣赏，视角完全改变的景象同样美丽。这时你不用担心巨大的象群和凶

独特的地形、气候，成了这些精灵的栖息乐园。

猛的狮子，但同样威猛有力的河马与更加残暴的鳄鱼则是更大的威胁。据说三角洲地区曾发生过多起独木舟被河马撞翻，导致游人受到河马、鳄鱼攻击的事件，成为很多游人心中的一丝阴影。

三角洲野兽众多，游人要想走出越野车近距离穿越是十分危险的。但在一些地方可以骑大象旅游。这些训练有素的大象和那些桀骜的野象不同，它们性情温和，通解人意，也许一场旅行下来，你就会对它们产生感情，把那些庞然大物，真正地当成自己的朋友。

在奥卡万戈三角洲，无论采取何种方式探险旅游，总能得到意想不到的惊喜，总会看到让人着迷的景观。有人说，那里蕴含着一个美丽的梦，等着游人们前去挖掘。

晚霞布满了整个南极上空，大地上一片绯红。

南极雪原

87 白色大洲

巍峨的冰川巍然屹立在深墨色的海洋之上，显得晶莹剔透，散发出神秘、圣洁的气息。

地理位置：南极

探险指数：★★★★★

探险内容：穿越冰原、攀登高山、观赏浮冰

危险因素：严寒、冰缝、雪崩

Tips

南极的冰原上存在很多深不见底的裂缝，在乘坐爬犁穿越冰层时一定要倍加小心。此外，在严寒的气候中，修理汽车等都需要特殊的技能，探险者最好先通过极地培训再上路。

南极多大风，有时风力高达十几级，探险者必须做好应对工作。

白化天气是南极十分危险的天气，遇到这种情况游人不可惊惶，不可乱跑，应原地等待白化天消失，或等救援到来。

提到南极人们就会想到可爱的企鹅、巨大的冰山、令人无法忍受的严寒，这片到处都是冰天雪地的大陆，充满了种种壮丽瑰奇的景色和让人们津津乐道的探险传说。这里是世界上淡水储量最多的地方，周边的海域是世界上重要的渔场，厚厚的冰层之下还蕴藏着丰富的矿产资源。这片美丽的土地，因为严酷的自然环境而成为地球上唯一没有人定居的大陆，也是人类最陌生的地方。

因为气候严寒，植物在南极洲难以生长，只能偶尔见到一些苔藓、地衣等植物。海岸和岛屿附近有鸟类和海兽。鸟类以企鹅为多，夏天，企鹅常聚集在沿海一带，构成有代表性的南极景象。海兽主要有海豹、海狮和海豚等。大陆周围的海洋，鲸成群。

南极大陆内部也有很多巍峨的山脉，著名的登山胜地文森峰就位于这些山脉之中。山脉之外是无边无际的冰雪高原，在南极洲的内陆，除了白茫茫的冰雪，大地上没有任何其他颜色的景物。白色的大地，蓝色的天空，被冰雪散射得五彩缤纷的阳光，构成了南极洲最典型的景象。如果碰上极光出现，则天空更加绚丽，若不是让人难以忍受的严寒，这里的景色美得如同梦幻中的花园。在南极大陆上，到处都是巨大的冰川、冰层。尤其是在海边，冰与水相互交接的地方，巍峨的冰川巍然屹立在深墨色的海洋之上，显得

南极自古以来就吸引着无数探险家前去探寻。

晶莹剔透，散发出神秘、圣洁的气息。有风时，磅礴的大海泛起巨浪，浪花拍打在冰川之上，迸裂出银花千千万万，所有见到此景的人，无不在雷鸣般的涛声中心惊胆战。

在内陆，水汽凝结成冰川的新成分，压迫着冰川向四边扩散，而在大陆边缘，从冰川主体上崩落的冰块又纷纷落回大海。正是这种时时刻刻进行着的循环，亿万年间塑造了南极大陆的各种景观。那些漂浮在海洋之上的冰块，融化成各种奇特的造型。若有机会从空中俯瞰，你一定会被这场景深深地震撼，无数漂浮的冰山，从海面上远远延伸开来，那些浮冰湖和大洋比起来简直不值一提。

自从发现南极洲的那一刻，人们就对这块大陆深

南极冰盖上漂浮遍野的浮冰，宛如大小不一的盐块。

深地着迷了。几百年间，为了探索这神秘的新世界，无数探险家远涉大洋来到这里，穿过冰雪，进入酷寒

南极冰盖一角漂浮的浮冰，阳光照射下，晶莹剔透。

的冰原之上。其中，很多人在探险过程中失去了生命，永远沉睡在南极的冰雪之下。

挪威探险家罗纳尔·阿蒙森在 1911 年 12 月 14 日成为踏上南极点的第一人。阿蒙森踏上南极点 1 个月后，英国海军上校罗伯特·福尔肯·斯科特作为竞争者也到达了南极点。其中斯科特的遭遇成为南极探险中最让人们感叹、悲伤的故事。

当斯科特上校和他的同伴站在近 3000 米高的冰原和凛冽寒风中，看到挪威旗帜已在那里飘扬、阿蒙森一行驻扎的痕迹尚未消退时，他们明白自己失败了。斯科特上校怀着巨大的遗憾在日记里写道："最糟的情况终于发生了……所有的梦想都破灭了。上帝啊，这是个恐怖的地方！现在我们要回家了，以一种绝望的力量……但能不能到家却是个未知数。"果然，长时间在白色世界中前行，无时无刻不受到孤独、严寒的折磨，斯科特队伍中那些最勇敢的探险家也开始精神崩溃。有人因精神失常而死掉，有人因冻伤而死亡，有人因饥饿而倒下，最终斯科特和他的同伴们全部丧生在茫茫的冰雪之中。直到几百天以后，他们的尸体和笔记本才被后来的探险队寻获。

今天随着对南极的开发和科技的发展，旅行者有多种"南极游"可以选择。南极也成为热门的旅游地。有的只是短暂光顾一下南极半岛，更远的行程则会深入南极内陆，甚至到极地附近。探险者可以坐狗拉爬犁穿越冰原，可以深入南极内陆攀登高峰，还可以参观各国建立在南极的科考站。潜水、划独木舟和野营，甚至有的船上备有观光直升机。如果你有足够的时间和资金，不妨到南极去看一下世界上最纯洁的大陆、最壮观的浮冰，开展一场最具挑战性的旅游。

南极冰盖上厚厚的冰架，宛如蓝色的冰晶，壮观而美丽。

一望无垠的冰盖，远处天冰一色，在夕阳的余晖下，熠熠生辉。

88 北极冰盖
追逐北极星

这里有铺盖着冰雪的荒凉岛屿，有像陆地一样坚实的大洋冰盖，还有众多美丽的海湾、冰川、瀑布……

地理位置： 北极

探险指数： ★★★★★

探险内容： 穿越北极

危险因素： 严寒

Tips

芬兰、挪威等国都有成熟的北极旅游线路，游人可以在那里开始自己的北极探险之旅。

北极范围过于广泛，游人在和旅行社联系时一定要仔细询问旅游地区、旅游路线，以免发生纠纷。

北极探险须在夏季进行，此时北极处于极昼天气，适合观赏景色，在白色的世界之中，保护眼睛的墨镜是必需品。

和南极陆地被大洋所环绕不同，北极地区中间是宽广的北冰洋，周边散布着众多的岛屿，欧洲、亚洲、北美洲将它环绕。从远古时候起人们就对苦寒的北极地区产生了无数幻想，创造了无数关于北极的神话。

从 15 世纪起，为了寻找梦想中的"北方航线"，人类就开始有意识地向北极进发，航海历程无比艰辛，却也承载了人类全部的激情和梦想。当航海事业和技术发达以后，人们对北极的探险活动也越来越多了。

其中最著名的早期探险活动是由英国探险家约翰·富兰克林率领的团队。约翰·富兰克林生于 1786 年，1845 年 5 月 19 日，59 岁的富兰克林率两艘船共 129 名船员，沿泰晤士河顺流而下，出征北极。当时，几乎所有的英国人都认为这次探险必然能够成功。然而，天有不测风云。7 月下旬，有些捕鲸者还在北极海域看到了富兰克林的船队，自那以后，他们便忽然在北极消失得无影无踪。人们一直猜测探险失败的原因，有人认为是船只触礁或撞上冰山失事，有人认为是因为严寒或饥饿，船员全部死亡，也有人认为他们受到了海盗或者因纽特人的袭击。但这些推断大多证据不足，难以站住脚。直到 130 多年后，研究人员在威廉王岛的南岸海滨找到了一些骸骨。经过科学家研究，这些骸骨是富兰克林探险队成员们的，

冰雪覆盖的白色大洲。

他们最可能的死亡原因是坏死病，这总算解决了人类历史上的一大悬案。

富兰克林失踪之后，美国人的注意力也开始转向了北极。早在 1850 年，在一个商人的资助下，美国就派出了"先进"号和"救援"号两艘船参加了救援富兰克林的行动，当时是由一位叫德·海温的海军上尉指挥的。虽然无功而返，却吸引了美国人对北极的兴趣。曾在这次行动中服役的机械师凯尼后来成了美国北极考察的重要组织者。在进行了两年的准备之后，1852 年，他组织了 17 个人，驾着"先进"号再次进入北极地区，名义上是去寻找富兰克林，但内心却想尽量地往北，以期达到北极点。虽历尽了千辛万苦，

绚丽多彩的极光，在北极的上空飘荡。

最终还是未能进入北冰洋。

　　1871年，另一位美国人查尔斯·豪尔驾驶着"极地"号蒸汽帆船进入北冰洋，到达北纬82°11′，向北极点迈进了一大步，因此成了美国北极探险史上一位杰出的人物。可悲的是，在这次探险中他也献出了自己宝贵的生命。但豪尔的探险给后人提供了很多资料，终于在1909年4月6日，美国探险家罗伯特·皮尔里把美国国旗插在北极点的海冰上。

　　2008年中国"雪龙"号极地破冰船对北极展开了综合考察，开创了中国人探险北极的新纪元。

　　如今随着科技的发展，北极探险再也不是仅属于那些经过多年专业训练的探险家的活动了，很多普通人也纷纷加入了北极探险的旅程。靠近北极的俄罗斯、挪威、加拿大等国都有专门的旅行机构组织全世界的游人进入北极探险。

　　北极虽然十分严寒，但这里的景色绝对令人惊叹，这里有铺盖着冰雪的荒凉岛屿，有像陆地一样坚实的大洋冰盖，有神秘、好客的因纽特人，有浑身白毛的北极熊、北极狐，在大洋边缘的陆地上还有众多美丽的海湾、冰川、瀑布。如果你想欣赏北极灿烂的极光，想近距离观赏憨态可掬的北极熊，想坐着狗拉爬犁在冰盖上飞翔，或是坐在破冰船上穿越铺满冰盖的北冰洋，不妨前去北极进行一次终生难忘的探险之旅。

北冰洋冰雪覆盖的海岸，蓝天白云倒映在水中，冰层裂开，流水潺潺。

辽阔无垠的北冰洋，裸露的岩石数不胜数。

89 哈德逊湾
等待北极熊

在哈德逊湾上，北极熊守卫着它们最后的领地。

地理位置：加拿大东北部

探险指数：★ ★ ★ ★

探险内容：穿越冰盖

危险因素：北极熊、冰层裂缝

哈德逊湾周围气候极其寒冷，游客至此应提早准备好各种保暖衣物。

每年 11~12 月是观赏北极熊的最佳时间。游客在观赏北极熊时一定要注意安全，当北极熊注视着你的镜头时最好暂停拍照，北极熊虽然看起来美丽憨厚，但发起怒来却是真正的野兽。

哈德逊湾在加拿大东北部，处于巴芬岛与拉布拉多半岛西侧，北经福克斯湾与北冰洋相通，东北通过哈德逊海峡与大西洋相连。这里的冬季漫长而严寒，夏季温凉而短暂。海水每年 10 月就开始结冰，直到次年 8~9 月冰雪才能消融，海湾中几乎全年都有冰和浮冰存在，且经常被风暴和浓雾占领。总之，这是一片冰雪的世界，是北极熊和哈德逊湾狼的乐园。

北极熊是北极地区的名片，也是西哈德逊湾最有代表性的动物。远远望去，哈德逊湾缺少阳光照射的大海，仿佛浓密的墨汁，而墨汁之上的白色冰盘又白得那么纯洁，那么耀眼，世界上好像只剩下了黑白两色。冰层上笨拙的精灵蹒跚地移动，它们就是这冰雪世界中的主人——北极熊。

北极熊是食肉动物，它们有比猎狗还要灵敏的嗅觉，强壮有力的四肢，它们奔跑起来速度比百米冠军还要快。可是，平时这群巨大的野兽并没有人们想象中的那么凶残，它们常常相伴在冰雪中漫步，大熊在前面带路，小熊在四周跑来跑去，时而偎依在母亲身边，时而相互追逐、嬉戏，有时还会双脚直立，慵懒地打个长长的哈欠。它们除了鼻子和手掌上的点点黑色，全身的毛都是纯白的，当你看到它们时会不由得发出叹息，上帝竟然创造了这么美丽，这么可爱的一种野兽。

北极熊的毛非常特别，都是中空的小管子，平时它们将光线折射成白色的保护色。当阳光充足时，在阳光的照射下这些毛会变成美丽的金黄色，这让北极熊看起来似乎披上了一件金色的斗篷，在精灵、憨态之中又显出了一种华贵和高雅。北极熊还是游泳的高手，它们在水中游动时，宛如表演杂技的水中运动员，让看到的游人常常忍俊不禁。

每年的 11~12 月，北极熊就来到哈德逊湾觅食。在此过程中，它们需要长途跋涉两三个月，忍饥挨饿，犹如那些非洲迁徙的羚羊、野牛一样。到达这里的熊就用它们巨大的身躯在哈德逊坚固的冰上砸出一个

繁星点点的夜空中，极光转瞬即逝，霎时好看。

山花烂漫的草地上，北极精灵飞快地奔跑着。

冰窟窿，然后在窟窿边用前掌抓海豹，那种麻利的捕捉技术，让所有看到的人为之惊诧不已。

大片的冷杉林中，几只北极熊疲惫地走来，到处寻找着海豹的气息，当发现目标后，它们忽然变得迅捷有力，急速地冲过去，构成一幅绝美的冰雪风景画。抓到海豹后，北极熊就能补充足够的能量，之后漫长的冬季，母熊也能预备产子，很快那些憨态可掬的小精灵就会进入游客的视线。

彻奇尔镇是哈德逊湾的港口小镇，这里被称为"世界北极熊之都"，彻奇尔镇的居民一直都与北极熊和睦共处，他们保护进入小镇的北极熊，崇拜希腊神话中的大熊星座，很多人家中都有游猎民族的熊图腾。他们对北极熊的爱护获得了野生动物保护协会的高度赞誉。

当寒流横扫这个小镇时，北极熊们就会到彻奇尔镇游荡。它们到处寻觅食物，工作间、住宅甚至在停着的小轿车和货车周围晃来晃去，用鼻子东嗅西闻。有时还会闯入居民们储藏肉类的房间，大口大口地啃食居民们的食物。彻奇尔镇人了解北极熊的习性后，偶尔也会让它们随心所欲，但当北极熊咆哮发怒而变得难以控制时，居民们会把它们关在钢筋混凝土的笼子里。

哈德逊湾的另一种代表生物是哈德逊湾狼。这群世界上最大的犬科动物，成群结队地游荡在哈德逊湾的冰原、苔原上，以驯鹿、驼鹿和野牛为食。它们的毛发每年都随着季节而变化，灰白色、黄白色甚至奶油色，当它们探头探脑地从白桦树后面伸出雪白的头颅时，会让人忍不住想去轻轻地抚摩。可忽然想到，这是一群凶残的野兽，又不禁让人心颤，凶残的掠食者竟然有着这么美丽的外表，人们将这群极为聪敏的哈德逊湾狼称作"冰原上的幽灵"。

冰山、绿树和潺潺流水的小溪构成了一幅迷人的山川美景。

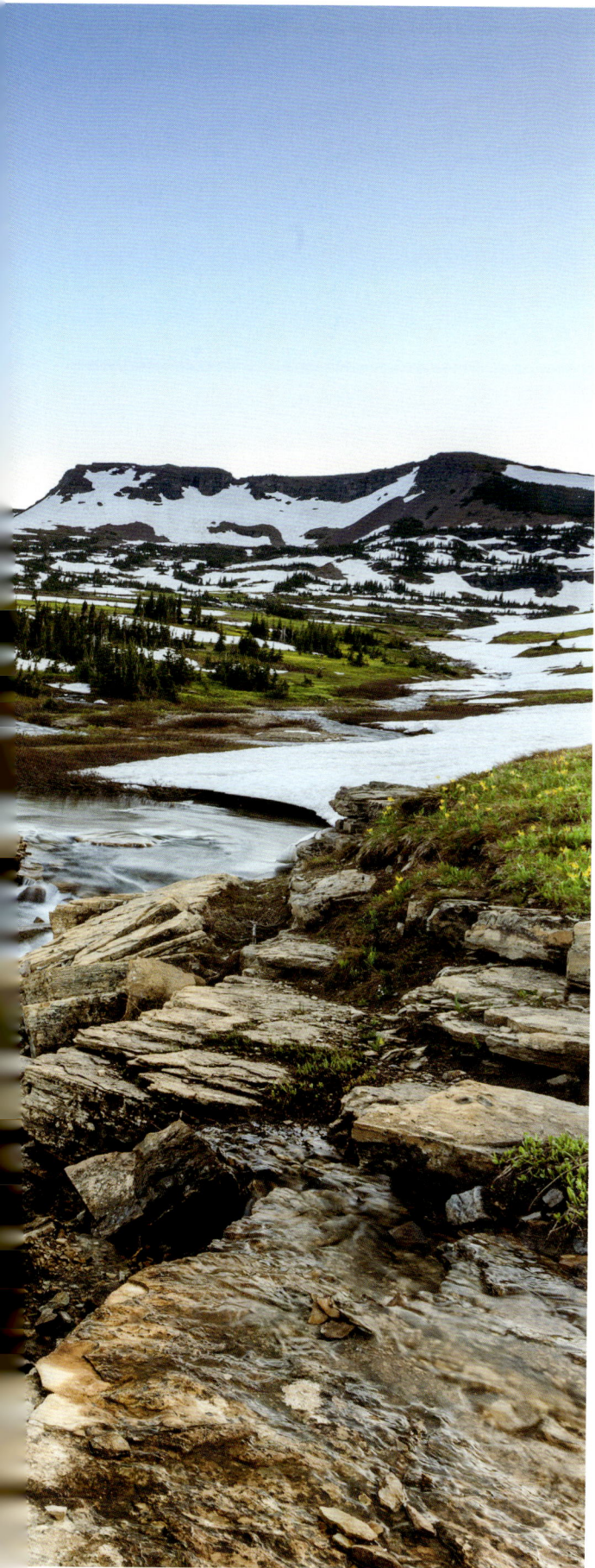

90 冰川国家公园

此景只应天上有

在冰雪的衬托下，冰山彩虹如同一条条梦幻的道路，指引着人们直登山巅。

地理位置：美国与加拿大国境线上

探险指数：★★★

探险内容：攀爬高山、冰川

危险因素：雪崩、冰崩

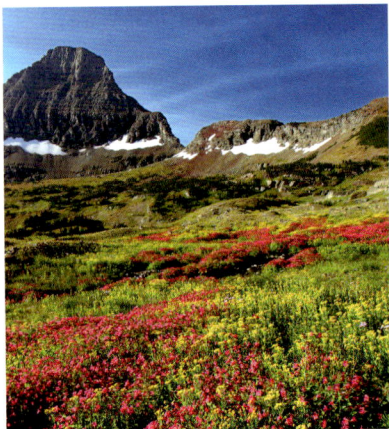

Tips

泛舟在湖泊之中观看冰川时，一定要和冰川保持足够的距离，那些巨大的冰块随时可能崩落下来，它们激起的水浪足以掀翻十几米长的小船。

进入森林探险，一定要注意防火，公园对此要求极其严格，造成安全隐患的游客将面临巨额罚款。

这里的山脊好像一把把利刃，那被冰河剥蚀得像金字塔似的峰峦，覆盖着皑皑的白雪，显得格外妖娆。山峰上的岩石扭曲、折裂，痛苦地倾斜着，挣扎着，形成一幅难以置信的几何图形。一道道岩层构成了一座座平台，雪花积储其上，把整个山峰点缀成了黑白相间的条绒模样。

冰雪消融之际，绕着山峰的陡峭山谷呈现出优美的曲线，谷中溪流自几十米高处飞泻而下，宛如连接天地的白练，溪水撞击岩石，水花四溅开来，被风吹散，不知所终。有的溪底倾斜，宛如地震之后被扭得弯弯曲曲的楼梯，溪水便沿着这倾斜的岩层，逐级而下，形成很多处大小不同的湖泊。最美的圣玛丽湖，四周为群山环抱，静静地坐在湖边，仿佛只能听到空气流动的声音。最大的麦当劳湖，倒映着两岸山景，如同天上落下的明镜。这里山势雄奇险绝，四周陡壁悬崖，天幕上悬瀑如练，红色西洋杉点缀山色更见俏丽，山泉的鸣声使四周愈显清幽。这些雄奇瑰丽的景色，让游人不禁感慨："此景只应天上有！"，然而它们却是真真实实地存在于北美冰川国家公园中。

被称为"北美大陆分水岭"的落基山脉贯穿整个公园。因这里有 50 余条冰川，故得名冰川国家公园。

这些冰川是由降落在高山的大量积雪在重力作用下沿地面运动而形成。公园中以布莱福特冰川最大，占地约 4.8 平方千米，位于海拔 2440 米的杰克逊山和布莱福特山北坡。哈里森冰川和庞普里冰川则覆盖

在山脉的南坡。这里也以其美如画卷的山峰闻名，这些高峰顶上覆盖冰雪，下部草木繁盛，一条条冰川、溪流垂下悬崖，"疑是银河落九天"。当阳光照射到瀑布上时，山间会出现极其清晰的冰山彩虹，在冰雪的衬托下，彩虹如同一条梦幻的道路，指引着人们直登山巅。

冰川国家公园还是北美特有物种的大观园，其中

有 1000 多种树木花草。在比较干燥的东部山坡上，恩氏云杉、亚高山冷杉、小干松、花旗松和大枝松，苍劲挺拔，亭亭玉立。在气候较暖、比较湿润的西部山坡上，落叶松、冷杉、云杉茂密葱茏，郁郁苍苍。每到夏季，杜鹃和百合等野花争芳斗艳；龙胆草和旱叶草等野草竞相生长，把威严的群山打扮得格外艳丽。冰川公园里动物种类也很多，大角山羊、美洲豹、山狗、山猫、驼鹿、美洲大角鹿、黑熊、灰熊、白尾鹿等都栖息在这里，享受着美好的落基山脉风光。

但公园中最刺激的还是进行各种探险活动。游人可以沿着风景如画的隐湖步道欣赏冰川、湖泊；可以沿着雪崩湖步道穿越茂密的森林；可以乘小船登上野鹅岛，观看高山湖泊壮丽的日出日落景观；可以在野花盛开的高山草甸上穿行；可以乘着小船泛舟高山湖泊，近距离观察那些垂下山崖的巨大冰舌；还可以到山谷中寻找那些动物们的足迹，如果你有足够的勇气，甚至可以在深林中看到慵懒、巨大的北美棕熊。

最惊险的是近距离观察冰山崩裂。公园管理处提供了两条不同的观赏路径。一条路径是通过巨大的吊车把游客载到高达 300 米的高处，此时，巨大的冰川仿佛近在眼前，一些冰山从你身边飘浮而过。冰川的前部陡峭得令人难以置信，冰川内部因承受巨大的压力而出现了许多的断裂。第二条路径是朝向冰川前进的方向，从一条绝壁上过去，公园的管理处在这一地区设置了几条人行道，以便可以领略到不同部分的壮美景观。冰川崩裂的时候，几米长的巨大冰块从上面跌落下去，在湖水中激起汹涌的波浪，那雷鸣般的声音，光影迷离的场面足以让人心惊胆战。但参观这一奇景也存在巨大的危险，数年来有多位游客因崩塌的冰体和产生的巨大气浪而遇难。

湛蓝的天空、宛如明镜的湖泊掩映于青松苍翠的群山之间，让人身临其境。

从冰川上流下的水，顷刻间全冻结成了冰，时间仿佛静止一般。

91 祖歌莎朗浮冰湖

漂浮的梦幻

那些冰雪在流动中慢慢融化，形成各种不同的姿势，有的如孤帆静止，有的如憨态可掬的北极熊，有的如奔跑的虎豹，有的如翱翔的飞鸟。

地理位置： 冰岛南部

探险指数： ★★★

探险内容： 环湖徒步、乘船观赏浮冰

危险因素： 浮冰、泥沼

Tips

到冰岛瓦特纳冰原地区旅游，6~8 月最佳，由于降雪，7 月前大部分高地旅游无法进行。

冰岛虽然偏远，但并不落后，岛上住宿设备非常现代化。酒店规模不大，但设备齐全、舒适、干净。不过冰岛生活费昂贵，酒店客房一晚的收费约为 200 美元，普通一餐也要 15 美元左右。

在冰岛南部，横卧着一个冰雪巨人——瓦特纳冰原，这个面积仅次于南极洲和格陵兰岛的巨大冰原上分布着众多的火山，无数的瀑布、温泉、湖泊，还有世界上最让人心动的奇观之一——祖歌莎朗浮冰湖。

祖歌莎朗湖也叫"冰河湖"，即使在处处都是奇景的冰岛，它也被视为最伟大的自然奇观之一。湖泊位于瓦特纳冰川南端，湖水最深处达 200 米，是冰岛的第二大深湖。这里的湖水湛蓝、清澈，从远处看如同镶嵌在白色雪地中的蓝宝石，晶莹、透彻，又如情人雪白的脸颊上滑下的一颗泪珠。远处的那些冰川冰从山上探下，犹如被天空施加了魔法，之前还像是从冰川上流下的水，顷刻间全冻结成了冰，时间仿佛在那一刻静止了一样。和冰川分开的巨大冰块，漂浮在湛蓝的湖水之上，仿佛蓝天上的朵朵白云，白得那么干净，没有一点杂色，又像点点白帆，在微风中轻轻地伴着波浪荡漾。

祖歌莎朗湖区的气候就如同这里的地形一样，变幻无常，晴空时一片明媚，湖水、浮冰、闪着光的冰川、裸露在冰雪之外的褐色岩石，都是那么清晰，分隔得那么明显，让人忍不住想奔跑，想放声大喊，想离开游船，爬上那些晶莹的浮冰上探个究竟。可一转眼，

祖歌莎朗湖区，气候如同这里的地形一样，时常变幻无常。

冰雪在流动中慢慢融化，形成各种奇景。

就阴云密布了，冰川都变得灰暗了，湖水在浮冰的映衬下显出一种幽深的暗蓝色。整个湖面散发着幽幽的蓝光，冰冷，残酷，又极其原始，让人在敬畏之余，恍若进入时光隧道，重返远古的冰河时期。若是恰巧在极光出现的时节，那种奇妙的感觉就更难以言说了。

那些冰雪在流动中慢慢融化，形成各种不同的姿势，有的如孤帆静止，有的如憨态可掬的北极熊，有的如奔跑的虎豹，有的如翱翔的飞鸟。乘着船，走在这些浮冰构筑的水上迷宫之间，不禁会发出大自然如此神奇的感叹。正因为这样，这里成为艺术家们寻找艺术灵感的天堂，很多画家、诗人漫步在祖歌莎朗湖畔，希望能通过他们的笔端，将这伟大的自然奇观展现在世人面前。很多电影导演，也对它颇为青睐，著名的好莱坞电影《古墓丽影》和《蝙蝠侠——开战时刻》以及007系列电影如《择日而亡》等都曾在此取景拍摄。

那些漂浮在湖中的冰块，不仅外形美不胜收，在冰岛人心中还有特殊的含义。当游览祖歌莎朗湖时，冰岛的导游姑娘还会专门从水中捞起一块晶莹的冰，敲碎了，让游人细细地品尝，据说这样便可以带来好运。荡漾在祖歌莎朗湖的蓝波之间，拾起一片薄薄的冰片放入口中，细细咀味，你会感到那里真的有种来自远古的味道！

冰岛处处都是美，都是奇迹，在祖歌莎朗浮冰湖周边就有很多旅游

探险胜地。史卡法特国家公园是冰岛面积最大的国家公园及自然保护区，成立于1967年。该公园集冰川，火山，峡谷，森林，瀑布为一体，景色壮观。在这里游客可以欣赏洁白晶莹的冰川、碧绿的灌木丛以及漆黑的火山熔岩。华纳达尔斯赫努克火山位于冰岛东南部，它是冰岛的最高峰，四周为广阔的厄赖法耶冰盖所环绕。在其周围分布众多湖泊、瀑布、地热景观等，都是难得一见的奇观。厄赖法耶冰盖上，冰火在这里形成了壮观的景象，黑色的火山灰渗入冰块之中，如同融化的芝麻雪糕倒在沙冰之上，颇为壮观。黄金瀑布位于冰岛首都雷克雅未克东北125千米处，为冰岛最大的断层峡谷瀑布，塔河在这里形成上、下两道瀑布，下方河道变窄成激流。其气势宏大，景色壮观。湍急的水流顺势而下，注入峡谷，落差达50多米，发出震耳欲聋的轰鸣。阳光下，在蒸腾的水雾中，布满闪着金光的点点水滴，亮艳的彩虹若隐若现，仿佛整个瀑布是用黄金造就。

乘船漂浮在浮冰湖中，巨大的冰块在周围浮荡，可以环绕它们欣赏大自然雕刻的精美艺术品，勇敢的探险者还会爬上冰块随着天然的冰船在水上漂流。也许几千年以前，人类的祖先们就是坐着这样的冰漂洋过海，将文明传播到世界各地的。站在那些巨大的冰块之上，忽然感觉旅途中又多了许多趣味。

公园冰山一角，游人驻足观看。

92 冰川湾国家公园

极地奇观

巨大的冰山在冰川中蠕蠕而行，终于得以摆脱，在水中沉浮翻转，成为蓝色水晶岛逍遥漂流。

地理位置： 美国阿拉斯加

探险指数： ★ ★ ★

探险内容： 攀爬高山、穿越峡谷

危险因素： 山岭险峻

Tips

冰川湾地处阿拉斯加地区,一年四季景色均十分美丽,但夏天时温度较高,适宜在户外运动,是旅游的最佳季节。

景区之内范围极大,在进行探险前需要向景区管理中心备案,以免发生危险。

有时冰雪融化后流到山间的公路上又结冰,尤其是那些悬崖边上的道路十分危险,开车时要注意安全。

冷寂与生命在这里相遇,海洋和陆地在这里撞击,白色、绿色、蓝色相互渗透交织,这是大自然能创造的最美丽的画面之一。美国著名的自然生态保育倡导者约翰·缪尔在这里目睹了无数冰山的诞生,为之神往地写道:"巨大的冰山在冰川中蠕蠕而行,终于得以摆脱,在水中沉浮翻转,成为蓝色水晶岛逍遥漂流。"

冰川湾国家公园位于美国阿拉斯加和加拿大交接的地方,这里山脉绵延起伏、层峦叠嶂,山色秀美无比。这些挺拔险峻的高峰,挡住了来自太平洋的潮湿气流,使得该地区降雪量极高,形成冰川纵横、白雪盖顶的自然景色,被人们称为"极地奇观"。这座公园真正地体现了一个荒凉壮丽的高山世界。有北美最大的近极冰原巴格间冰原,这里孕育了一个巨大的冰河体系,岩壁在冰河凿刻的峡谷上方,矗立数千米。当置身在如此广袤的冰雪世界之中时,人们将深深地体会到

自身的渺小,自然的广袤,生命的短暂,历史的沧桑。

站在巍峨的圣伊利亚斯山脚下时,巨大的山峰如同一尊顶部残缺的巨大冰雪金字塔,云雾也不过才到它的膝下。无数低矮的山丘在云雾中若隐若现,像匍匐在这个巨人脚下的奴仆。冰雪从山谷中垂下,将山体装饰得斑斑条条。在山下的丛林中,巨大的驯鹿,慢吞吞地啃食着嫩叶;远远的几声狼嗥,让这座大山更加神秘莫测,山鹰在山腰间盘旋,一声清吼,震乱云霄;冰雪融水流下山岩,激起千层霞光;澄净的湖水中,浮冰闪着浅蓝的光芒。没人能不被这种惊人的美陶醉、震撼。

马拉斯皮纳冰川是圣伊利亚斯山脉冰川的一部分。在亚库塔特湾西部,是阿拉斯加州最大的一块冰体。它沿圣伊利亚斯山南麓绵延80千米,冰厚300多米,面积约3900平方千米,为典型的山麓冰川。日出时阳光照射在冰川顶端,

如同镶嵌了巨大的明珠;日落时夕阳照射在冰川上,如同燃起了熊熊火焰。冰川的下部,冰雪不时崩落到水中,激起巨大的浪花,发出

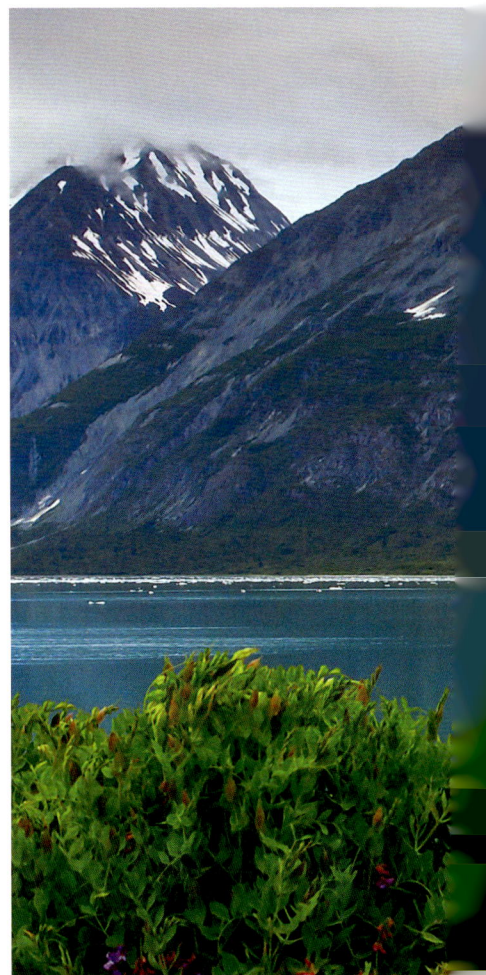

震耳的声响。很多游客来到此处就是专门为了观赏冰川剥落时壮美的奇观。

公园中除了冰雪和山川，还有各种珍稀的野生动植物，这里的森林十分茂密，遍布海岸。驼鹿和棕熊在浅水中游过海湾；雪羊、土狼在草地森林相接处奔逐；北极燕鸥、贼鸥、海燕在澄净的海水上翱翔，飞累了便敛翅立于靠近冰川的秃壁之上；夏天到来时，成群的座头鲸便来这里消暑，小须鲸、逆戟鲸也来分一杯清凉；各种海豚常高高地跃出水面，向巍峨的冰山致以它们崇高的敬意；斑海豹则携家带口地匍匐于浮冰之上，机警地看着四周……

在这里游人可以划着皮划艇，接近突出海面的冰舌。还可以在冰川下小岛上静静地垂钓，清莹的雪水和海水交汇处，鱼也更多了，透过海水就可以看到一群群鼓眼鱼和鲱鱼游来游去，四处觅食。很多山坡还是滑雪的极佳场所，这里坡度和缓，岩石稀少，每年吸引大量滑雪爱好者。5~9月是观鸟的好时节，这时候各种鸟类都来到阿拉斯加避暑，巴列特湾附近的山上是最佳的观鸟地点，傍晚时，无数群鸟飞向它们的巢穴，叽叽喳喳如同空中涌来的海潮，夕阳将鸟们染成迷人的绯红色，如同天上燃烧起团团火焰。

冰川湾国家公园是探险者的乐园，这里有高达5000多米的山峰，线条破碎的海湾，巨大的湖泊，还有广袤的山间草地、森林。探险者可以攀爬高山，可以驱车穿行在山野之中，可以进入丛林穿越，还可以在冰湖上泛舟。其中，发展势头最盛的探险活动是进入冰洞探险。冰洞内部景色瑰丽，上下晶莹，如同水晶打造，探险者沿着冰川底部洞窟向上攀爬，光线从上方投射下来，整个洞窟光彩流离，宛如仙境。

云雾缭绕的山峰，波光浩渺的湖水，姹紫嫣红的花朵构成迷人的景观。

第七章
神秘洞穴

　　王安石在《游褒禅山记》中言："世之奇伟、瑰怪、非常之观，常在于险远，而人之所罕至焉。"的确，世界上有很多景色，它们绚丽无比却藏在幽深黑暗的洞穴之中。那潺潺流水，那色彩斑斓的石笋、钟乳石之间，看着萤火虫爬满洞壁创造出一片灿烂星空，远望洞中涌出乌云般的蝙蝠，那种震撼、惊叹之感是难以言说的。当你看过了地面上的各种美景时，不妨进入这些洞穴看看吧，你会发现那里藏着一个新的世界。

萤火虫洞内狭窄幽深，灯光掩映在岩壁上熠熠生辉。

93 萤火虫洞

山里星星空

成千上万的萤火虫在岩洞内熠熠生辉，灿若繁星……

地理位置：新西兰怀卡托

探险指数：★★

探险内容：探索洞穴、黑河漂流

危险因素：黑暗、路滑

从奥克兰驱车南行 160 多千米就到了小城怀托摩。毛利语中，怀托摩是"绿水环绕"的意思。这里果然青山巍巍、小溪潺潺。萤火虫洞入口处有座尖顶小木屋，旁边立着刻有毛利图腾的木雕红柱。这个奇异的钟乳石洞共有三层，顶层有出口直通洞外。地下岩洞有精美的钟乳石、石笋等，沿地下河道乘船游览最吸引人。

萤火虫洞地面下的石灰岩层构成了一系列庞大的溶洞系统，由各式的钟乳石和石笋以及萤火虫来点缀装饰。这里是一处十分难得的活性岩石洞穴，该洞穴约形成于 15000 年前，此洞穴的山上原来有一个小湖泊被冰封存，后来因为气候改变，冰雪渐渐退去，流入下方的石灰质岩层裂缝，逐渐冲蚀成一洞穴，因生成年代仍属年轻，洞穴内尚有水流，且洞穴仍在扩大中，因此称为活性岩洞。怀托摩萤火虫洞 3000 万年前是在深海底下，后来经过无数次的地质变化，如：地壳变动及火山活动等，许多坚硬的石灰岩受到扭曲变形并且被带到海平面上，尔后经过雨水侵蚀，形成许多的岩缝。

溪水从洞中潺潺流出，河畔繁茂的原始植被遍地都是。

Tips

萤火虫洞禁止游人拍照。不要使用相机等拍照设备进行拍照，如果违反规定会按相关条例进行处罚。

进入萤火虫洞，不准用手触摸洞内的钟乳石，以免破坏；不可大声喧哗，这会影响到石乳等结构的生成。

很多人都有过捉萤火虫的经历，在黑夜里追逐许久，才把小小的萤火虫放进瓶子里，隔着玻璃看着它闪闪的发出微光……让萤火虫像星星一样挂在天上，是不少人儿时的梦想。在新西兰北岛一个小城，这种梦想竟能成真；成千上万的萤火虫在岩洞内熠熠生辉，灿若繁星，这就是位于新西兰北岛怀卡托的怀托摩溶洞。

洞穴下方因水流冲积较坚硬的黑石，造成如球一般圆滑的黑石滞留在洞口，煞是可爱，但这些天然的圆石禁止拿取，游客千万不要轻举妄动。洞穴上下均有通口，吸引许多昆虫入内繁殖，其中以萤火虫最多，他们成为洞穴中最奇特的居民。萤火虫吐着一粒接一粒如珠子般的黏丝，尾部发出蓝色荧光，星罗棋布般攀附在岩洞深处的上方，像极了满天星斗般迷人的情景。

坐在竹筏上穿过漆黑的洞穴来欣赏怀托摩的地下溶洞是非常迷人的。沿着洞中石阶而下登上河边的小船，你渐渐就会进入伸手不见五指的黑暗中。乘坐着绳索推动的小船前进，只有轻轻地水声。不远，你就会发现前方的水面有光影摇动，其实你已处在一片"星空"之下，头顶似乎有条浅绿的光之河在流动。绿色的光点如满天繁星，闪闪烁烁。密集处层层叠叠，稀疏处微光点点。远远望去，仿佛观赏星罗棋布的万家灯火。"群星"倒映在水面上，如万珠映镜，美不胜收。

进入萤火虫洞，最需要注意的是不准发出声音，不准摄像。声音不但会影响洞内钟乳石的发育，且声音和光线都会影响萤火虫的生态环境。洞内一片黑暗，凉意袭来，让人有一种特别的感觉。游人只能借着脚下岩石间特设的微弱灯光，缓缓前行。不久，萤火虫就出现在视野中。它们在石壁上，发出点点绿光。在绿光下还有晶莹透明的丝线。丝线上挂着"水滴"，特别美丽。许多丝线组合在一起，像一张水晶帘幕。这种幼小的萤火虫不仅能发光，而且还会分泌出一种黏液，这种黏液形成丝线，发出光芒。当昆虫撞到这种丝线上，就会被黏住，动弹不得，成为萤火虫的美食。

洞中还有河流，游人可以乘坐由绳索牵引的小船在黑暗的河道里行走。洞顶不时有水珠滴落，发出清脆悦耳的声音。如果想寻找更加刺激的活动，那么黑水漂流将是不容错过的选择。穿上专门设计的衣服，坐在巨大的汽车轮胎上，顺着河道在黑暗中漂流，身边的光线忽强忽弱，只能根据漂流速度和耳边的风声来判断行进状况。

经历了萤火虫洞的黑暗和刺激，游客可以到奥克兰享受难得的宁静与日光。如果开着车子绕着康乃尔公园向上行，伴随着清脆的鸟鸣声，还可见到成群牛羊怡然自得地吃草。到了这里，整个身心都可以放松下来。攀爬奥克兰海港大桥，以及在此玩蹦极跳，也是不错的探险活动。

腾龙洞幽深的洞口，如巨龙张开的大口，让人心中涌起丝丝恐惧之感。

94 腾龙洞

伏流秘境

腾龙洞地下伏流弯弯曲曲，变化多端，有奔腾飞泻的瀑布跌水，有险象环生的激流浅滩，有水波不兴的地下平湖。

地理位置：中国湖北省

探险指数：★★★★

探险内容：探索洞穴、伏流漂流

危险因素：地下急流、旋涡

腾龙洞内部岔路较多，入洞后要注意安全，不要看见洞就钻，以免迷路。

可乘坐电瓶车往返，请注意保管好车票。若选择走路，需较长时间，注意防滑。

在洞中漂流探险时，一定要控制好速度，注意防止黑暗中洞顶撞头。

腾龙洞位于中国湖北省利川城东北 6 千米处，是一处典型的由岩溶地质作用形成的洞穴。该洞洞口高 74 米，宽 64 米，洞内最高处 235 米，初步探明洞穴总长度 52.8 千米，其中水洞伏流 16.8 千米，是目前中国最大的伏流洞穴系统。清江流经"卧龙吞江"的落水洞中，猛跌 30 米，浪花飞溅，响声震耳，一条奔腾不息的大河就这样潜入地下消失了，经过直线距离十几千米后才重新出现，而地下伏流弯弯曲曲，变化多端，其中有奔腾飞泻的瀑布跌水，有险象环生的激流浅滩，有水波不兴的地下平湖。地下河岸或为悬崖，或为绝壁，洞体突然变小，忽又宽敞，有的洞穴失去空间，只有涡流。腾龙洞及其周边地区地质遗迹景观分布广泛、类型多样，保存完好，是旅游观光、探险的好去处。

腾龙洞分旱洞、水洞两部分，当地人称旱洞为腾龙洞，水洞为落水洞。顺着人工开凿的人行道进入落水洞。只见一股巨大的水流汹涌而至。洞内怪石嶙峋，洞深不知几许。流水的声音连绵不绝，更显洞穴之幽深。巨大的洞口就像巨龙张开的大嘴，想要一口吞噬掉进入的一切。仿佛清江水不是自己流入洞内，而是被巨龙吞噬掉一样。

腾龙洞风景名胜区集山、水、洞、林于一体，以雄、险、奇、幽、秀而驰名中外。走进腾龙洞你会发现，洞中有山，山中有洞，水洞旱洞相连，主洞支洞互通，无毒气，无蛇蝎，无污染，空气流畅。洞内景观千奇百怪，洞外山清水秀。卧龙吞江瀑布吼声如雷，其磅礴的气势震撼着每一位到这里的游客。

一汪清江水在洞内左凸右进，在乱石中穿行。洞内险滩、平湖密布，还有各种各样的神奇生物化石、五彩斑斓的熔岩。清江在这里成为暗河，暗河冲击着腾龙洞瀑布声势浩大，如万马奔腾，在深深的洞中都能听到。

巨大的地下大厅，这里经常会有当地少数民族特色的歌舞表演。

落水洞。洞内的湖泊湖面开阔，洞顶空旷，上面还有十八个天窗，光线透进来，给人一种奇怪的感觉。

从落水洞出来，进入腾龙洞。在腾龙洞口，不得不感叹它的雄伟气势。洞口足有 20 层楼那么高，其宽度可以让 15 辆卡车并排通过。到了这里，人们往往来不及再仔细观察，就想立即进入洞内，先睹为快。

刚入洞中，一股清风迎面吹来，备感舒爽。仰望洞内巨大的空间，只觉自己很渺小。洞内悬着的钟乳石，姿态万千，无不使人联想到神魔妖怪之类。洞中还有正宗的土家族节目表演，主要是展现当地土家族的风俗文化。其阵容之华美，艺术之高超，都令人心旷神怡，赏心悦目，叹为观止。

从腾龙洞出来，恍如隔世。在洞内的所见所闻，无不令人身感在天堂或者仙境，只有走出洞，才感觉到身在人间。

自 20 世纪 80 年代初以来，腾龙洞探险就引起了国内外探险者的关注。在此期间，腾龙洞经过国外探险队两次大规模全方位的洞穴探险考察。第一次是

1988 年的中比科考，第二次是 2006 年的中外五国科考。但那时探险者们更多地把目光放在旱洞的开发上，关于地下伏流的资料依然十分缺乏，其奥秘依然未被全面揭开。

2006 年，中外科考专家通过 GPS 定位测定，初步定位地下伏流落差达 160 多米，沿途多处接纳旱洞的地下溪流；洞高最低处仅 0.5 米，最窄的段宽仅 2 米，且多跌水、急流、深潭，进行科研、探险等活动都十分困难，而且充满危险。2010 年一支由中外科学家、探险家组成的探险队曾沿着卧龙吞江—鲢鱼洞—牛鼻子洞（天窗口）—响水洞地下伏流—龙骨洞—金塘洞—黑洞出口对地下伏流进行了探险研究。

但因为腾龙洞的地形极其复杂，暗流岔道众多，今日人们对伏流洞穴主流真正弄清楚的部分也不到一半，腾龙洞依然严守着自身的奥秘，等待着更多的探险者和科学家到这迷人的世界去探险、遨游，终将有一天，人们会揭开腾龙洞的神秘面纱。

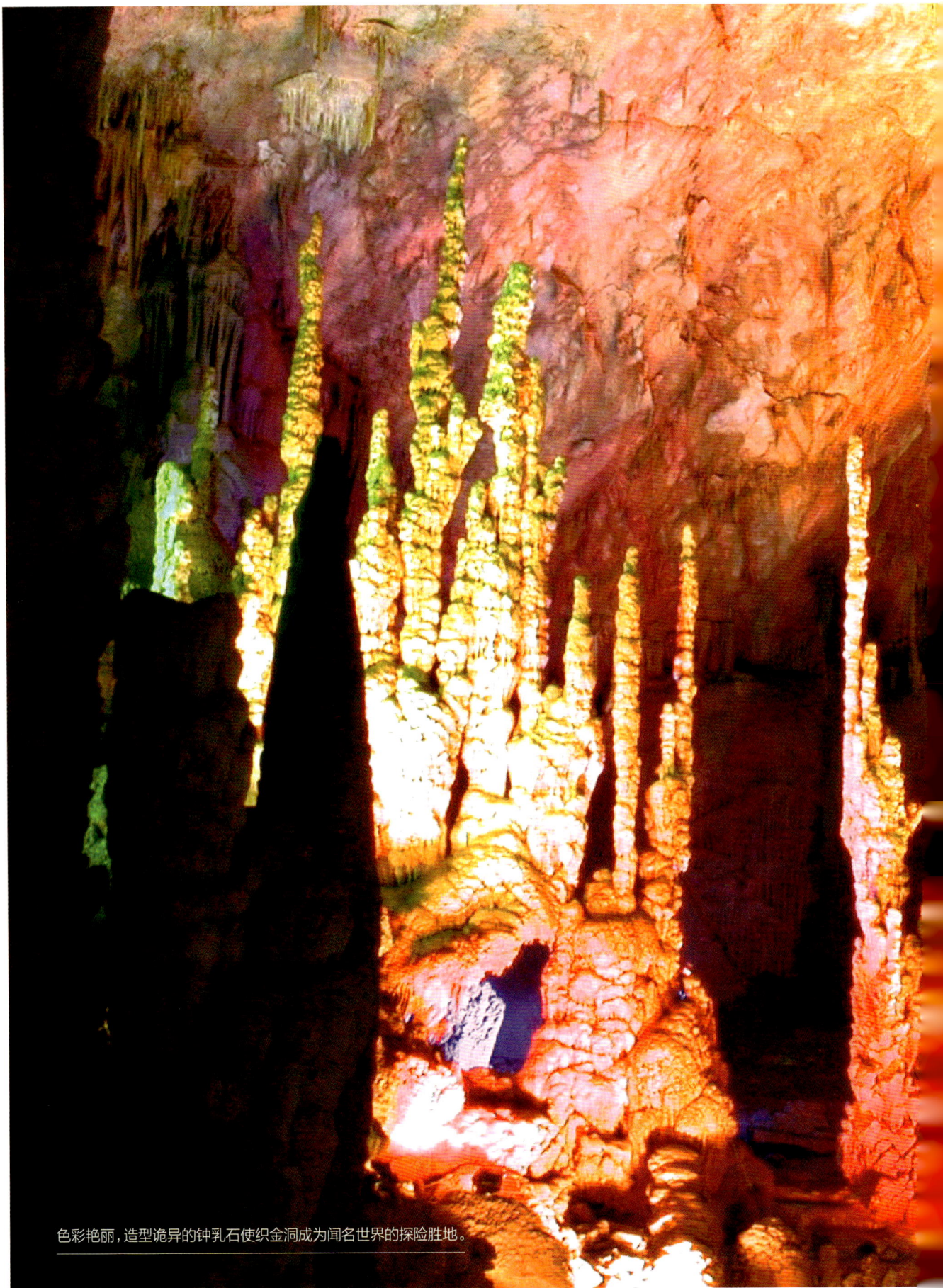

色彩艳丽，造型诡异的钟乳石使织金洞成为闻名世界的探险胜地。

95 织金洞

岩溶博物馆

美丽的岩石，在灯光的照射下，产生一个个优美的唤起游人想象的影子，每一个影子都有一段美丽的故事。

地理位置： 中国贵州省

探险指数： ★★

探险内容： 探索洞穴

危险因素： 洞廊幽深、路面湿滑

Tips

织金洞旅游四宝：扇子、雨伞、眼镜、太阳帽。当地气候较热，阳光强烈，扇子、护眼镜、太阳帽可以让旅途更加舒适；雨伞不仅仅是为了雨天出行，因洞中有些地方会有水流落下，带个雨伞进入十分必要。

洞中拍照时，要注意安全，避免为了取一个好景碰触到路边沉积岩，它们很脆弱。

洞中空气较凉、潮气较重，游客最好穿长衫长裤，注意保暖。路面很滑，要小心摔跤。

旅游能洗涤人的心灵，经常出去走走，看一看风景，开阔一下胸怀，清除蒙蔽心灵的尘埃，让自己容身于大自然之中，感受大自然的拥抱，获得身心愉快的享受。中国西南部有很多探险胜地，宏伟的喀斯特地貌在这里创造出无数视觉奇观，巨大的峡谷、巍峨的雪山、诡异的石林、神秘的森林、声势浩荡的瀑布。著名的"溶洞之王"织金洞就位于这里。

织金洞在贵州西部的织金县境内，规模宏大，形态万千，色彩纷呈，是织金洞景观的显著特色。织金洞内空间开阔，岩质复杂，包括世界溶洞中主要的形态类别，被称为"岩溶博物馆"；洞外还有布依、苗、彝等少数民族村寨。

目前已勘察洞内长度达十几千米，相对高差150多米，堆积物最高的达70米，洞内的钟乳石、石笋呈现出万千气象，无限风光，雄伟壮观的"地下塔林"、虚无缥缈的"铁山云雾"、一望无涯的"寂静群山"、磅礴而下的"百尺垂帘"、深奥无穷的"广寒宫"、神秘莫测的"灵霄殿"、豪迈挺拔的"银雨树"、纤细玲珑的"卷曲石"、栩栩如生的"普贤骑象""婆媳情深"。一幅幅大画卷，一处处小场景，令人心魄震惊，叹为观止。

站在洞口内向外望去，亮光分别从两个洞口照射进来，名曰"日月生辉"。它是织金洞的第一个景观。倒不觉得有什么新奇之处。向洞内走去，景观开始丰富起来。各式各样的钟乳石在洞穴中随处可见。忽然，一只猛虎扑面而来，吓煞人也。这也是织金洞的一幅美景。奇怪的熔岩像一只下山的猛虎，形神兼备，虎虎生威。

继续前行，一只靴子倒扣在地上。名曰"霸王靴"。原来是霸王的靴子。霸王把靴子丢在这里一只，那他岂不是只穿了一只鞋吗？想想有点好笑。不管霸王靴，向前走。石钟乳、石笋、石柱等，造型百怪。只见寿星老人笑呵呵地迎来。你还不赶紧停下脚步，接受寿星的祝福。气势宏伟的寿星宫，慈祥和蔼的寿星老人，令人感觉森严和亲近两种截然不同的心情。

接受了寿星的祝福，继续深入。至此，方才发觉织金洞的壮观来。最宽处达175米，相对高度达

150 米。给人的第一感觉是空旷、雄伟，然后感受到大自然造物之神奇。如果此时，你就迷失于织金洞的魅力之中，那么接下来的景观则让你不能自拔。

万寿宫，远古时洞顶塌落的巨石堆积如山，称"万寿山"。后来山上又覆满岩溶堆积物。上有珍奇的"穴罐"，呈椭圆形。旁有"鸡血石"，晶莹绯红，酷似"孔雀开屏"。有三尊"寿星"，高 10~20 米。洞顶和厅壁由黄、白、红、蓝、褐诸色构成美丽的图案。

雪香宫，岩溶堆积物如茫茫雪原。其间，有谷针田、珍珠田、梅花田；有大小不一的石盾；有红色透明的钟旗；有石竹形成的"竹苑"。在 200 余米的洞厅顶棚上，布满数万颗晶莹透亮的卷曲石，中空含水，弯曲横生，甚至向上生长。

江南泽国，洞廊深长、壁间钟乳石奇异多姿。数条游龙似的石坝蜿蜒伸展，钟乳石林立。洞中有一深潭，潭中有九根石笋，称"清潭九笋"。此处水田交错，流水潺潺，田水如镜。

一个冲天盔立在面前。名曰"霸王盔"。此盔特别巨大，真不知谁的脑袋有那么大。霸王？也许只有巨神灵的脑袋才有那么大吧。在此盔的衬托下，此时的空间更加巨大。到了此处，只能惊叹或者默默无语，大自然的鬼斧神工再一次使我们折服。

接下来的景色也是美轮美奂，妙不可言。美丽的岩石，在灯光的照射下，产生一个个优美的、唤起游人想象力的影子。似乎每一个影子都有一段美丽的故事。

造型奇特的石钟乳，像东南亚风格的佛教雕塑，令人叹为观止。

波斯托伊那溶洞入口处,恍然一个地下大厅。

96 波斯托伊那溶洞

「人鱼」的栖息地

这里洞内生洞，洞洞相连，仿佛人们一不注意就会掉进大自然布置的陷阱里。

地理位置：斯洛文尼亚

探险指数：★★★

探险内容：观赏洞内奇景、探索地下河

危险因素：道路湿滑险峻

Tips

出入斯洛文尼亚海关携带白酒数量不能超过 1 升,葡萄酒不能超过 2 升,且对香烟的数目有明确的规定,不能超过 200 支。

进入洞穴探险,尤其是探索地下河时很容易被洞壁岩石擦伤,游人必须携带常用的医疗药品。

斯洛文尼亚的电压为 220V,双孔圆形插座,请自备转换插头。

曾经听一个老人家说过这样的一句话:如果现在的你只知道上班、睡觉、吃饭、玩小游戏,过着老年人该过的生活,那么你还需要年轻干什么?年轻需要多出去走走,让我们的眼睛见识到很多不一样的世界。

开阔人视野的最好方法就是旅游,去欣赏位于斯洛文尼亚首都西南 54 千米的波斯托伊那溶洞是一个不错的选择。溶洞是由比弗卡河的潜流对石灰岩地层长期溶蚀而成,全长 27 千米,需要乘坐火车才能下去参观。

斯洛文尼亚是近代洞穴探险运动的发祥地。至今在这个国家已经发现了 6000 多个溶洞,其中有 1000 多个喀斯特洞穴和壶穴。巨大的钟乳洞为我们展现了一个雄浑壮阔而又多姿多彩的地下世界。

大多数溶洞的景观都大同小异,但波斯托伊那溶洞却是不容错过的,它不仅是欧洲第一大溶洞,也是传说中"人鱼"的栖身之地。"人鱼"经过现代探索,就是生活在这里地下河中的火蜥蜴蝾螈。火蜥蜴又被称为活化石,这些可爱的视力不太好的四脚蜥蜴生活在波斯托伊那岩洞里,可以不吃不喝地活上很多年;一般寿命可以达到 100 多岁。它是目前人类发现的最大的地下穴居动物。

金色的阳光洒落在斯洛文尼亚的亚德里亚海岸,这里风景如画,成片的橄榄园、葡萄园、樱桃园、桃

树林,让人目不暇接,神魂颠倒。到这里的人都会深深地爱上这个有阳光的地方,然而在阳光之下,更有着大自然鬼斧神工的洞穴叫游人如痴如醉。

在溶洞里,考古学家发现了 50 万年前的石器遗

洞中垂下的钟乳石丛如漂浮的水母群。

密密麻麻的钟乳石仿佛万剑悬空，让人不寒而栗。

址，证明这个溶洞曾有猿人生活过。

洞内胜景甚多，蔚为奇观，洞内生洞，洞洞相连，仿佛人们一不注意就会掉进大自然布置得陷进里。壮观的石柱、石笋和钟乳石是历经几百万年而形成的。洞中地形复杂多样，有只可通过一人的小桥，也有45米高的大厅。整个洞穴形成一条奇伟的山洞长廊，有辉煌厅、帷幔厅、水晶厅、音乐厅4处主要岩洞，其中尤以音乐厅景色为胜，它是波斯托伊那溶洞中奇迹，面积约3000平方米的大洞形似一座巍峨宫殿。因为其隔声效果好，常常举行音乐会，大洞以白色为主，是波斯托伊那溶洞四个岩洞中最出名的一个，洞内四季恒温，常年保持在一个温度。洞内还遍布高悬的钟乳和挺拔的石笋，有的像巨大的宝石花，冰清玉洁；有的似圣诞老人，笑容可掬；或似雄狮下山，或如飞鸟展翅，五光十色而又千态百姿。

进洞的参观者进出要坐两次小火车，路线也不同，大约需要15分钟。小火车速度很快，一路上到处可见洞内那千姿百态的钟乳石和石笋。正对着迎面而来的钟乳石，游客们总会不由自主地低下头，生怕被碰个头破血流，其实这种担心是多余的，一般离你最近的钟乳石也会有十几厘米的差距，但就是这样的错觉加上速度，让人觉得唏嘘不已。

比弗卡地下河忽隐忽现流经波斯托伊那溶洞，时而清澈宁静，时而急流奔泻。一座"俄国桥"横跨河上，因其是1919年第一次世界大战期间奥匈帝国俘虏的俄国士兵修筑的，故名俄国桥。桥下是几十米深的山洞，看上去黑乎乎的有些阴森可怕。探索这里的地下河流是最具挑战性的活动之一。河流中存在无数旋涡、跌水，空间狭窄、水流汹涌，有些流段甚至根本无法进入。

游玩此洞，你竟然找不出任何词语来描绘此中的景观。当从洞中出来时，仿佛依旧沉浸在刚刚的美景当中。眼巴巴地望着洞口，仿佛经历了一个不想醒来的美梦……

猛犸洞穴中怪石嶙峋。

猛犸洞穴

千里地下城

97

林立的石笋和多姿的钟乳石遍布洞中，或像艳丽的花朵、圆硕的瓜果，或像参天大树、房屋宫殿。

地理位置： 美国肯塔基州

探险指数： ★★★★

探险内容： 探索洞穴

危险因素： 迷路、跌伤

Tips

除圣诞节外, 洞穴旅游全年开放, 夏天、假日和周末的旅游需要提前预订。

在适宜的季节里还有额外的节目表演。洞内的温度只有 10 摄氏度左右, 因此要适当地多穿些衣服。

参观猛犸洞一般需通过电话预约, 达到规定的人数就不再受理。

猛犸洞是世界上最长的洞穴, 位于美国肯塔基州中部的猛犸洞国家公园。猛犸洞以古时长毛巨象猛犸命名。200 多年来, 探险家们前赴后继, 他们的探索精神已被镂刻在猛犸洞每一寸土地上。

猛犸洞穴形成于一亿年前, 地表和地下充沛的水源与地质上的石灰岩, 共同创造出了这个被称作"万洞之地"的洞穴网。日久年深, 由于水位下降, 留下了这些狭窄的水平通道、宽广的洞室和联系这个巨大迷宫的垂直通道。最底下的通道在水流的作用下仍然不断扩大。水渗入洞穴形成的钟乳石、石笋和石膏晶体装点着洞室和通道。猛犸洞穴内奇珍异景, 神鬼莫测, 仿佛到了另外一个世界。

洞穴分布在 5 个不同高度的地层内, 洞穴、山洞、岩洞和廊道组成了猛犸洞宽阔的地下综合体。林立的石笋和多姿的钟乳石遍布洞中, 或像艳丽的花朵、圆硕的瓜果, 或像参天大树、宫殿房屋, 洞中还有地下暗河通过。

猛犸洞对游客开放的距离只有几十千米, 不到其总长度的十分之一。但仅仅是这部分已经称得上是奇迹了, 足以让所有进入其中的游人震惊, 这里的洞穴上下左右相互连通, 洞中有洞, 宛如一个巨大而又曲蜒的楼梯探入洞底, 黝黑的内洞令人毛骨悚然。

巨大的地下大厅。

折幽深的地下迷宫。在这些洞中有 77 个地下大厅，三条暗河、七道瀑布、多处地湖。其中最高的一座称为"酋长殿"，它略呈椭圆形，长 163 米，宽 87 米，高 38 米，厅内可容纳数千人。有一座"星辰大厅"很富诗意，它的顶棚由含锰的黑色氧化物形成，上面点缀着许多雪白的石膏结晶，从下面看上去，仿佛是星光闪烁的天穹。洞内最大的暗河——回音河低于地表 110 米，宽 6~36 米，深 1.5~6 米，游客可乘平底船循河上溯游览洞内的风光。

洞穴不仅景观旖旎，还生活着 200 种以上的动物，有印第安纳蝙蝠和肯塔基洞鱼等。其中三分之一的动物一直与世隔绝，仅靠河水的养分生存。有很多珍稀的动物，例如盲鱼和无色蜘蛛，这些动物对绝对黑暗和封闭环境都有很强的适应性。

到此的游客从入口处驾车进入公园内，还要 20 分钟左右才能到达接待中心。接待中心提供饮食、住宿、购物等服务，还有介绍猛犸洞的免费电影放映室。因为猛犸洞非常复杂，接待中心规定进洞的时间、地址和人数。共有 15 个洞穴可以参观，这 15 个洞穴本来是相通的，现在分成不同的单位。除此以外，其余的洞穴尚未向游客开放。进洞参观，有的要乘公园特制汽车到达较远的地方，有的还要乘公园的缆车从较高的山上进洞。更有一些洞穴，对参观者的身体有非常严格的要求，因为游人在探险参观过程中不得不爬进、爬出一些狭窄的小洞、窄缝。

在洞穴深处，到处都是冰冷的，为了探险人们不得不在这样的环境中待上四五个小时，如果不是那些壮观、美丽的景色，真是难以忍受的煎熬。洞内一个重要的景点就是"一线天"，游人需要在岩石裂缝之间行走 20 分钟，这条缝狭窄得只能容下一个人，上下左右全是岩石，稍微不注意都会碰到头。人在其中就像一只小蚂蚁，经常会有种进退维谷之感。

洞内岩石冰冷，水流幽暗，洞外是花团锦簇、燕语莺吟，让你惊叹洞内与洞外的迥然不同。这个令人难以置信的自然奇迹，向人类已有的对自然界的传统认识提出了巨大的挑战。

天岗

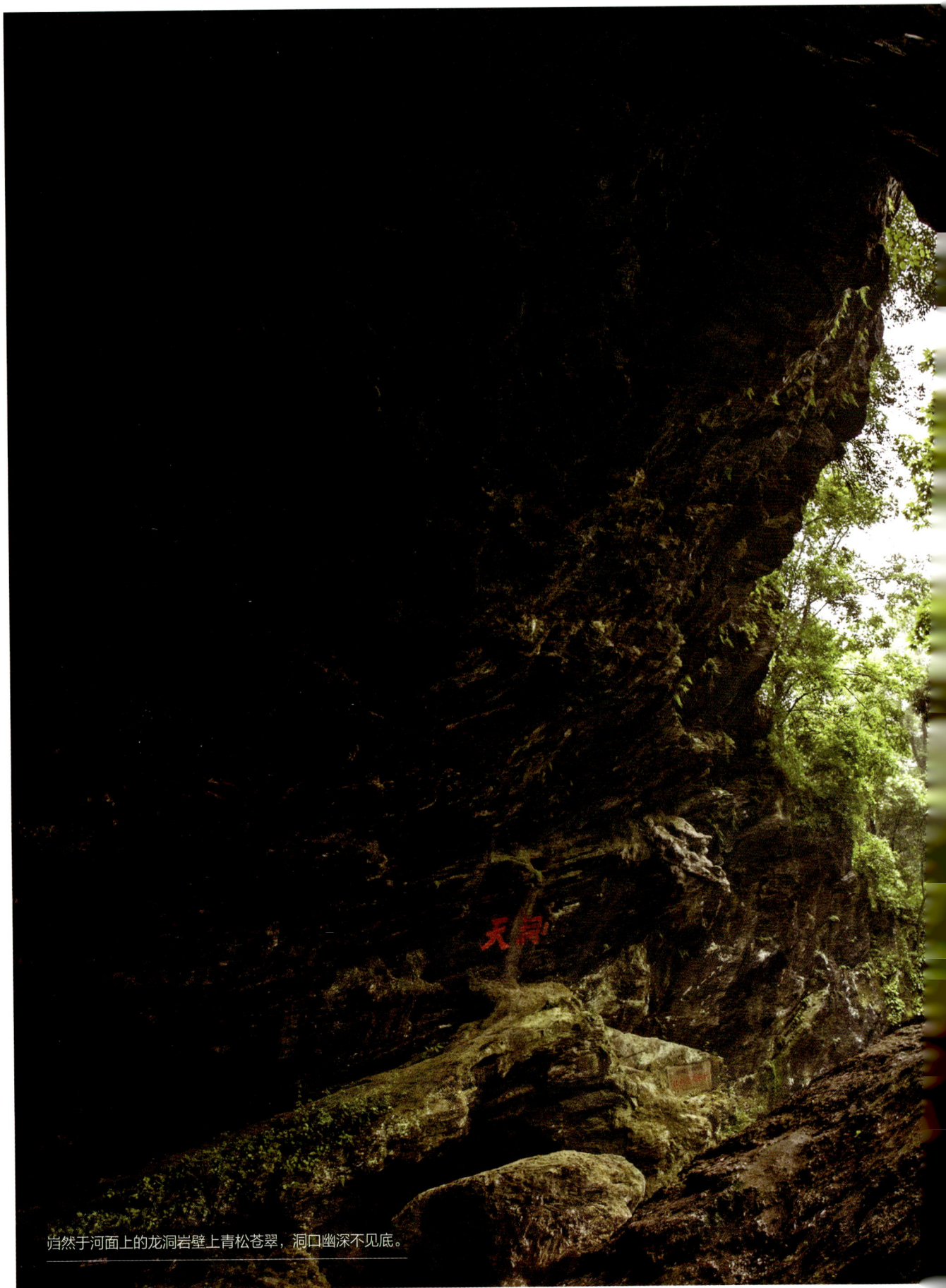

峭然于河面上的龙洞岩壁上青松苍翠，洞口幽深不见底。

双龙洞

98 水石奇观

双龙仍顽强地仰头吐水，清澈泉水千年潺潺不绝。

地理位置： 中国浙江省

探险指数： ★★

探险内容： 探寻洞穴、游览地下河

危险因素： 石壁碰头

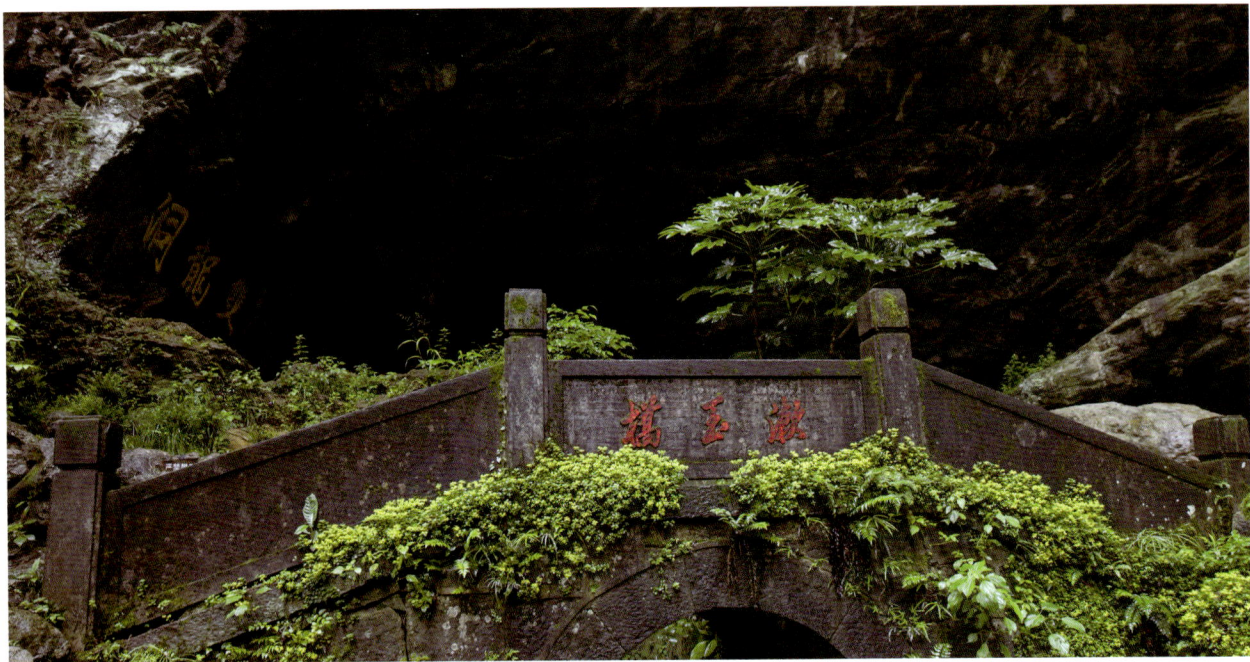

Tips

在金华市区乘坐公交旅游专线可直达双龙风景区。由于景区有些项目不在一个地方，所以当你坐出租车过去时要注意价格。

在乘船穿行于洞中河上时，一定要将头放低，否则很容易被石壁碰伤。

由于洞穴内比较潮湿，游玩时尽量穿防滑的鞋子。

双龙洞是一处享誉全国的岩溶景观，景区以洞中有洞、卧船入洞为特色，成为旅游观光、探险寻奇的胜地。

双龙洞历史悠久。根据史料记载，西汉元帝年间（公元前 48 年—前 33 年），刘仲卿大将遭诬贬后，隐居于金华山中，唐代的柳宗元为之撰写了《刘仲卿隐金华洞》，从那时算起，双龙洞的历史已长达 2000 多年。古往今来，很多文人墨客来过此处游玩，如李白、王安石、陆游、郁达夫、叶圣陶等；给这里增添了无数的人文气息。

双龙洞海拔约 520 米，由内洞、外洞及耳洞组成，洞口轩朗，两侧分悬的钟乳石一青一黄，酷似两龙头，两龙头在外洞，而龙身却藏在内洞，故名"双龙洞"。传说，古代婺州连年大旱，民不聊生，青龙和黄龙知道后，偷来天池水，拯救了百姓，却因触犯天条被王母娘娘用巨石压住脖颈，困在双龙内洞，但双龙仍顽强地仰头吐水，清澈泉水至今潺潺不绝。

外洞宽敞高广，面积约 1200 平方米，可容千人集会。洞温常年保持在 17℃左右，冬暖夏凉。特别是在炎炎夏日，人们到洞中纳凉已成千古风俗，比起空调则有过之而无不及。

外洞洞壁有众多摩崖石刻，洞口北壁"双龙洞"三字，传为唐人手迹，后由民国交通次长临摹刻撰；南壁"洞天"二字，为宋代书法家吴琳的墨宝；"三十六洞天"五个大字，则为国民党元老、近代书法家于右任先生之手笔；最里边石壁上还有"水石奇观"石刻和清代名人探洞游记碑刻；近代合肥游人的"双龙洞"三字石刻，很有趣味，他将"龙"字反刻，寓意双龙洞的两龙头，要站在洞厅内往外反过来看，才能看到真面貌。

清凉的风，淡淡的云，还有若隐若现的重山，未进洞中，已经感受到愉悦的心情。和着湿润的空气，闻着清新的花香，开始进入双龙洞景区。办完了一切手续，开始参观起双龙洞来。

沿着溪流，顺着台阶而上，一个异常宽大的洞口出现在面前。在洞口有两块岩石，形似龙头，一左一右，似乎在守护着洞内的宝藏。一泓溪流从洞内流出，一路欢快地向下流去。外洞厅北有一个"石瀑"，特别像古人的衣袍。相传八仙之一的吕洞宾曾藏身于此。还有人说，山下的村姑因不愿意嫁给恶霸而被困洞中，吕洞宾现身，从此处将村姑救出来。

在内洞有两条类似尾巴的痕迹，联想起洞口的龙头，不觉释然。洞内温度很低，一片凉爽之感。当地人有"上山汗如雨，入洞一身凉"的说法。洞内泉水终年不干，清澈见底。

有一片石幔在灯光的照射下发出如玉的冷光。传说此幔是一位大仙在此修炼法术时用过的帐幔。只可

惜空有玉帐幔掩目，却无石玉床休憩。洞内石钟乳、石笋、石幔、石花、石台等造型奇特，色彩斑斓。有黄龙吐水、蝙蝠倒挂、彩云遮月、天马行空等景观。大自然美轮美奂的奇观激发了人们无穷的想象力。面对大自然的创造，人们总会利用想象力，为这些创造物找到存在的理由。

游历于大自然赐予我们的无数个神秘的溶洞中，心情就如同琴键上跳动的音符，欢快而轻松。在双龙洞景区，不仅有双龙洞，还有冰壶洞、朝真洞、桃源洞等著名洞穴。朝真洞曲折幽深，崎岖高旷，仿佛一个巨大的石拱桥洞。桃源洞内，石笋悬空、石乳晶莹、重重叠叠，姿态万千。

躺在小船上，顺着狭窄的洞穴向冰壶洞行去。岩壁扑面而来，似乎动一动就能碰到。压迫之感油然而生。等进入洞中，豁然开朗，仿佛压在身上的巨石被山神挪去。山泉流动，飞水击石，轰然作响。走近去看，一条瀑布悬挂于前。瀑布旁有匾额，题曰："冰壶洞"。不由得让人想起一句诗歌："洛阳亲友如相问，一片冰心在玉壶。"

外洞、内洞在光线的作用下，忽明忽暗，两侧的岩石若隐若现。

洞内岩壁上布满云朵样花纹，似锦似缎，富丽堂皇。

蝙蝠洞

99 青山碧水藏幽洞

岩层褶皱弯曲，加上水的冲刷溶蚀，形成众多线条明快、纹理清晰的天然岩画，进洞观赏，犹如步入神圣的艺术殿堂。

地理位置：中国河南省

探险指数：★★★

探险内容：洞中漂流、探索洞穴

危险因素：道路湿滑

"帘断萤火入，窗明蝙蝠飞。"在古人眼里，蝙蝠代表着福气。一只蝙蝠，你不会觉得害怕，倘若数万只蝙蝠在天空中形成遮天蔽日的黑云，你会做如何感想？

古龙先生的著名小说《楚留香传奇》中，有一节描述了一个武功高强、心机狡诈的蝙蝠公子。他所居住的那个神秘莫测的蝙蝠岛尤为惹人注意，人们不禁要问世界上真的有那样幽深险恶的洞穴吗？蝙蝠岛虽然只是小说中的虚构，但现实中确实有很多巨大的神秘洞穴，里面住满了蝙蝠。不知道古龙先生写小说时是否从这些现实存在的洞穴中找到了灵感。

蝙蝠性喜黑暗，一般只要是适合它们居住的洞穴，都有其踪影，正因如此，世界上的蝙蝠洞有很多。浙江杭州蝙蝠洞；神农架神农宫蝙蝠洞；贵州山区就存在数个被称为蝙蝠洞的洞穴；还有众多的外国蝙蝠洞。这些洞穴各具特色，生活在其中的蝙蝠种类、数量、大小、习性也各不相同。要说中国最出名的蝙蝠洞，还得数河南省云华的蝙蝠洞。

云华蝙蝠洞位于河南省西峡县境内，距县城 6 千米，距寺山国家森林公园 5 千米。该洞属喀斯特岩溶地貌。因该洞内岩壁上布满云朵样花纹，似锦似缎，堂皇华丽，又因里面有无数蝙蝠栖息，故名"云华蝙蝠洞"。据专家考证，该洞形成于中生代白垩纪，距今有 6500 万年的历史。洞中栖息着 7 个品种约 10 万只蝙蝠，属世界奇观。

景区洞外森林茂密、鸟语花香，是一处集自然观赏、洞中探奇、生态览胜、消夏避暑为一体的旅游景点。溶洞内有地下廊道、水曲河、洞厅暗河、钟乳石等。溶洞蜿蜒曲折，走势时高时低，洞身时宽时窄，高时达 60 多米，低时需弯腰低头才能通过，宽时可达 80 米，窄时不足 1 米。洞中有洞，洞洞相连，洞上洞，洞下洞，洞洞精巧。洞中常年流水不断，时而积潭，形成瀑布，时而循入暗河，只闻哗哗水声，不见水源。钟乳石有的若神龟探海、有的似海狗观天、有的似雄狮倒挂、有的像玉女献花，姿态万千，奇妙无比。不同地质年代的岩层相互叠压，褶皱弯曲，加上水的冲刷溶蚀，形成众多线条明快、纹理清晰的天然岩画，似龙似虾，似人似神，似兽似禽，形态各异，进洞观赏，犹如步入神圣的艺术殿堂。

初到洞中，一片黑暗，空间狭窄，地上潮湿不堪，甚至还能听到远处潺潺的水声。如果你了解蝙蝠，那么就知道为什么它们喜欢居住在这样的环境中了。沿着脚下曲折蜿蜒的路，缓缓前行。道路忽高忽低，忽宽忽窄。在灯光的照耀下，两壁的岩石面目狰狞，恍

洞内蝙蝠挂满墙壁，如一嘟嘟南瓜、葫芦一般，让人内心发怵。

如鬼怪。然而人们却充满了想象，把这些岩石看成一幅幅天然的画卷，看那龙虾正游于壁上；那仙鹤舞于幽泉；那天女正在空中散花……

　　忽然一只蝙蝠从头顶掠过，常把游人吓一大跳，还好这里的蝙蝠虽然种类众多，但都是以野果、昆虫为食，传说中的吸血蝙蝠并不存在。但在黑咕隆咚的洞穴中，透过昏暗的灯光，看到蝙蝠挂满墙壁，如一嘟嘟南瓜、葫芦一般，也让人心中不禁发怵。这里的蝙蝠有的展翅宽度可达五六十厘米，掠空飞翔，姿态优美；白天在洞中石壁上倒挂栖息，一遇惊动，转动头部，抖动双耳；发出鸣叫；出洞盘旋觅食时，持续数小时，场景壮观；黎明前，先在洞口盘旋片刻，然后疾速进洞，比出洞更为壮观。据当地人讲，每当黎明、傍晚蝙蝠出入洞时原先不明真相的人都以为是山神在吞吐乌云，古时在洞边还有专门祭祀这些神灵的庙宇。

　　在蝙蝠洞中，游人还可以沿着洞中流水泛舟，水流时急时缓，空间时阔时仄，尤其是从洞中流出来时，忽然天地宽阔了，明亮了，真有种武陵渔人从山洞进入桃源之感。看着周围的青山碧水，不由得想起了一首描绘蝙蝠洞的诗歌："古洞仓山畔，秋声赤水沟。风晴飞白蝙，地冷蛰玄虬。列炬空潭动，垂花怪石留。幽深不可及，天谴鬼神愁。"

100

卡尔斯巴德洞

带屋顶的大峡谷

有些从高处垂下的石笋聚成一堆堆、一簇簇的，远远望去如同飘浮在空气中的水母，那垂下的丝须，似乎还能随意摆动。

地理位置：美国新墨西哥州

探险指数：★ ★ ★

探险内容：探索洞穴、观看蝙蝠奇观

危险因素：通道错综复杂容易迷路

开阔的洞内钟乳石遍地都是，在灯光的映衬下，色彩绚丽。

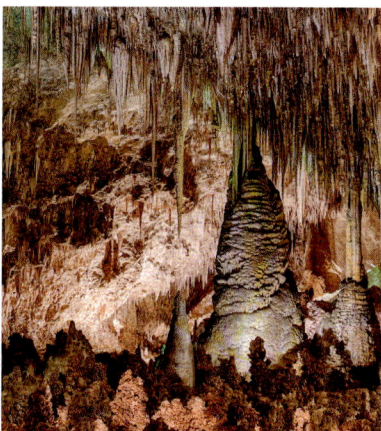

Tips

很多洞穴中十分潮湿,游人最好穿防水、防滑的鞋子,另外灯光暗淡或耀眼处应仔细看路,以免摔倒发生危险。

参观时应遵守旅游规定,有些景点可能存在危险,游人不可随意越过栏杆,更不可独自深入没人探测的洞穴中冒险。

在荒凉的沙漠下,隐藏着一处惊人的奇观,一处多彩的地下宫殿……

美国新墨西哥州南部有一处壮丽的奇观,这就是卡尔斯巴德洞,由约 84 个主要洞穴组成,奇特的地质形态非常罕见,这里有各种各样的怪石、石笋,有巨大的形似珊瑚礁的凸岩底座,有一排排垂挂而下的石帘,有幽静的洞中水潭,有潺潺不息的地下河流……

主洞穴的拱形洞口直通地下,漆黑一片,深不可测,其规模和气势令人悚然。庞大的地下迷宫迄今为止尚未被完全探索清楚,它的体积是如此庞大,以至于被称为"带屋顶的大峡谷"。

洞中的岩石在亿万年的演变中,形成了数不清的奇观,较大的有六层楼高;而较小的则如蕾丝般精美。有些丛生的石笋高高地挂在洞顶之上,如同悬挂着的无数利剑,游人站在下面顿时感觉头顶生凉;有些从高处垂下的石笋聚成一堆堆、一簇簇的,远远望去如同飘浮在空气中的水母,那垂下的丝须,似乎还能随意摆动;还有些巨大的钟乳挺立在洞中,如同沙漠上丛生的仙人掌,那些饱含铁元素而呈现出的黄绿色,使它们更加形象逼真。墙壁上的怪石,更是如同鬼斧神工雕刻般精美,有的如少女的脸颊,圆润光滑;有的如同老人的拐杖,倚靠在石椅之旁;有的如同站起探望的兔子、奔走的野狼……动感十足,形象逼真。

不同的洞穴,也存在不同的景观,大的内部十分空旷,怪石、水潭列于其间;小的则如狭仄的深廊,只能看到斑驳的洞壁,洞内也黑暗得多;靠近外面的地方还能感到沙漠中的暑气,空气也比较干燥;而深入地下的洞中则清凉湿润,洞壁不时有积水流下,汇入幽深潭中;有些洞穴只有一条道路,直通洞底,而有的则如迷宫般复杂,洞中曲径相连,石墙、石林时时将道路分隔。

大房子位于卡尔斯巴德洞入口处地下大厅旁边,整个"房间"1200 米长,188 米宽,85 米高,四壁造型各异的钟乳石形成钟乳幔,将整个洞穴装点得犹如一座豪华的宫殿。景点中一步一景、移步换景,很多景致,都让人过目难忘。

国王宫殿也是一座巨大的溶洞,洞顶石笋如倒悬剑林,地下长满稀疏的巨大的"石塔",有些地方,积水聚成浅浅的水坑,水潭、奇石在灯光的照射下显出奇幻的色彩,美不胜收。

皇后室溶洞中,石笋因为饱含铁元素而显示出梦一般的景色——它们随着铁氧化物的种类和含量不同而呈现出红、黄、绿不同的色彩,加之那些奇形怪状的造型、灯光的照射、流水的辉映,你会看到蓝色的帷幕、绿色的百叶窗、浅红色的仙人掌、淡黄色的壁橱等奇妙的景观,让人以为这是充满魔法的地下宫殿。

卡尔斯巴德洞的地面上,是北美大沙漠的部分山区。此处生活着丰富的野生动物,有长耳鹿、草原狼、

流水侵蚀下形成根须状的钟乳石，蔚为壮观。

美洲狮和浣熊等，植物包括龙舌兰、仙人掌和墨西哥刺木。壮丽的沙漠使山区景观和地下洞穴奇观相得益彰，也使卡尔斯巴德洞国家公园成为享誉全球的胜景。

此外，卡尔斯巴德洞的另一个看点就是蝙蝠。每年4月到10月的傍晚时分，当太阳一落山，无数的蝙蝠成群结队地从洞口蜂拥飞出，在夜空中仿佛迅速移动的黑云，蝙蝠群呼啸而过，形成宽度达160千米的巨网，所过之处，飞虫片甲不留。当黎明到来时，它们才会陆续返回洞穴。而白天，它们就密密麻麻地挂在洞穴之中，如同洞顶结满了黑色的果实，蔚为壮观。

卡尔斯巴德洞穴既是一处旅游观景的胜地，也是一处等着探险者们继续去发掘的宝藏。游人可以在这里进入洞穴中欣赏那些著名的美景，经过相关部门允许的探险者也可以探索那些前人未曾到达的地方，也许一不小心你就会在一块石头后面、一个小洞内部找到一片新的梦幻世界。

101 黑风洞

石灰岩的梦世界

洞中阴森透凉，小径陡峭，曲折蜿蜒，存有多种钟乳石，有的状如农夫、小孩、仙女，有的状如各种奇禽异兽，可谓鬼斧神工、曲尽其妙。

地理位置： 马来西亚吉隆坡附近

探险指数： ★★

探险内容： 探索洞穴、感受宗教文化

危险因素： 道路崎岖

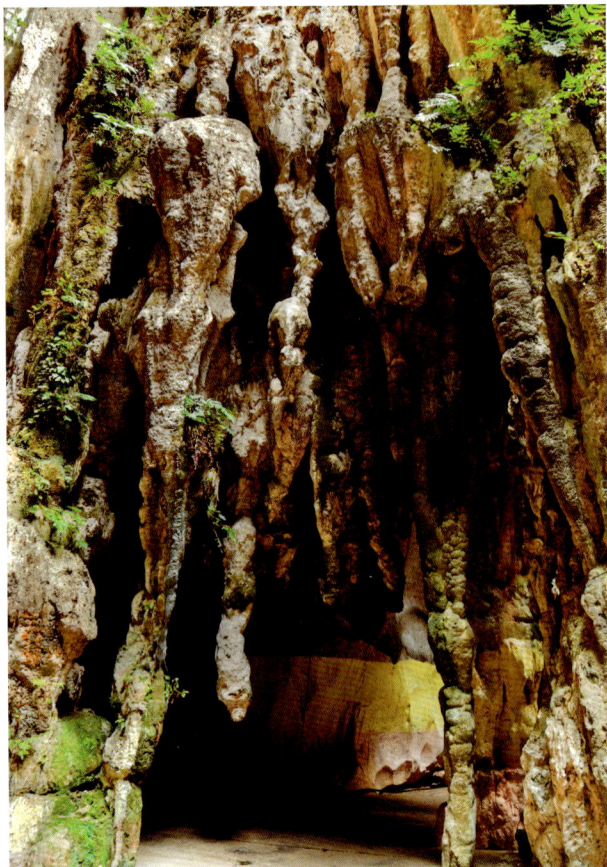

林和石灰岩地貌从远古时代就开始一同构造的种种传奇，那鬼斧神工的山峭古壁让人叹为观止，那光影迷离的石笋、钟乳石让人眼花缭乱，洞穴周围依山体形式修建的众多宗教建筑令人顿生敬畏之心，很多信仰印度教的游客看到那些辉煌的佛像、彩色的宗教壁画，都不由得对其顶礼膜拜。自然、宗教和艺术在这里完美的结合，创造出了一种超越于普通的视觉景观，给人们带来一种神圣感，信徒们匍匐在佛像之下，那种虔诚的程度已无法用言语表达，就连没有宗教信仰的游人看到这些建筑也会感到深深的震撼，情不自禁地合起双手，虔诚地许下一个愿望。

黑风洞很久以前就被当地的人们发现，并与宗教联系在一起，但真正广泛为世人所知，也不过仅仅百余年。"黑风洞"名字的来由也颇有意思，由于当时科技水平落后，人们对自然的现象难以解释，往往就是说鬼神在作怪。黑风洞山高路险，住附近的土著居民每当清晨和傍晚，都能看到山洞那边有一股股的黑烟飘进飘出，以为是鬼神"早出晚归"，"黑风洞"之名也因此而来。

Tips

去黑风洞，可以在罗塔王商场或曼谷银行、香港银行前的汽车站乘 11 路（每小时一班），或者在星星丘路乘 41 路中巴、在暗邦路停车点乘凌公司 70 路车，到石洞下车。

如果想多了解一些关于黑风洞的知识以及传统，可以跟随导游；如果想自己探索整个洞穴，那就单独旅游。

凡到马来西亚旅游，行程安排少不了去黑风洞，这是最著名旅游胜地之一，它位于吉隆坡北郊 11 千米处，据说是亚洲洞穴生态系统发育最全面的一个，有"马来西亚大自然奇观""石灰岩的梦世界"之誉。游人在黑风洞景区，能领略热带雨

后来一些探险先驱们费尽周折接近山洞口，终于真相大白：原来造成黑风的是洞内聚集成群的燕子和蝙蝠，它们每天清晨要飞出洞觅食和傍晚归来，由于其群体十分巨大，从远处看犹如黑烟飞滚。

黑风洞是一组巨大的石灰岩溶洞，面积有 2.5 平方千米，自发现以来，就有无数游人、探险家进入巨大的洞穴探索这里的奇观胜景。当地的印度教徒、伊斯兰教徒也纷纷来到洞穴中修建与自己相关的建筑，通过自然的奇迹彰显宗教的威严。后来洞穴中又发现了众多十分独特的动物，形成了和外界截然不同的生态系统，科学家们也接踵而来。如今，黑风洞成为马来西亚著名的科学、宗教及旅游胜地，每年都有无数游人、探险家、科学家从世界各地赶来探索神秘的石灰岩洞窟，寻找洞中神奇的白化动物，感受浓厚的宗教氛围。

黑风洞的洞口坐落在丛林掩映的半山腰。由山脚走入洞穴，首先要攀登 272 级陡峭的石级。虽然可以乘缆车直达洞口，但出于对神灵的敬畏，大多数游人会选择徒步走上去，他们认为，接近那些宗教壁画之前这段路是神灵对人的考验。虽然爬上去颇费一番

功夫，但当你看到那些精妙的壁画和 20 多处各具特色的洞穴时，你会觉得任何付出都是值得的。

在不下 20 处的洞穴中，以光洞和暗洞最为有名。暗洞阴森透凉，小径陡峭，曲折蜿蜒，长达 2000 多米。洞中有多种钟乳石，有的状如农夫、小孩、仙女，有的状如各种奇禽异兽，可谓鬼斧神工、曲尽其妙。洞内还有小溪潺潺，还有许多分洞，栖息着成千上万只蝙蝠和蛇。为保证安全，此洞已不向游客开放。洞壁上栖息着成千上万的蝙蝠，下面的岩石缝隙、水潭之中还生活着白蛇、蟒蛇等 150 多种动物。

光洞紧邻暗洞，高 50~60 米，宽 70~80 米，由于洞顶有孔，阳光从岩隙中射进洞内，和其他洞穴黑咕隆咚的状况相比，此洞中显得光辉四射，透出一种神秘的气氛。洞内有形状各异的巨大钟乳石从洞顶垂下，颇为壮观。

在光洞附近的一个溶洞中，有一座建于 1891 年的印度教庙宇，不少人纷纷来此拜神求子。另外，此溶洞内还有成百座彩绘的印度教神像。黑风洞山麓左侧有一个湖，湖旁也有一个石灰岩洞，洞里有很多色彩鲜艳的雕塑和壁画，人们称为"艺术画廊洞"。

黑风洞外宽阔的广场上，金碧辉煌的雕塑格外引人注目。

参 考 文 献

[1] 亲历者. 最难征服的秘境（360°全景旅行系列）[M]. 北京：中国铁道出版社，2005.

[2] 亲历者. 最美的 100 个自然奇观（360°全景旅行系列）[M]. 北京：中国铁道出版社，2005.

[3] 新华文轩. 典藏国家地理 [M]. 北京：华夏出版社，2012.

[4] 微图，http://www.microfotos.com.

[5] shutterstock，http://www.shutterstock.com.